2021 뷰티스up
심사위원이 알려주는
메이크업 필기

With 유튜브 ▶ YouTube *Make up*
저자직강 무료인강 제공

2021 최신판 **저자직강 무료인강**

✓ CBT 복원문제 수록
✓ NCS 기반 최신출제기준
✓ 메이크업 상시시험대비
✓ 핵심이론요약 단기간 필기합격
✓ 예상문제 + 실전모의고사 수록

VIP 등업 카페 닉네임 작성란

▶ 유튜버 뷰티원패스 **장소영** 편저

들어가며

K-뷰티가 전 세계적으로 확대되면서 뷰티 산업이 국가 경쟁력으로 인정받고 있습니다.

현대사회는 소비자의 문화 수준 및 미적 욕구가 높아지면서 시각적 이미지에 대한 관심이 점점 증가하고 있습니다.

개성과 창조적 예술을 중요시하는 시대가 마침내 도래한 것입니다. 그중 메이크업은 현대사회를 대표하는 영역으로 한류 코드의 중요한 요소가 되었습니다.

메이크업은 방송 분장, 화장품 브랜드, 뷰티 살롱, 사진 스튜디오, 뮤지컬 등 다양한 분야에서 활용되며 개성표현의 목적뿐만이 아니라 창조적 예술로서 우리 삶의 질을 한층 높여주는 중요한 수단으로 자리매김하였습니다.

현대사회의 메이크업 시장 확산에 따라 메이크업 전문가가 되기 위해서는 기술뿐만이 아니라 예술적 감각과 창의력, 그리고 학문간 융합이 더욱 중요하게 요구되고 있습니다.

이에 따라, 메이크업에 대한 이론과 기술을 익히는 것은 물론, 뷰티 트렌드에 대한 연구 능력을 익히고 필기시험을 보다 쉽게 합격할 수 있도록 이 책을 집필하였습니다.

K-뷰티가 전 세계적으로 확대되면서 뷰티 산업이 국가 경쟁력으로 인정받고 있습니다.
본 서적을 통해 여러분 모두에게 합격의 영광이 함께하길 바라며 이론과 실기를 모두 겸비한 세계적인 뷰티 전문가로서 우뚝 서기를 기원합니다.

저자 장 소 영

시험안내

- **직무 분야**
  이용/숙박/여행/오락/스포츠

- **중직무 분야**
  이용/미용

- **자격 종목**
  미용사(메이크업)

- **적용 기간**
  2016. 7. 1. ~ 2020. 12. 31

- **직무내용**
  얼굴·신체를 아름답게하거나 특정한 상황과 목적에 맞는 이미지분석, 디자인, 메이크업, 뷰티코디네이션, 후속 관리 등을 실행하기 위해 적절한 관리법과 도구, 기기 및 제품을 사용하여 메이크업을 수행하는 직무

- **필기검정방법**
  객관식

- **문제수**
  60

- **시험시간**
  1시간

출제기준 안내

출제기준(필기)

필기과목명	문제수	주요항목	세부항목	세세항목
메이크업개론 공중위생관리학 화장품학	60	1. 메이크업개론	1. 메이크업의 이해	1. 메이크업의 정의 및 목적 2. 메이크업의 기원 및 기능 3. 메이크업의 역사(한국, 서양) 4. 메이크업 종사자의 자세
			2. 메이크업의 기초이론	1. 골상(얼굴형)의 이해 2. 얼굴형 및 부분 수정 메이크업 기법 3. 기본메이크업 기법(베이스, 아이, 아이브로우, 립과 치크)
			3. 색채와 메이크업	1. 색채의 정의 및 개념 2. 색채의 조화 3. 색채와 조명
			4. 메이크업 기기·도구 및 제품	1. 메이크업 도구 종류와 기능 2. 메이크업 제품 종류와 기능
			5. 메이크업 시술	1. 기초화장 및 색조화장법 2. 계절별 메이크업 3. 얼굴형별 메이크업 4. T.P.O에 따른 메이크업 5. 웨딩 메이크업 6. 미디어 메이크업
			6. 피부와 피부 부속 기관	1. 피부구조 및 기능 2. 피부 부속기관의 구조 및 기능
			7. 피부유형분석	1. 정상피부의 성상 및 특징 2. 건성피부의 성상 및 특징 3. 지성피부의 성상 및 특징 4. 민감성피부의 성상 및 특징 5. 복합성피부의 성상 및 특징 6. 노화피부의 성상 및 특징

필기과목명	문제수	주요항목	세부항목	세세항목
메이크업개론 공중위생관리학 화장품학	60	1. 메이크업개론	8. 피부와 영양	1. 3대 영양소, 비타민, 무기질 2. 피부와 영양 3. 체형과 영양
			9. 피부와 광선	1. 자외선이 미치는 영향 2. 적외선이 미치는 영향
			10. 피부면역	1. 면역의 종류와 작용
			11. 피부노화	1. 피부노화의 원인 2. 피부노화현상
			12. 피부장애와 질환	1. 원발진과 속발진 2. 피부질환
		2. 공중위생 관리학	1. 공중보건학 총론	1. 공중보건학의 개념 2. 건강과 질병 3. 인구보건 및 보건지표
			2. 질병관리	1. 역학 2. 감염병관리 3. 기생충질환관리 4. 성인병관리 5. 정신보건 6. 이·미용 안전사고
			3. 가족 및 노인보건	1. 가족보건 2. 노인보건
			4. 환경보건	1. 환경보건의 개념 2. 대기환경 3. 수질환경 4. 주거 및 의복환경
			5. 산업보건	1. 산업보건의 개념 2. 산업재해
			6. 식품위생과 영양	1. 식품위생의 개념 2. 영양소 3. 영양상태 판정 및 영양장애
			7. 보건행정	1. 보건행정의 정의 및 체계 2. 사회보장과 국제 보건기구

필기과목명	문제수	주요항목	세부항목	세세항목
메이크업개론 공중위생관리학 화장품학	60	2. 공중위생 관리학	6. 식품위생과 영양	1. 식품위생의 개념 2. 영양소 3. 영양상태 판정 및 영양장애
			7. 보건행정	1. 보건행정의 정의 및 체계 2. 사회보장과 국제 보건기구
			8. 소독의 정의 및 분류	1. 소독관련 용어정의 2. 소독기전 3. 소독법의 분류 4. 소독인자
			9. 미생물 총론	1. 미생물의 정의 2. 미생물의 역사 3. 미생물의 분류 4. 미생물의 증식
			10. 병원성 미생물	1. 병원성 미생물의 분류 2. 병원성 미생물의 특성
			11. 소독방법	1. 소독 도구 및 기기 2. 소독 시 유의사항 3. 대상별 살균력 평가
			12. 분야별 위생·소독	1. 실내환경 위생·소독 2. 도구 및 기기 위생·소독 3. 이·미용업 종사자 및 고객의 위생관리
			13. 공중위생관리법의 목적 및 정의	1. 목적 및 정의
			14. 영업의 신고 및 폐업	1. 영업의 신고 및 폐업신고 2. 영업의 승계
			15. 영업자 준수사항	1. 위생관리
			16. 이·미용사의 면허	1. 면허발급 및 취소 2. 면허수수료
			17. 이·미용사의 업무	1. 이·미용사의 업무
			18. 행정지도감독	1. 영업소 출입검사 2. 영업제한 3. 영업소 폐쇄 4. 공중위생감시원
			19. 업소 위생등급	1. 위생평가 2. 위생등급

필기과목명	문제수	주요항목	세부항목	세세항목
메이크업개론 공중위생관리학 화장품학	60	2. 공중위생 관리학	20. 보수교육	1. 영업자 위생교육 2. 위생교육기관
			21. 벌칙	1. 위반자에 대한 벌칙, 과징금 2. 과태료, 양벌규정 3. 행정처분
			22. 법령, 법규사항	1. 공중위생관리법시행령 2. 공중위생관리법시행규칙
		3. 화장품학	1. 화장품학 개론	1. 화장품의 정의 2. 화장품의 분류
			2. 화장품 제조	1. 화장품의 원료 2. 화장품의 기술 3. 화장품의 특성
			3. 화장품의 종류와 기능	1. 기초 화장품 2. 메이크업 화장품 3. 바디(body)관리 화장품 4. 방향화장품 5. 에센셜(아로마) 오일 및 캐리어 오일 6. 기능성 화장품

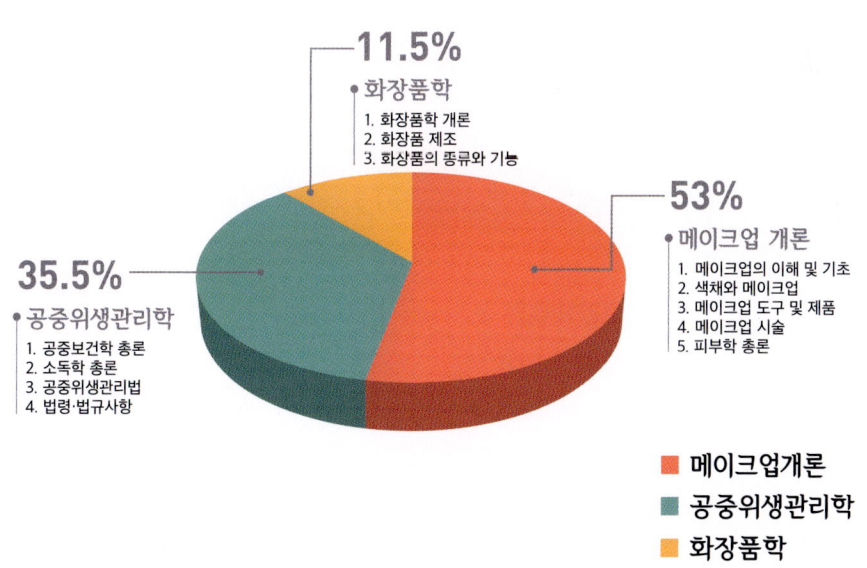

메이크업 미용사 예상 출제비율

목차

PART I _ 메이크업개론

1. 메이크업의 이해 ·· 14
2. 메이크업의 기초이론 ································· 31
3. 색채와 메이크업 ·· 48
4. 메이크업의 기기·도구 및 제품 ················· 65
5. 메이크업 시술 ·· 69
6. 피부와 피부 부속 기관 ······························ 81
7. 피부유형 분석 ·· 94
8. 피부와 영양 ·· 98
9. 피부와 광선 ·· 104
10. 피부면역 ·· 107
11. 피부노화 ·· 111
12. 피부장애와 질환 ······································· 112

PART II _ 공중위생 관리학

1. 공중보건학 총론 ······································ 118
2. 질병관리 ·· 125
3. 가족 및 노인보건 ····································· 137
4. 환경보건 ·· 138

5. 산업보건 ················· 148
6. 식품위생과 영양 ·········· 153
7. 보건행정 ················· 159
8. 소독의 정의 및 분류 ······ 162
9. 소독방법 ················· 167
10. 분야별 위생·소독 ········· 169
11. 미생물 총론 ·············· 177
12. 병원성 미생물 ············ 179
13. 공중위생관리법의 목적 및 정의 ··· 183
14. 영업의 신고 및 폐업 ······ 184
15. 영업자 준수사항 ·········· 186
16. 이·미용사의 면허 ········· 188
17. 이·미용사의 업무 ········· 191
18. 행정지도감독 ············· 192
19. 업소 위생등급 ············ 196
20. 보수교육 ················· 198
21. 벌칙·법령·법규사항 ······· 200

PART Ⅲ _ 화장품학

1. 화장품학 개론 ············ 216
2. 화장품 제조 ·············· 218
3. 화장품 종류와 기능 ······· 224

PART IV _ 쪽집게 문제100선

시험에 자주 나오는 쪽집게 문제 100선 ·············· *242*

PART V _ CBT복원문제

1. 제1회 CBT복원문제 ·············· *262*
2. 제2회 CBT복원문제 ·············· *273*
3. 제3회 CBT복원문제 ·············· *285*
4. 제4회 CBT복원문제 ·············· *297*
5. 제5회 CBT복원문제 ·············· *308*
6. 제6회 CBT복원문제 ·············· *318*
7. 제7회 CBT복원문제 ·············· *329*

PART I
:메이크업개론

CHAPTER 1
메이크업의 이해

01. 메이크업의 정의

① 외부의 위험 요소들로부터 신체를 보호하고 장식적 의미를 부여하여 인간의 미적 본능을 충족
② 사전적 의미로는 '제작하다', '완성시키다', '보완하다'라는 뜻이 있다.
③ 일반적 의미로는 미화의 목적으로 얼굴에 화장하는 것을 의미
④ 화장품이나 도구를 사용하여 신체의 아름다움을 더욱 극대화하고 약점이나 결점은 수정 보완하는 미적 가치추구 행위
⑤ 현대의 메이크업은 재료에 구애 받지 않고 여러 기법으로 인체를 디자인하여 얼굴의 아름다움뿐만 아니라 미의식 속의 자아를 개성 있게 표현하는 것

02. 메이크업의 목적

(1) 메이크업의 기본 목적
① 외부의 먼지나 자외선, 대기오염 및 온도 변화로부터 피부를 보호
② 다양한 화장품이나 도구를 사용하여 피부를 손질하고 얼굴을 더욱 아름답게 꾸미는 것

(2) 메이크업의 4대 목적

본능적 목적	이성에게 성적 매력을 표현하거나 관심을 끌기 위한 수단으로 사용
실용적 목적	자신을 보호하거나 같은 종족임을 표시하는 수단으로 사용
신앙적 목적	종교적 의미로 행해짐
표시적 목적	신분이나 계급, 미혼이나 기혼 등의 상황을 표시하기 위한 목적으로 사용

03. 메이크업의 어원

(1) 서양의 메이크업
① 17세기 영국의 시인 리처드 크레슈가 "메이크업이란 여성의 매력을 높여주는 행위"라고 하면서 'Make-up'이라는 용어를 최초로 사용
② 20세기 미국의 할리우드 전성기 때 '맥스 팩터'라는 분장사에 의해 대중화
③ 메이크업은 코스메틱(cosmetic)을 포함한 의미로 코스메티코스(Cosmeticos)라는 그리스어에서 유래함

(2) 관련용어
① 마뀌아쥬(Maquillage) : 프랑스어로 분장을 의미하는 연극 용어
② 토일렛(Toilet) : 화장을 포함한 몸치장 전반을 가리키는 용어
③ 페인팅(Painting) : 16세기 영국의 셰익스피어가 작품에서 최초로 사용(짙은 화장을 뜻함)

(3) 우리나라 화장의 용어

1. 담장(淡粧)	피부를 청결하게 하는 정도의 수수하고 엷은 화장(기초화장)
2. 농장(濃粧)	담장보다 짙은 화장(색조화장)
3. 염장(艶粧)	농장보다 진하고 요염한 색채를 표현한 화장
4. 응장(凝粧)	농장과 비슷하지만 좀 더 또렷하게 표현한 화장으로 혼례 시 사용(신부화장)
5. 성장(盛粧)	얼굴과 몸의 꾸밈을 남의 시선을 끌만큼 화려하게 표현한 것
6. 야용(冶容)	억지로 과하게 하는 분장을 의미
7. 미용(美容)	얼굴이나 머리를 아름답게 매만지는 것
8. 단장(丹粧)	피부손질, 얼굴치장, 옷차림, 장신구 치레를 수수하게 표현
9. 장식(粧飾)	피부손질, 얼굴치장, 옷차림, 장신구 치레를 화려하게 표현
10. 지분(脂粉)	연지(臙脂)와 백분(白粉)을 아울러 이르는 말(화장품을 총칭)
11. 분대(粉黛)	백분과 눈썹 먹(화장품을 총칭)
12. 장렴(粧奩)	화장품과 화장도구 등의 얼굴을 치장하는데 쓰는 갖가지 물건
13. 화장(化粧)	화장품을 바르거나 문질러 얼굴을 곱게 꾸미는 것(개화기 이후 일본으로부터 도입)

04. 메이크업의 기능

(1) 메이크업의 기능

구분	기능
보호적 기능	먼지, 환경오염, 자외선, 온도 등의 변화로부터 피부를 보호하는 것
미적 기능	아름다워지고 싶은 인간의 본능을 충족시키기 위해 얼굴의 결점을 수정 보완하는 것
사회적 기능	인간이 사회에서 갖는 직업이나 신분, 지위에 따라 메이크업을 달리해 차별성을 표시
심리적 기능	외모를 아름답게 함으로써 자신감을 갖게 되고 이로써 긍정적 심리효과를 기대

05. 메이크업의 기원 및 역사

구분	의미
미화설	타인에게 자신의 신체를 아름답게 보이거나 우월성을 표현하기 위해 메이크업을 했다는 학설
위장설	동물들의 위험으로부터 자신을 보호하기 위해 새의 깃털이나 식물로 위장하였다는 학설
신분 표시설	성별, 미혼, 기혼, 직업 등 지위에 따라 메이크업으로 차별성을 표현하였다는 학설
장식설	본능적으로 아름다워 보이고 싶은 인간의 미적본능 때문에 메이크업이 시작되었다는 학설로 현재까지 가장 신빙성 있는 학설로 인정
종교설	종교적 행위로서 악귀나 재앙으로부터 몸을 보호하기 위해 치장하였다는 학설

06. 메이크업 종사자의 자세

① 새로운 트렌드에 대한 빠른 습득력
② 친절한 서비스 정신
③ 메이크업 종사자로서의 전문기술과 수행능력
④ 직업에 대한 긍지와 자부심
⑤ 업무에 지장을 주지 않는 옷차림
⑥ 고객에게 불쾌감을 주지 않도록 위생관리
⑦ 직원들과 협조적이고 원만한 대인관계 유지

⑧ 고객에게 아름다움을 주고자하는 창조적 마인드 필요

⑨ 모든 메이크업 제품들을 청결하게 관리

⑩ 업무에 지장을 주는 과도한 액세서리 금지

07. 메이크업의 역사

(1) 한국의 메이크업 역사

한국 메이크업의 역사

고대 및 삼국시대	고대	• **고조선** : 흰 피부를 선호하여 쑥을 달인 물로 목욕을 하고 빻은 마늘과 꿀을 얼굴에 발라 주근깨나 기미 등의 잡티를 없앰 • **읍루인** : 동상을 예방하기 위해 돼지기름을 얼굴에 바름 • **말갈족** : 피부 미백을 위해 오줌으로 세수함 • 계급과 신분에 따라 얼굴 치장 및 장신구를 달리함 • 짐승의 뼈나 조개껍데기, 돌 등으로 장신구를 만들어 꾸몄음
	고구려	• **수산리 고분벽화의 여인상** : 여인의 머리에 관을 쓰고 짧고 뭉툭한 눈썹, 뺨과 입술에 연지화장 • **쌍영총 고분벽화의 여인상** : 여관 혹은 시녀들이 연지화장 • **삼국사기의 여인상** : 무녀와 악공들이 머리에 관을 쓰고 연지화장 • 신분, 빈부의 구별 없이 치장을 함
	백제	• 은은하고 연한 화장 • **시분무주(施粉無朱)** : 얼굴에 분은 바르지만 입술에 연지를 바르지 않는 것 • **삼재도회** : 일본이 백제로부터 화장술과 화장품제조법을 배워 갔다고 기록되어 있음 (일본의 화장술과 화장품 제조기술에 영향을 줌)
	신라	• 영육일치사상으로 남녀 모두 깨끗한 몸과 단정한 옷차림 추구 • 백색 피부 선호(흰색 백분 사용함) • 입술 화장 재료로 홍화 사용함 • 남성(화랑)들도 여성들처럼 화장을 하고 장신구로 장식함 • 너도밤나무, 굴참나무 등의 나무재를 사용하여 눈썹화장을 함 • 아주까리 기름이나 동백으로 머리 손질을 함

	한국 메이크업의 역사	
고려 및 조선시대	고려시대	• 신라시대의 화장술을 계승하여 보다 화려하고 직업과 신분에 따라 이분화된 화장술이 발달함 • 사치스러운 화장 • 피부 보호 화장품인 면약이 널리 사용 • 우리나라 역사상 처음으로 나라에서 정책적으로 화장을 장려 ✓ 분대화장 : 기생을 중심으로 한 짙은 화장(백분 사용, 연지화장, 버들잎 모양의 눈썹) ✓ 비분대 화장 : 일반 여성들(여염집 여성들)의 옅은 화장
	조선시대	• 유교적 도덕 관념으로 여성의 외면적 아름다움보다는 내면의 아름다움을 강조 • 화장 개념의 세분화 촉진(기생이나 궁녀들의 분대화장이 더욱 뚜렷해지고 여염집 여성들 - 일반 여성들)의 생활화장도 혼례, 연회, 외출 시의 화장으로 세분화 됨 • **규합총서** : 화장품 제조기술, 화장술 등의 기록 • **매분구** : 화장품 행상으로 화장품 생산판매 산업화의 시초가 됨 • **보염서** : 궁의 화장품 생산 전담 관청 • **미안수** : 피부를 매끄럽게 하기 위해 수세미 줄기에서 즙을 낸 뒤 화장수로 사용함
근대 및 현대	1900 - 1930년대	• 개항 이후 신식 메이크업 기술과 화장품이 소개됨 • 한일합병 이후 프랑스 등의 유럽화장품 유입 • 비누, 크림, 백분, 향수 등의 수입화장품이 인기를 끌면서 한국 화장품의 산업화 촉진 • 1916년 박가분 정식제조 허가(박가분은 한국 최초로 제조 및 판매된 화장품이다)
	1940년대	• 현대식 화장기술 도입 • 1945년 8.15해방 이후 국산화장품을 생산함으로써 화장품 산업의 전환기를 맞이함 • 흰 얼굴, 초승달 모양의 눈썹, 붉은입술 등이 강조된 화장 • 기초미용 마사지법 국내 도입 • 미용사 자격증 시험 제정
	1950년대	• 콜드크림의 보급시작 • 전쟁 이후 수입화장품 및 밀수 화장품 범람 • 오드리햅번 등의 영화 스타의 영향으로 헤어와 화장스타일에 유행이 생겨남
	1960년대	• 정부의 국산화장품 보호정책에 따라 국산화장품 생산 본격화 • 백분과 크림 소비가 감소하고 파운데이션 수요 증가 • 색조화장품 생산증가로 화장기술에 변화가 생겨남 • 입술연지의 고형화

		한국 메이크업의 역사
근대 및 현대	1970년대	• 메이크업과 패션이 접목되며 '토탈 코디네이션'이라는 단어 등장 • 인조속눈썹, 아이라이너, 매니큐어가 보급되어 부분 화장이 강조 • 바디제품, 샴푸, 팩 등의 화장품 시장이 급성장 • 다양한 색상의 입술연지가 유행 • 동양풍의 화장기술 유행(브라운, 오렌지 등의 색상 유행) • 복고풍 화장기술 유행
	1980년대	• 컬러TV의 보급으로 다양한 색상을 활용한 메이크업 및 복식 유행 • 남성 메이크업 보급 • 메이크업 대중화 현상 시작 • 1986년 화장품 수입 전면 자유화 • 오존층 파괴 등의 환경문제로 피부에 대한 관심증가
	1990년대	• 브라운, 오렌지 등 에콜로지풍의 자연스러운 색상 유행 • 1990년 후반 오리엔탈풍의 화장기술 유행
	2000년대 이후	• 기능성 화장품(미백, 주름개선 화장품) 대중화 • 웰빙 열풍으로 자연주의 화장품 시장 급성장 • 한방 화장품 유행 • 각자의 개성이 중요시되며 여러 가지 색상의 색조화장이 나타남

(2) 서양의 메이크업 역사

		서양 메이크업의 역사
고대	이집트 시대	• *고대미용의 발상지로 메이크업을 했다는 기록 최초 등장 • 검정색 콜(kohl)과 청색이나 녹색의 안료로 눈화장 • 샤프란 꽃을 찰흙에 섞어 연지화장을 함(입술과 볼) • 식물성 염료인 헤나를 손바닥과 발바닥에 바름(매니큐어와 페디큐어의 기원) • **메이크업의 목적**: 주술적 목적, 신분표시적 목적, 보호적 목적 • 신에게 제를 올릴 때 독특한 메이크업을 함 • **남녀모두 가발 착용**: 검정색이 일반적이며 신분이나 성별에 따라 청색이나 황금색으로 염색하여 사용

서양 메이크업의 역사

중세	그리스 시대	• *화장보다는 건강한 아름다움을 추구 • 무용수 같은 특정 직업군의 여성을 제외한 일반적 여성의 메이크업은 금기시함 • 헷타이라(Hetaira)라고 하는 악기를 다루는 무희나 특정계급은 이집트의 화장술을 전수받았으며 이를 더욱 체계화함 • 백납분을 사용하여 피부를 희게 표현 • 검정색 콜(kohl)로 눈썹을 진하게 표현 • 입술과 볼을 붉게 표현 • 콜을 이용하여 눈의 위 아래에 아이라인을 강조해서 그림 • 화려한 머리치장 유행
	로마 시대	• 목욕 문화의 발달로 '청결'을 중요시함 • 남녀 모두 과도한 화장과 치장을 함 • 염소젖으로 목욕 • 흰 피부가 권위를 상징해 백납분으로 얼굴, 목, 팔까지도 피부화장(이로 인해 얼굴색이 변하는 등의 부작용 발생) • 강한 색조 화장(양 볼과 입술에 붉은 색상의 루즈를 바름)
	중세 시대	• 초기 크리스트교의 영향으로 메이크업 경시 • *가발사용 및 화장 금지 등으로 외모 가꾸기를 장려하지 않아 활성화되지 못함 • 창녀 등의 직업여성 및 특정 직업을 가진 사람만 화장 가능 • 창백한 피부, 아치형 눈썹, 넓은 이마(머리카락 면도), 작은 입술 유행 • 보건연구의 발전으로 식이요법이나 마사지 등의 운동 효과 강조됨 • 흑백을 이용한 명암 및 명도대비 표현이 생겨남
근세	르네상스 시대	• 넓은 이마를 표현하기 위해 헤어라인을 면도함(당시에는 넓은 이마 = 지적인 분위기라는 이미지가 있었음) • 창백하고 흰 피부 강조 • 흰 피부를 위해 수은이 들어간 로션 사용 • 눈썹을 뽑거나 밀어서 가는 아치형으로 표현 • 눈화장은 하지 않고 입술과 볼은 연한 색조로 표현함 • *문예부흥운동으로 연극이 발달하며 연극분장과 연극의상이 함께 발달 • 황금 빛의 화려한 가발을 사용 • 백납가루, 유황, 달걀 등을 섞어 피부화장(파운데이션의 기초가 됨)

서양 메이크업의 역사

근세

바로크 시대
- 남녀모두 과도한 메이크업 유행
- 남녀모두 패치의 사용 유행

- 몸의 악취를 감추기 위해 향수 유행
- 머리를 높이 올려 기교를 부린 퐁탕쥬형의 헤어스타일 유행
- 머리는 염색하거나 가발을 착용함

✓ **TIP! 패치(Patch, 애교점)**
- 데코레이션 기법의 미용 점으로 처음 시작은 주근깨나 여드름을 가리기 위한 목적으로 만들어 졌으나 점차 이성에게 매력적으로 보이기 위한 목적으로 사용되어짐
- 귀족부터 하층계급까지 남녀노소 모두에게 유행함
- 달, 별, 초승달 등의 다양한 모양의 패치 존재

로코코 시대
- 사치스럽고 화려한 의상과 헤어, 메이크업 유행
- 남녀모두 백납분을 사용하여 흰 피부를 표현
- 펜슬타입의 립스틱이 처음 등장
- 볼과 입술에 루즈를 발라 붉게 표현함
- 얼굴에 패치를 붙여 과장되게 메이크업을 함
- 남녀 모두에게 인조속눈썹 유행(쥐털로 만들어짐)
- 향수 보편화

근대

근대 시대
- **초기** : 연하고 자연스러운 화장 유행
- **후기** : 로코코 양식의 부활로 색조화장 유행
- 공업의 기계화와 함께 '뷰티살롱(Beauty Salon)'등장
- 청결과 위생이 중요시되며 비누사용이 보편화 됨
- 여성들의 백납분 사용 증가(흰 피부)
- 화장품 대량생산 합법화
- 왕족이나 귀족 등의 특정 계층만 사용하던 크림이나 로션이 보급화되면서 일반 시민들도 쉽게 구입 및 사용

서양 메이크업의 역사

현대	1910년대	• 화장품의 대량생산이 본격화되며 화장품 산업의 가속화 • 미용 시술 및 성형수술 유행 • 여성의 사회참여 활동 본격화 • 여배우 테다 바라(Theda Bara)의 메이크업으로 검고 가는 일자형 눈썹, 강한 음영처리의 아이 메이크업, 붉은색의 얇은 입술 유행 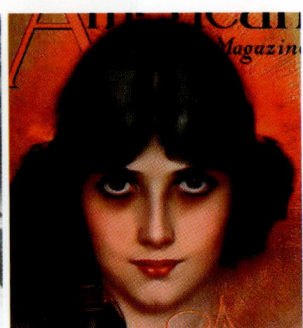
	1920~ 1930년대	• 영화가 대중오락으로 대두되면서 그레타 가르보(Greta Garbo), 조안 크로포드(Joan Crawford), 마를린 디트리히(Marlene Dietrich), 진 할로우(Jean Harlow) 등의 헐리웃 스타들이 나타남. 그 영향으로 새로운 스타일 유행 • 보브스타일의 헤어스타일 유행 • 가는 아치형 눈썹 유행 • 빨간색 립스틱으로 크고 선명하게 그린 입술화장 유행  조안 크로포드 그레타 가르보 마를린 디트리히

	1940~
	1950년대
		• 리퀴드 및 크림타입의 파운데이션 개발 및 판매 시작
		• **핀업걸 등장** : 군인의 영향으로 성적 매력이 있는 스타일 유행
		• 사슴 눈 모습의 눈꼬리가 올라가며 강조된 아이메이크업이 전 세계적으로 유행
		• 화려하고 진한 아이라인으로 눈꼬리를 길게 강조
		• 컬러TV, 영화, 카메라의 등장으로 색상이 중요시되며 다양한 색조화장품 등장
		• 마릴린 먼로, 오드리햅번, 그레이스 켈리, 브리짓 바르도 등이 유행을 선도
		  ✓ **마릴린 먼로** : 아이라인을 길게 그리고 입술위의 점을 강조한 섹시한(요염한) 이미지의 메이크업
		  ✓ **오드리 햅번** : 두꺼운 눈썹과 치켜 올라간 아이라이너로 젊고 귀여운 이미지의 메이크업
		  ✓ **브리짓 바르도** : 자연스럽게 풀어헤친 머리와 창백한 피부와 입술표현, 짙은 눈화장으로 자연스럽고 건강한 야성미를 강조

서양 메이크업의 역사

1940~ 1950년대	 마릴린 먼로	 오드리 햅번	 브리짓 바르도

현대

1960년대
- 새로운 양식의 히피문화(히피족) 등장
- 영국의 모델 '트위기(Twiggy)'의 메이크업 스타일 유행
  ✓ 트위기 메이크업 : 주근깨가 드러나는 자연스러운 피부와, 검정색 아이라이너, 강조된 속눈썹
- 피부와 입술 모두 창백하게 표현하는 메이크업이 유행

트위기

1970년대
- 자연스럽고 투명한 피부표현이 유행하면서 가벼운 타입의 라이트 파운데이션 등장
- 눈썹 형태도 자연스러워짐
- 립라이너와 립글로즈를 사용한 반짝이는 입술표현 유행
- 건강해 보이는 피부가 유행하면서 일광욕을 즐기는 새로운 피부 관리 방법이 생김
- 1970년대의 격동기에는 세계적 경제 불황을 겪은 젊은 세대들이 기성세대에 반발하며 반항적 이미지의 펑크 패션 및 눈 주위가 검게 멍든 것 같은 펑크스타일의 메이크업을 선보였다.

1980년대
- 경제부흥의 여파로 화려하고 다양한 색상의 메이크업 유행
- 브룩쉴즈가 대표적 미인으로 두껍고 진한 눈썹과 붉은색 입술이 유행했다.
- 마돈나의 진하고 섹시하며 에로틱한 메이크업 등장(복고풍)
- 워터 프루프 마스카라 등장
- 에어로빅을 비롯한 스포츠에 대한 관심증대로 건강해 보이는 구리 빛 피부 톤이 유행
- 80년대 말에는 내츄럴 메이크업이 유행

	서양 메이크업의 역사	
현대	1980년대	  　　　브룩쉴즈　　　　　　　　마돈나
	1990년대	• 복고풍과 에콜로지의 영향으로 내츄럴 메이크업이 유행하였으며 자연을 연상시키는 브라운과 그린 등의 색상 인기 • 환경문제의 영향으로 메이크업뿐만 아니라 패션과 헤어스타일에도 내츄럴풍이 유행 • 색조를 사용하기보다는 깨끗한 피부톤의 내츄럴 메이크업이 유행 • 여배우 줄리아 로버츠(Julia Roberts), 기네스 펠트로(Gwyneth Paltrow) 등 • 90년대 후반에는 사이버, 테크노, 아방가르드 메이크업 스타일 유행  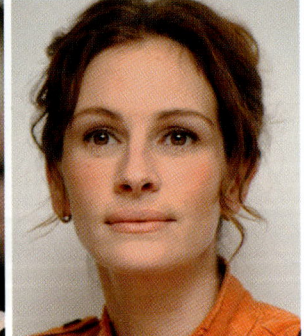 　　기네스 펠트로　　　　　　줄리아 로버츠
	2000년대	• '웰빙'이라는 단어가 등장하면서 자연스럽고 투명한 메이크업 유행 • 눈을 강조한 스모키 메이크업 유행

예상문제
메이크업의 이해

정답				
01 ④	02 ④	03 ④	04 ①	05 ②
06 ②	07 ①	08 ④	09 ③	10 ③
11 ①	12 ③	13 ①	14 ②	15 ①
16 ①	17 ①	18 ③	19 ④	20 ②
21 ①	22 ①	23 ④	24 ②	25 ①
26 ①	27 ③	28 ④	29 ①	30 ④

01 다음 중 메이크업에 대한 설명으로 잘못된 것은?
① 제작하다, 완성하다라는 사전적 의미가 있다.
② 얼굴에 화장을 한다라는 일반적 의미가 있다.
③ 17세기 리처드 크레슈가 '메이크업'이라는 용어를 처음 사용하였다.
④ 16세기 셰익스피어에 의해 최초로 사용되었다.

해 'Painting'이라는 단어는 16세기 셰익스피어의 작품에서 최초 사용되었다.

02 메이크업의 4대 목적이 아닌 것은?
① 본능적 목적
② 실용적 목적
③ 표시적 목적
④ 심리적 목적

해 메이크업의 4대 목적은 본능적 목적, 실용적 목적, 신앙적 목적, 표시적 목적이다.

03 한국의 화장 용어로 알맞게 짝지어진 것은?
① 야용 - 요염한 색채화장
② 염장 - 신부화장
③ 농장 - 담장보다 엷은 화장
④ 담장 - 엷은 화장(기초화장)

해 담장 : 피부손질 위주의 기초화장
농장 : 담장보다 짙은 화장(색채화장)
염장 : 요염한 색채를 표현한 화장
야용 : 분장을 의미
성장 : 남의 시선을 끌만큼 화려한 화장
응장 : 또렷한 화장으로 혼례 시 사용(신부화장)

04 다음 용어 중 화장에 해당하는 단어가 아닌 것은?
① 분대(粉黛)
② 담장(淡粧)
③ 농장(濃粧)
④ 응장(凝粧)

해 분대는 백분과 눈썹 먹(화장품을 총칭)을 뜻한다.

05 다음 한국의 화장 용어 중 신부화장의 의미와 비슷한 것은?
① 농장(濃粧)
② 응장(凝粧)
③ 지분(脂粉)
④ 분대(粉黛)

해 응장은 농장과 비슷하지만 그보다 좀 더 또렷한 화장으로 혼례 시 신부화장에서 사용되었다.

06 고대 메이크업의 목적에 해당하지 않는 것은?
① 신분과 부족표시
② 동상 예방
③ 피부미백 효과
④ 사회적 기능
해 메이크업은 동상 예방과는 거리가 멀다.

07 메이크업의 4대 목적 중 같은 종족임을 표시하기 위한 수단으로 사용한 목적으로 옳은 것은?
① 실용적 목적
② 본능적 목적
③ 신앙적 목적
④ 표시적 목적
해 자신을 보호하거나 같은 종족임을 표시하는 수단으로 사용된 것은 실용적 목적에 해당한다.

08 메이크업의 기원이 아닌 것은?
① 신분표시설
② 종교설
③ 보호설
④ 본능설
해 본능설은 메이크업이 아닌 의복의 기원으로 인간이 부끄러움을 느끼면서 자신의 몸을 감추기 위해 의복을 착용했음을 뜻한다.

09 메이크업을 뜻하는 용어에 대한 설명으로 옳지 않은 것은?
① 페인팅 - 짙은 화장에서 유래
② 마뀌아쥬 - 분장을 뜻하는 연극 용어
③ 마뀌아쥬 - 남성이 하는 메이크업
④ 토일렛 - 화장을 포함한 몸치장 전반
해 마뀌아쥬는 프랑스어로 분장을 의미하는 연극 용어이다.

10 메이크업의 기원 중 동물들의 위험으로부터 자신을 보호하기 위해 새의 깃털이나 식물로 위장하였다는 학설은?
① 종교설
② 미화설
③ 위장설
④ 신분표시설

11 이집트 시대 메이크업의 특징으로 옳지 않은 것은?
① 크리스트교의 영향으로 메이크업 금지
② 손바닥과 발바닥에 헤나를 바름
③ 남녀 모두 가발 착용
④ 콜(kohl)을 눈 화장에 사용하였다.
해 초기 크리스트교의 영향으로 메이크업이 금지된 시대는 중세시대이다.

12 다음은 어느 시대에 대한 설명인가?

〈보기〉
- 남녀 모두 패치 사용
- 퐁탕쥬형의 헤어스타일 유행
- 몸의 악취를 감추기 위해 향수 유행

① 로코코 시대
② 1910년대
③ 바로크 시대
④ 로마 시대

해 바로크 시대에는 남녀모두 과도한 메이크업과 패치의 사용이 유행하였으며 몸의 악취를 감추기 위해 향수가 유행하였다. 또한 머리를 높이 올려 기교를 부린 퐁탕쥬형의 헤어스타일 유행하였다.

13 초기 크리스트교의 영향으로 메이크업이 경시되었던 시대는?

① 중세 시대
② 로마 시대
③ 바로크 시대
④ 그리스 시대

해 중세 시대에는 초기 크리스트교의 영향으로 메이크업이 경시되었으며 가발사용이 금지되었다. 창녀 등의 직업여성 및 특정 직업을 가진 사람만 메이크업이 가능하였다.

14 목욕 문화의 발달로 '청결'을 중요시 하던 시대는?

① 로코코 시대
② 로마 시대
③ 1910년대
④ 바로크 시대

해 로마시대에는 목욕 문화의 발달로 '청결'을 중요시하였으며 남녀모두 과도한 화장과 치장을 함

15 화장품의 대량생산으로 화장품 산업이 가속화된 시대는?

① 1910년대
② 1940년대
③ 1960년대
④ 2000년대

해 1910년대에 화장품의 대량생산이 본격화되며 화장품 산업이 가속화 되었으며 미용 시술 및 성형수술 유행함

16 다음 보기에서 설명하고 있는 메이크업의 시기는?

〈보기〉
- 영화가 대중오락으로 대두되면서 그레타 가르보(Greta Garbo), 조안 크로포드(Joan Crawford) 등의 헐리웃 스타들이 나타났고 그 영향으로 새로운 스타일 유행
- 보브스타일의 헤어스타일 유행
- 가는 아치형 눈썹 유행
- 빨간색 립스틱으로 크고 선명하게 그린 입술화장 유행

① 1920-1930년대
② 1940-1950년대
③ 1960-1970년대
④ 2000년대

해 1920~1930년대에는 우아한 여성미를 강조하기 위해 얼굴에 파운데이션을 바르고 눈이 움푹 들어가 보이도록 아이메이크업을 했다. 또한 붉은 립스틱으로 입술 라인을 뚜렷하게 강조했다.

17 얇고 둥근 아치형 눈썹과 아이홀 메이크업으로 성숙하고 우아한 여성미를 강조한 1930년대 대표 여배우는 누구인가?

① 그레타 가르보
② 오드리 햅번
③ 클라라 보우
④ 마릴린 먼로

해 그레타 가르보는 얇고 둥근 아치형 눈썹에 움푹 들어가 보이는 아이홀 메이크업을 선보였다.

18 1960년대의 메이크업에 대한 설명이 아닌 것은?

① 영국 모델 '트위기'의 메이크업이 유행하였다.
② 피부와 입술 모두 창백하게 표현하였다.
③ 마돈나의 진하고 섹시한 에로틱한 메이크업이 유행하였다.
④ 새로운 양식의 히피문화가 등장하였다.

해 마돈나의 진하고 섹시하며 에로틱한 메이크업이 등장한 것은 1980년대이다.

19 1970년대 메이크업의 특징으로 옳지 않은 것은?

① 립글로즈 유행
② 자연스러운 눈썹
③ 자연스러운 볼터치
④ 두꺼운 피부표현

해 1970년대에는 자연스러운 피부화장이 유행하면서 가벼운 타입의 라이트 파운데이션이 등장하였다. 또한 눈썹형태도 자연스러워지고 립글로즈를 사용한 반짝이는 입술표현이 유행하였다.

20 영화 및 영상미디어의 발달과 카메라의 등장으로 컬러의 중요성이 부각되어 다양한 컬러의 색조화장품이 등장한 시기는?

① 1910년대
② 1950년대
③ 1970년대
④ 2000년대

해 1950년대에는 컬러TV, 영화, 카메라의 등장으로 색상이 중요시되며 다양한 색조화장품이 등장하였고 인위적인 메이크업 스타일이 유행하였다.

21 환경문제의 영향으로 에콜로지풍이 유행하였고 자연을 연상시키는 브라운과 그린 등의 색상이 유행한 시기는?

① 1990년대
② 1970년대
③ 1950년대
④ 1920년대

해 1990년대에는 환경문제의 영향으로 메이크업 뿐만 아니라 패션과 헤어스타일에도 내츄럴 풍이 유행하였다.

22 신라시대 때 눈썹을 그리는 재료로 사용된 것은 무엇인가?

① 굴참나무
② 난초
③ 홍화
④ 동백기름

해 신라시대 때에는 너도밤나무, 굴참나무 등을 유연에 개어 눈썹을 그렸다.

23 말갈족들이 피부 미백을 위해 세수하였던 재료는 무엇인가?
① 돼지기름
② 동백기름
③ 쑥
④ 오줌

해 말갈족들은 피부 미백을 위해 오줌으로 세수하였다.

24 한국 메이크업의 역사중 유교적 도덕 관념으로 여성의 외면적 아름다움 보다는 내면의 아름다움을 강조하던 시기는 언제인가?
① 고려시대
② 조선시대
③ 삼국시대
④ 고대시대

해 조선시대에는 유교적 도덕 관념으로 여성의 내면의 아름다움을 강조하였다.

25 신라시대 때 입술화장의 재료로 사용된 것은?
① 홍화
② 쌀겨
③ 너도밤나무
④ 난초

해 신라시대 때에는 홍화로 연지를 만들어 입술과 볼에 발랐다.

26 국내에 콜드크림의 보급이 시작된 시기는 언제인가?
① 1950년대
② 1910년대
③ 1990년대
④ 2000년대

해 1950년대 콜드크림의 보급이 시작되었고 수입화장품이나 밀수 화장품이 범람하였다.

27 서양의 메이크업 역사 중 화장보다는 건강한 아름다움을 추구하여 여성의 메이크업을 금기시 한 시대는?
① 로마
② 이집트
③ 그리스
④ 중세시대

해 그리스 시대에는 화장보다는 건강한 아름다움을 추구하여 여성의 메이크업을 금기시 하였다.

28 우리나라 역사상 처음으로 화장을 장려한 시대는 언제인가?
① 신라시대
② 백제시대
③ 조선시대
④ 고려시대

해 우리나라 역사상 처음으로 나라에서 화장을 장려한 것은 고려시대 때이다.

29 기생을 중심으로 한 짙은 화장을 뜻하는 것은?

① 분대화장
② 비분대화장
③ 담장(淡粧)
④ 지분(脂粉)

해 기생을 중심으로한 짙은 화장은 분대화장이고 일반 여성들의 옅은 화장은 비분대 화장이다.

30 1940년대 우리나라 화장의 특징으로 옳지 않은 것은?

① 현대식 화장기술 도입
② 흰 얼굴과 초승달의 눈썹
③ 강조된 붉은 입술
④ 브라운, 오렌지 등의 에콜로지풍의 색상 유행

해 브라운, 오렌지 등의 에콜로지풍의 색상이 유행한 것은 1990년대이다.

CHAPTER 2
메이크업의 기초이론

01. 얼굴형 및 부분 수정 메이크업 기법

(1) 얼굴 형(Shape)

사람의 얼굴형은 다양한 모양으로 구분되며 각각의 얼굴형 특징과 그에 맞는 메이크업 기법이 있다.

얼굴형	특징	메이크업 기법
 둥근형	전체적으로 둥그스름한 얼굴형으로 동양인에게 가장 많은 얼굴형이다. 어려보인다는 장점이 있지만 평면적으로 보인다는 단점도 있다.	• 얼굴 양쪽 측면에 쉐이딩을 길게 넣어주어 얼굴이 갸름해 보이도록 해준다. • T존 부위와 턱 끝에 하이라이트를 넣어주어 얼굴이 보다 길고 입체적으로 보이도록 해준다. • 눈썹을 약간 각지게 표현해서 둥근 얼굴형이 커버 될 수 있도록 한다.
 역삼각형	이마는 넓고 턱은 뾰족한 얼굴형은 샤프한 외모로 세련되어 보이기는 하지만 날카로운 인상을 줄 수 있다.	• 이마의 양끝부분에 쉐이딩을 넣어 이마 폭을 줄여주고 턱 끝부분에 쉐이딩을 넣어 턱길이를 짧아보이도록 해준다. • 살이 없는 양 볼 부위에 화사하고 밝은 색의 치크를 발라 볼륨감을 준다. • 아치형의 눈썹으로 여성미와 부드러운 이미지를 강조한다.
 삼각형	이마는 좁고 턱은 넓은 얼굴형	• 양쪽 볼 밑과 턱 라인에 쉐이딩을 주어 얼굴형을 수정한다. • 이마의 양 끝부분에 하이라이트를 주어 이마가 넓어 보이도록 해준다.
 사각형	넓은 이마와 각진 턱의 사각형 얼굴형은 남성적이고 활동적인 인상을 준다.	• 양쪽 이마 끝부분과 턱의 각진 부분에 쉐이딩을 주어 얼굴의 폭을 감소시켜 각진 얼굴형을 수정한다. • T존과 턱 끝부분에 하이라이트를 넣어 안면 중앙부가 돌출되어 보이도록 해준다. • 부드러운 곡선 형태의 눈썹으로 표현한다.

얼굴형	특징	메이크업 기법
 긴형(장방형)	전체적으로 얼굴이 길어 보이는 장방형은 지적이고 우아해 보이지만 자칫 나이가 들어 보일 수 있는 얼굴형이다.	• 이마와 턱 끝쪽에 쉐이딩을 주어 얼굴 길이가 짧아 보일 수 있도록 수정한다. • 양 볼에 가로로 치크를 발라 길어 보이는 얼굴형을 커버한다. • 수평형의 일자 눈썹 및 아이섀도를 가로기법으로 표현해 얼굴이 짧아 보이도록 한다.
 마름모형 (다이아몬드형)	이마와 턱이 좁고 광대가 발달한 얼굴형으로 샤프해 보이기는 하지만 강한 인상을 줄 수 있다.	• 튀어나온 광대뼈에 쉐이딩을 주어 얼굴형을 커버한다. • 이마의 양 끝부분에 하이라이트를 발라 이마가 넓어 보일 수 있도록 수정한다.

> ✓ **TIP! 메이크업 기초 용어**
> • **쉐이딩** : 베이스보다 한톤 어두운 색상을 사용해 턱선, 헤어라인, 광대뼈 등 얼굴 윤곽에 음영을 넣어 얼굴을 갸름하고 작아보이게 하는 것
> • **하이라이팅** : 베이스보다 한톤 밝은 컬러를 사용해 이마, 콧대, 볼, 턱 등에 발라줌으로써 입체적인 얼굴을 만들어 주는 것

(2) 얼굴의 부위별 명칭

① **T존** : 이마부터 콧등까지 T자로 이어지는 부분, 하이라이트존이라고도 함

② **V존(U존)** : 귓불에서 턱선을 따라 입꼬리로 향하는 부위로 아래 턱선을 지칭함

③ **O존** : 눈 주위, 입 주위

④ **S존** : 옆턱선에서 입꼬리쪽으로 연결되는 부분으로 쉐이딩존이라고도 함

⑤ **헤어라인** : 이마쪽에 머리카락이 난 부분으로 피부와의 경계선

⑥ **애플존** : 웃었을 때 볼 살이 가장 많이 튀어나오는 부분

(3) 이상적인 얼굴의 균형도

① 이상적인 눈썹

(ㄱ) 눈썹 앞머리는 콧방울과 눈앞꼬리의 수직 선상에 위치

(ㄴ) 눈썹꼬리는 콧방울과 눈꼬리를 45°로 잇는 선에 위치

(ㄷ) 눈썹산은 눈동자 바깥 부분과 수직 선상에 위치

(ㄹ) 눈썹산의 위치는 눈썹 길이 2/3 지점에 위치

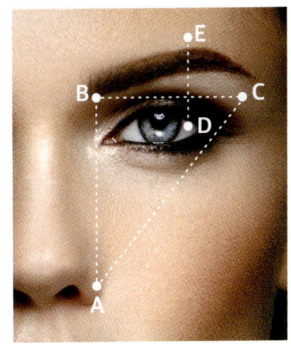

② 이상적인 입술 : 윗입술 : 아랫입술 = 1 : 1.5

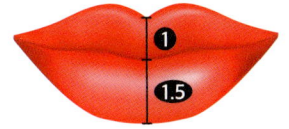

③ 이상적인 눈

(ㄱ) 미간과 눈의 가로길이가 동일

(ㄴ) 눈 앞머리는 콧방울에서 수직으로 올렸을 때 만나는 지점에 위치

④ 이상적인 코

(ㄱ) 이마에서 2/3 지점에 위치

(ㄴ) 코의 폭은 얼굴 가로 너비의 1/5

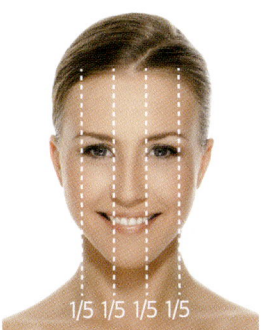

02. 기본 메이크업 기법 (베이스, 아이, 아이브로우, 립&치크)

(1) 클렌징

① **클렌징의 목적** : 피부표면에 있는 노폐물(땀, 피지)과 화장품의 잔여물을 제거 해 피부를 건강하게 유지시킨다.

② 클렌징 제품의 종류 및 기능

종류	기능
클렌징 폼	• 거품이 나는 타입으로 강한 세정력과 피부 보호 기능을 갖추고 있음 • 피부에 자극이 없어 민감하고 약한 피부에 효과적 • 보습제와 유성성분의 배합으로 피부가 당기거나 건조해지는 것을 방지함
클렌징 워터	• 가벼운 메이크업을 지울 때 사용 • 액상타입으로 되어있어 끈적임 없이 산뜻함과 청량감을 느낄 수 있음
클렌징 젤	• 오일성분이 함유되어 있지 않은 제품으로 물에 쉽게 지워짐 • 민감성피부, 여드름피부도 자극 없이 사용가능 • 지성피부와 여드름 피부에 적합
클렌징 로션	• 친수성의 로션(O/W = Oil in Water) 제품 • 옅은 메이크업 제거 시 사용되며 클렌징 크림에 비해 세정력이 약함 • 수분함량이 많아 피부에 부담이 적어 건성·노화·민감피부에 적합
클렌징 밤	고체상태의 밤 제품으로 피부의 온도에 의해 오일형태로 녹는다.
클렌징 크림	• 친유성의 크림(W/O = Water in Oil) 제품 • 피부에서 분비되는 피지나 진한 메이크업 제거 시 사용 • 잔여물에 의한 피부트러블이 생길 수 있으므로 반드시 이중세안이 필요함 • 지성피부나 예민한 피부를 가진 사람은 가급적 피해야 함
클렌징 오일	• 물에 잘 지워지는 수용성 오일 성분으로 피부 자극 없이 클렌징 됨 • 오일성분이 블랙헤드나 피지 등을 녹임 • 건성·예민성·노화피부에 적합
클렌징 티슈	• 휴대가 간편하여 외출 시 사용하기 좋음 • 민감성 피부의 경우 자극이 될 수 있다.
립 & 아이 리무버	• 눈과 입술의 잔여물을 자극 없이 제거함 • 눈에 들어가도 따갑거나 자극이 없음

(2) 기초 메이크업

① 기초메이크업의 목적

(ㄱ) 피부 표면의 더러움, 메이크업 잔여물 등을 제거하여 피부를 청결하게 한다.

(ㄴ) 피부의 pH를 정상적인 상태로 돌려준다.

(ㄷ) 유분과 수분을 공급하여 피부 결을 정돈하고 피부 표면의 건조를 방지한다.

(ㄹ) 유해한 환경 인자(자외선, 미생물, 먼지, 공해 등)로부터 피부를 보호한다.

② 기초화장품의 종류 및 기능

화장수	피부보습, pH조절, 잔여물 제거 및 수렴·청량감을 줌 • **유연화장수** : 보습 + 유연감 • **수렴화장수** : 보습 + 수렴
에센스	• 활성 성분이 고농축되어 있는 화장품으로 수분과 영양을 공급 • 유사 용어로는 세럼, 부스터, 컨센트레이트, 앰플 등이 있음
로션	• 피부에 수분을 공급 • 보통 O/W형의 유화 형태를 지니며 60~80%의 수분과, 30%이하의 유분을 함유

크림	• 피부에 유효성분을 침투시키고 외부환경으로부터 피부를 보호함
	• 유화 형태에 따라 O/W형과 W/O형으로 나뉨
	  ✓ O/W형 : 촉촉함과 퍼짐성이 우수한 반면 수분지속성이 낮음
	  ✓ W/O형 : 수분 지속성은 우수하지만 퍼짐성이 낮음

팩 / 마스크	피부에 피막을 형성하여 일시적으로 피부를 외부와 차단시켜 수분 증발을 막고 유효성분의 침투를 용이하게 함

(3) 베이스 메이크업

① 베이스 메이크업의 목적

피부색을 균일하게 정돈하고 피부의 결점을 커버하여 아름답게 보이도록 한다.

② 베이스 메이크업의 종류 및 기능

메이크업 베이스	피부색을 균일하게 정돈하고 파운데이션의 밀착력을 증가시켜 메이크업의 지속력을 높임 • 초록색 베이스 = 붉은톤의 얼굴, 잡티가 많은 얼굴 • 핑크색 베이스 = 흰 피부, 창백한 피부 • 주황색 베이스 = 태닝한 피부, 검은 피부, 건강한 피부표현 • 보라색 베이스 = 노란기가 있는 칙칙한 피부
프라이머	넓은 모공 및 요철, 주름 등을 커버해 피부표면이 매끄러워 보이도록 함
파운데이션	피부 결점을 커버하고 피부색을 균일하게 정돈
컨실러	여드름·주근깨·기미·뾰루지·다크써클 등 피부의 결점 부위를 커버함. 파운데이션보다 커버력이 높은 편이라 파운데이션과 함께 사용 시 파운데이션의 양을 줄일 수 있음
파우더	• 피부색을 보정하고 얼굴의 유·수분을 제거해 메이크업을 오랫동안 지속시킴 • 매트한 피부표현 가능

③ 파운데이션을 바르는 기법

패팅 기법 (Patting)	손가락이나 스펀지로 가볍게 톡톡 두드리는 기법으로 두텁게 많은 양을 바를 수 있어 잡티가 있는 부위를 커버할 때 사용
슬라이딩 기법 (Sliding)	문지르듯 바르는 기법으로 얼굴 전체에 넓게 펴 바를 때 사용
블렌딩 기법 (Blending)	색이 다르거나 명암이 다른 색의 경계 부분을 경계지지 않도록 연결시켜 칠하는 기법
에어브러시 기법 (Air Brush)	에어브러시 건을 사용하여 파운데이션을 안개상태로 내뿜어서 바르는 기법

(4) 아이 메이크업

① 아이 메이크업의 목적

(ㄱ) 눈두덩이에 음영을 주어 눈매가 더욱 입체적이고 깊어 보이도록 한다.

(ㄴ) 다양한 색상을 통해 개성을 표현할 수 있다.

(ㄷ) 아이라이너나 인조속눈썹 등 다양한 제품을 통해 눈의 단점을 수정 및 보완할 수 있다.

② 아이섀도 부위별 명칭

베이스 컬러 (Base color)	눈두덩이 전체에 바르는 컬러
메인 컬러 (Main color)	• 아이홀을 중심으로 바르는 컬러 • 아이섀도 전체 분위기를 좌우하는 컬러
포인트 컬러 (악센트 컬러) (Point color)	눈매를 강조하기 위해 부분적으로 사용하는 컬러로서 사용하는 컬러에 따라 이미지가 변화됨
하이라이트 컬러 (Highlight color)	• 눈을 더욱 입체적으로 보이게 하기위해 눈썹 아래뼈에 바르는 컬러 • 주로 화이트, 아이보리, 연핑크 등의 밝은 색상을 사용
언더 컬러 (Under color)	• 아래 눈꺼풀 부분에 바르는 컬러로 눈을 더욱 깊어 보이게 하는 효과가 있음 • 언더라인 눈꼬리 1/3부분에 포인트 컬러를 연결시켜 바르면 자연스러운 눈매가 연출됨

③ 아이섀도 터치 방법

아이홀 기법	• 서양인의 눈매처럼 깊고 그윽한 눈매를 연출할 때 사용됨 • 움푹 패인 눈에 적합 • 클래식한 이미지 연출가능
가로 기법	• 자연스러워서 데일리 메이크업이나 웨딩메이크업 등에 많이 사용됨 • 지방이 많거나 튀어나온 눈에 적합
사선 기법	• 눈꼬리가 올라가 보이기 때문에 섹시한 이미지나 강렬한 이미지 연출 시 사용됨 • 스모키 메이크업, 섹시 메이크업 등에 사용됨 • 눈꼬리가 쳐지거나 미간이 좁은 눈에 적합

④ 아이 메이크업 제품 종류

아이라이너	눈매를 선명하고 또렷하게 연출하기 위해 속눈썹라인 위에 선을 그리는 제품으로 젤타입, 리퀴드 타입, 케이크타입, 펜슬타입, 붓펜타입 등이 있음
마스카라	속눈썹이 짙고 길어 보이도록 속눈썹에 칠하는 제품으로 특징에 따라 워터프루프 마스카라, 컬링 마스카라, 볼륨 마스카라, 롱래시 마스카라 등으로 나뉨
인조 속눈썹	눈매를 길고 풍성하게 보이도록 하기 위해 붙이는 제품으로 한 가닥씩 붙이는 타입과 라인으로 길게 이어져 있어 통으로 붙이는 타입이 있다.

⑤ 마스카라 종류별 특징

롱래쉬 마스카라	섬유질이 함유되어있어 속눈썹이 길어 보인다.
볼륨 마스카라	내용물이 많이 발라져 속눈썹이 풍성해 보인다.
컬링 마스카라	속눈썹 컬링이 우수해 쳐진 속눈씹에 적합하다.
워터프루프 마스카라	내수성이 좋고 건조가 빨라 여름철에 적합하다.

⑥ 눈 모양에 따른 아이 메이크업 방법

눈 모양	아이섀도 표현 방법
  눈과 눈 사이가 좁은 눈	눈 앞머리를 밝게 하고 눈꼬리 쪽에 어두운 색상으로 포인트를 줌으로써 좁은 눈 사이의 간격을 조절한다.

눈 모양	아이섀도 표현 방법
  눈과 눈 사이가 넓은 눈	눈 앞머리에 어두운 색상으로 포인트를 주고 눈꼬리 쪽은 밝게 해서 넓은 눈 사이의 간격을 조절한다.
  돌출된 눈	펄이 없는 브라운 계열의 아이섀도를 눈두덩이 전체적으로 발라 주고 눈썹 뼈에는 하이라이트를 준다.
  눈꼬리가 내려간 눈	눈꼬리쪽에 포인트 색상을 약간 올려서 강조해줌으로써 눈 모양을 수정해준다.
  눈꼬리가 올라간 눈	포인트 색상으로 언더라인 눈꼬리쪽을 강조해줌으로써 눈 모양을 수정해준다.
  움푹 들어간 눈	• 서양인에게서 주로 볼 수 있는 눈매로서 동양인이 눈이 움푹 들어간 경우엔 자칫 아파보이거나 나이 들어 보일 수가 있다. • 밝은색 아이섀도를 아이홀 부분에 발라 돌출되어 보이고 화사해 보이도록 표현하다.
  쌍꺼풀이 없이 작은 눈	• 눈 전체적으로 자연스러운 음영을 주어 눈매가 좀 더 깊어 보이고 커보이도록 표현한다. • 펄이 있는 제품은 되도록 피하는게 좋다.

(5) 아이브로우(눈썹) 메이크업

눈썹은 얼굴의 지붕이라는 말이 있다. 그만큼 사람의 인상을 결정하는데 눈썹은 굉장히 중요한 역할을 한다. 어떤 형태의 눈썹으로 연출하느냐에 따라 이미지가 달라지며 다양한 눈썹 디자인을 통해 얼굴형의 단점을 보완할 수 있다.

① 길이 및 굵기에 따른 이미지

길이	짧은 눈썹	귀여움, 어려보임, 남성적 이미지
	긴 눈썹	성숙함, 우아함, 여성적 이미지
굵기	굵은 눈썹	강함, 건강함, 남성적 이미지
	가는 눈썹	부드러움, 성숙함, 여성적 이미지

② 아이브로우 색상에 따른 이미지

갈색	우아하고 여성스럽다, 성숙한 느낌, 세련된 느낌
회색	차분하고 지적인 느낌, 젊어 보인다.
흑색	흰 피부에 적합, 개성적인 느낌

③ 아이브로우 형태에 따른 이미지

표준형 눈썹

- 자연스럽게 상승하다가 부드럽게 곡선을 그리며 내려오는 눈썹
- 어느 얼굴형이나 무난하게 어울림

일자 눈썹

- 긴 얼굴형, 폭이 좁은 얼굴에 잘 어울림
- 동안으로 보이는 눈썹
- 활동적 이미지

아치형 눈썹

- 여성적이고 우아하며 성숙해보임
- 역삼각형, 다이아몬드형 얼굴에 잘 어울림
- 사각턱, 이마가 넓은 사람에게 잘 어울림

각진 눈썹

- 세련되고 지적인 이미지
- 둥근 얼굴형에 잘 어울림
- 얼굴 길이가 짧은 사람에게 잘 어울림

(6) 립 메이크업

① 립 메이크업의 목적

(ㄱ) 입술에 혈색을 줘 얼굴에 생기와 화사함을 줄 수 있다.

(ㄴ) 입술의 색상을 이용해 얼굴에 포인트를 줄 수 있다.

(ㄷ) 외부 자극으로부터 입술을 보호하는 역할을 한다.

(ㄹ) 입술 형태를 일시적으로 수정할 수 있다.

② 립 메이크업 제품의 종류

종류	특징
립스틱	• 가장 많은 색상과 제형이 있어 선택의 폭이 넓음 • 대표적으로 광택 없이 매트한 타입과 촉촉하게 빛나는 모이스춰 타입이 있음
립글로즈	• 광택감과 자연스러운 컬러감을 표현할수 있는 것이 특징 • 단독으로 사용하거나 립스틱이나 틴트와 함께 사용하기도 함
틴트	• 제형에 따라 리퀴드타입과, 오일타입, 젤타입 등이 있음 • 입술에 물들 듯 자연스럽게 스며드는 것이 특징 • 수채화처럼 투명한 표현이 가능해 학생들에게 인기
리퀴드립	• 립스틱과 틴트의 장점을 모아 만든 제품으로 발색 및 발림성, 지속력 등이 좋음 • 선명한 입술 표현 시 적합
립펜슬	• 립펜슬의 종류는 크게 립크레용과 립라이너로 나뉨 • 립 크레용은 제형이 단단하기 때문에 색상조절이 쉽고 깔끔하게 그릴 수 있음
립라이너	• 입술 선을 선명하게 표현 • 립메이크업이 번지지 않게 오랫동안 지속시켜줌

③ 립 라인에 따른 이미지

인커브(in curve)

• 원래 입술 라인보다 1-2mm정도 안쪽으로 그리는 방법
• 여성스럽고 귀여운 이미지

아웃커브(out curve)

• 원래 입술라인보다 1-2mm정도 크게 그리는 방법
• 매혹적이고 섹시한 이미지

스트레이트 커브
(straight curve)

- 립라인을 직선으로 그리는 방법. 특히 입술산을 뾰족하게 표현
- 지적이고 세련된 이미지

④ 입술 모양에 따른 립 메이크업 방법

입술 모양	립 메이크업 방법
두꺼운 입술	• 원래의 입술라인을 파운데이션이나 컬실러로 커버 한 뒤 어두운 색상의 립라이너로 원래 입술보다 1~2mm안쪽으로 윤곽을 잡아준다. • 밝은 색은 팽창되어 보이고 어두운색은 수축되어 보이므로 약간 어두운 색상을 선택하는 것이 좋다.
얇은 입술	• 원래의 입술라인보다 1~2mm정도 바깥으로 윤곽을 잡아준다. • 입술이 도톰해 보일 수 있도록 밝은색상의 립제품을 선택하는 것이 좋다. • 립글로즈나 펄이든 제품을 함께 사용 시 팽창효과가 있음
돌출형 입술	• 밝은색이나 연한색은 진출효과가 있어 입술이 더욱 튀어나와 보이므로 어두운 계열의 색상을 선택하는 것이 좋다.
작은 입술	• 입술의 가로길이와 폭을 1~2mm정도 넓게 그려준다. • 밝은 색상의 핑크나 오렌지색상을 사용하면 입술이 더욱 도톰해 보임
주름이 많은 입술	• 입술에 유분기가 많을 경우 입술의 세로주름을 따라서 립제품이 번질 수가 있기 때문에 입술 유분을 제거한 뒤 립라이너로 입술윤곽을 먼저 잡아준다. • 립펜슬이 테두리 역할을해 립제품이 번지는 걸 방지한다. • 입술 안쪽은 되도록 유분기가 적은 제품을 사용하는 것이 좋다.
입꼬리가 처진 입술	• 입꼬리가 처지면 나이들어 보이기 때문에 진하고 선명한 색상의 립펜슬이나 립스틱을 사용해서 입꼬리를 0.1mm정도 위로 올려 그려준다.

(7) 블러셔(치크) 메이크업

① 블러셔 메이크업의 목적

(ㄱ) 볼에 혈색을 줘 얼굴에 생기와 화사함을 줄 수 있다.

(ㄴ) 얼굴 형태를 수정하여 더욱 입체적으로 보일 수 있다.

② 기본적인 블러셔 메이크업 방법

모델이 정면을 바라볼 때 눈동자 중간에서 수직으로 내리고 코 끝부분을 수평으로 연결해서 만나는 부분의 안쪽 부분

③ 얼굴형에 따른 블러셔 메이크업 방법

얼굴 형태	블러셔 메이크업 방법
 계란형(OVAL)	• 애플존 위치에 둥글게 발라준다. • 원하는 이미지 연출에 따라 세로 터치나 가로 터치 등 모두 무난하게 잘 어울린다.
 둥근 얼굴형 (ROUND)	• 귀 윗부분부터 입꼬리 쪽으로 사선으로 길게 터치해 둥그런 얼굴이 갸름해 보일 수 있도록 한다. • 브러시가 가장 먼저 닿는 부분이 가장 진하게 표현되므로 얼굴의 외곽 부분이 진하게 표현되어 갸름해 보인다.
 각진 얼굴형 (SQUARE)	• 안쪽에서 바깥쪽으로 사선으로 터치한다. • 브러시가 가장 먼저 터치되는 안쪽 부분이 가장 진하게 되면서 시선이 가운데로 모여 얼굴이 입체적으로 보임
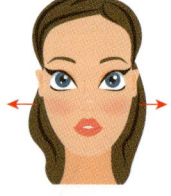 긴 얼굴형(LONG)	• 가로 방향으로 길게 발라준다. • 블러셔가 가로로 표현되며 시선의 흐름을 끊어주기 때문에 얼굴이 짧아 보이는 효과가 있다.
 역삼각형(HEART)	• 뺨 중간 부위에서 바깥쪽으로 넓게 발라 빈약한 볼 부분을 커버한다. • 화사하고 밝은 색상일수록 뾰족한 턱과 빈약한 볼 부분이 커버된다.

예상문제
메이크업의 기초이론

정답

01 ③	02 ②	03 ①	04 ④	05 ①
06 ②	07 ③	08 ④	09 ②	10 ②
11 ④	12 ③	13 ①	14 ④	15 ①
16 ④	17 ④	18 ②	19 ③	20 ①
21 ①	22 ③	23 ③	24 ②	25 ④
26 ②	27 ④	28 ①	29 ④	30 ③

01 메이크업 베이스 사용에 대한 설명으로 옳지 않은 것은?
① 메이크업의 지속력을 높여준다.
② 파운데이션의 밀착력을 증가시킨다.
③ 붉은 톤의 얼굴은 핑크색의 베이스를 바른다.
④ 오렌지색은 건강한 피부표현에 사용된다.

해 붉은 톤의 얼굴에는 초록색 베이스를 사용한다.

02 파운데이션 사용에 대한 설명으로 잘못된 것은?
① 피부 결점을 커버한다.
② 높은 커버력을 위해 가급적 많은 양을 사용한다.
③ 스펀지나 브러시 등의 도구를 사용해 바른다.
④ 피부색을 균일하게 정돈한다.

해 많은 양의 파운데이션 사용은 화장이 뭉치거나 밀리는 원인이 되므로 적당량을 바른다. 커버력이 필요한 부위엔 컨실러를 함께 사용한다.

03 메이크업 베이스의 기능으로 틀린 것은?
① 파운데이션 후 얼굴의 번들거림을 방지하고 메이크업을 고정시킨다.
② 피부색을 균일하게 정돈한다.
③ 피부색을 보정 한다.
④ 파운데이션의 밀착력을 증가시킨다.

해 파운데이션 후 얼굴의 번들거림을 방지하고 메이크업을 고정시키는 것은 파우더이다.

04 파운데이션의 컬러 중 원래 피부톤보다 1~2톤 어두운 컬러로 턱선, 헤어라인, 광대뼈 등 얼굴 윤곽에 음영을 넣어 얼굴을 갸름하고 작아 보이게 하는 효과를 내는 컬러는?
① 포인트 컬러
② 베이스 컬러
③ 하이라이트 컬러
④ 쉐이딩 컬러

05 이마에서 콧등까지 이어지는 부분으로 하이라이트 존이라고 하는 부위는 무엇인가?
① T존
② O존
③ S존
④ 애플존

해 이마에서 콧등까지 T자로 이어지는 부분을 T존이라고 한다.

06 클렌징의 목적으로 옳지 않은 것은?
① 피부 표면의 더러움을 제거한다.
② 피부에 미백효과를 준다.
③ 메이크업 잔여물을 제거한다.
④ 블랙헤드나 피지 등을 녹인다.

해 피부에 미백효과를 주는 것은 기능성 화장품의 목적이다.

07 기초메이크업의 목적으로 틀린 것은?
① 유해환경으로부터 피부를 보호한다.
② 피부의 pH를 정상적인 상태로 돌려준다.
③ 파운데이션의 밀착력을 높여준다.
④ 피부 표면의 더러움을 제거하여 피부를 청결하게 한다.

해 파운데이션의 밀착력을 높여주는 것은 메이크업 베이스의 목적이다.

08 파우더의 사용 목적으로 옳지 않은 것은?
① 색조의 뭉침 방지
② 메이크업의 지속력 유지
③ 유분기 제거
④ 잡티 제거

해 파우더는 파운데이션의 고정력을 높이고 얼굴의 유수분을 제거하지만 잡티커버의 기능은 없다.

09 파운데이션보다 커버력이 우수해 부분 잡티 커버용으로 사용되는 것은?
① 크림파운데이션
② 컨실러
③ 비비크림
④ 더마왁스

해 컨실러는 커버력이 우수하여 부분적인 잡티를 커버하는데 효과적이다.

10 아이브로우의 역할로 옳지 않은 것은?
① 얼굴의 이미지 변화와 개성을 연출한다.
② 눈에 음영을 주어 입체감을 준다.
③ 얼굴형이나 눈매를 보완한다.
④ 얼굴의 인상을 결정한다.

해 아이섀도는 눈에 음영을 주어 입체감을 강조한다.

11 무스 타입의 파운데이션에 대한 설명으로 옳지 않은 것은?
① 자연스러운 커버력으로 깨끗한 피부에 주로 사용한다.
② 지성 피부에 적합하다.
③ 거품 타입의 파운데이션이다.
④ 유분 함유량이 많아 건성 피부에 적당하다.

해 무스 타입의 파운데이션은 자연스러운 커버력으로 잡티가 없는 깨끗한 피부에 적합하며 사용감이 가볍기 때문에 지성 피부에 적합하다.

12 아이브로우 색상에 따른 이미지로 옳지 않은 것은?
① 회색 : 세련되며 차분한 느낌
② 흑색 : 흰 피부에 적합하며 개성적인 느낌
③ 회색 : 우아하며 성숙해 보인다.
④ 갈색 : 여성스럽고 세련되어 보인다.

해

갈색	우아하고 여성스럽다. 성숙한 느낌. 세련된 느낌
회색	차분하고 지적인 느낌. 젊어 보인다.
흑색	흰 피부에 적합. 개성적인 느낌

CHAPTER 2 | 메이크업의 기초이론

13 유분이 함유된 아이섀도로서 발색이 선명하고 지속력이 높아 무대메이크업에 많이 사용되는 타입은?
① 크림 타입
② 파우더 타입
③ 케이크 타입
④ 펜슬 타입

해 크림 타입은 유분이 함유되어 있어 발색이 선명하고 지속력이 높다.

14 아치형 눈썹에 따른 이미지로 옳지 <u>않은</u> 것은?
① 여성적이고 우아하게 보인다.
② 사각턱, 이마가 넓은 사람에게 잘 어울린다.
③ 폭이 좁고 긴 얼굴형에 잘 어울리며 동안으로 보인다.
④ 역삼각형, 다이아몬드형 얼굴에 잘 어울린다.

해 아치형 눈썹은 여성적이고 우아하며 성숙해보인다.

15 눈을 더욱 입체적으로 보이게 하기 위해 눈썹 아래뼈에 바르는 컬러는?
① 하이라이트 컬러
② 언디 컬러
③ 베이스 컬러
④ 포인트 컬러

해 눈을 입체적으로 보이게 하기위해 눈썹 아래뼈에 화이트, 아이보리, 연핑크 등의 하이라이트 컬러를 바른다.

16 마스카라의 종류에 대한 설명으로 맞는 것은?
① 롱래쉬 마스카라 : 내용물이 많이 발라져 속눈썹이 풍성해 보인다.
② 컬링 마스카라 : 섬유질이 함유되어 있어 속눈썹이 길어보인다.
③ 볼륨 마스카라 : 속눈썹 컬링이 우수해 쳐진 속눈썹에 적합하다.
④ 워터프루프 마스카라 : 내수성이 좋아 여름철에 적합하다.

해
- **롱래쉬 마스카라** : 섬유질이 함유되어 있어 속눈썹이 길어 보인다.
- **볼륨 마스카라** : 내용물이 많이 발라져 속눈썹이 풍성해 보인다.
- **컬링 마스카라** : 속눈썹 컬링이 우수해 쳐진 속눈썹에 적합하다.
- **워터프루프 마스카라** : 내수성이 좋고(방수) 건조가 빨라 여름철에 적합하다.

17 따뜻한 느낌을 주며 건강한 이미지를 줘서 태닝한 피부에도 잘 어울리는 아이섀도 컬러는?
① 브라운 계열
② 핑크 계열
③ 블루 계열
④ 오렌지 계열

18 아이라이너의 종류 중 물을 섞어 바르는 것으로 번들거림이 <u>없는</u> 것은?
① 리퀴드 타입
② 케이크 타입
③ 젤 타입
④ 펜슬 타입

해 케이크 타입은 브러시에 물을 묻혀서 사용한다. 번들거림이 없다는 장점이 있지만 마른 후에도 물에 약하다는 단점이 있다.

19 윗입술과 아랫입술의 이상적인 비율은?
① 1 : 2
② 1 : 1
③ 1 : 1.5
④ 1 : 3

해 가장 이상적인 입술의 비율은 윗입술과 아랫입술의 비율이 1 : 1.5이다.

20 이상적인 눈썹의 위치로 옳지 않은 것은?
① 눈썹산의 위치는 눈썹 길이 중간에 위치
② 눈썹 앞머리는 콧방울과 눈 앞꼬리의 수직선상에 위치
③ 눈썹산은 눈동자 바깥 부분과 수직선상에 위치
④ 눈썹꼬리는 콧방울과 눈꼬리를 45°로 잇는 선에 위치

해 가장 이상적인 눈썹산의 위치는 눈썹길이 2/3 지점에 위치한다.

21 다이아몬드형 얼굴의 메이크업 방법으로 옳은 것은?
① 이마의 양 끝부분에 하이라이트를 발라 이마가 넓어 보이도록 한다.
② 양쪽 턱 라인에 쉐이딩 컬러를 발라 턱이 갸름해 보이도록 한다.
③ 튀어나온 광대뼈에 하이라이팅 컬러를 발라 광대를 강조해준다.
④ 수평형의 일자 눈썹으로 얼굴이 짧아 보이도록 한다.

해 다이아몬드형 얼굴은 이마의 양 끝부분에 하이라이트를 발라 이마가 넓어 보일 수 있도록 하며 튀어나온 광대뼈에 쉐이딩을 주어 얼굴형을 커버한다.

22 펜슬타입으로 입술선을 선명하게 표현해주고 립 메이크업을 오랫동안 지속시켜주는 제품은?
① 립틴트
② 립밤
③ 립라이너
④ 립글로스

해 립라이너는 입술 선을 선명하게 표현해주고 립 메이크업이 번지지 않게 오랫동안 지속시켜준다.

23 블러셔의 목적으로 옳은 것은?
① 얼굴을 갸름해 보이도록 한다.
② 피부의 잡티를 커버한다.
③ 볼에 혈색을 주고 생기와 화사함을 준다.
④ 피부 톤을 균일하게 정돈해준다.

해 얼굴을 갸름하게 보이도록 하는 것은 쉐이딩 제품이다.

24 마스카라의 목적으로 옳지 않은 것은?
① 눈매가 깊어 보이도록 한다.
② 눈매를 또렷하게 한다.
③ 속눈썹이 길어 보이게 한다.
④ 눈이 커 보이며 생기있어 보인다.

해 눈매를 또렷하게 하는 것은 아이라이너의 목적이다.

25 파운데이션을 바르는 기법 중 문지르듯 바르는 기법으로 얼굴 전체에 넓게 펴 바를 때 사용하는 것은?
① 블렌딩 기법
② 에어브러시 기법
③ 패팅 기법
④ 슬라이딩 기법

26 얼굴 부위별 명칭에 대한 설명으로 옳지 않은 것은?

① O존 : 눈 주위, 입 주위
② V존 : 이마쪽에 머리카락이 난 부분으로 피부와의 경계선
③ T존 : 이마부터 콧등까지 이어지는 부분
④ S존 : 옆턱선에서 입꼬리쪽으로 연결되는 부분

해 V존은 귓불에서 턱선을 따라 입꼬리로 향하는 부위로서 아래 턱선을 뜻한다.

27 아이섀도의 부위별 설명으로 옳지 않은 것은?

① 메인 컬러 : 아이홀을 중심으로 바르는 컬러로서 전체 분위기를 좌우한다.
② 포인트 컬러 : 악센트 컬러라고도 하며 사용하는 컬러에 따라 이미지가 변화됨
③ 하이라이트 컬러 : 눈을 더욱 입체적으로 보이게 하기위해 눈썹 아래뼈에 바르는 컬러
④ 베이스 컬러 : 눈매를 강조하기 위해 부분적으로 사용하는 컬러

해 베이스컬러는 눈두덩이 전체에 바르는 컬러이다.

28 서양인처럼 깊고 그윽한 눈매를 표현하고자 할 때 적합한 아이섀도 기법은?

① 아이홀 기법
② 세로 기법
③ 가로 기법
④ 그라데이션 기법

해 아이홀 기법은 서양인처럼 깊고 그윽한 눈매를 표현할 때 사용되는 방법이다.

29 눈과 눈 사이가 좁은 눈의 아이섀도 터치 방법으로 적합한 것은?

① 눈 앞뒤로 포인트를 준다.
② 눈 중앙에 포인트를 준다.
③ 눈 앞머리 쪽으로 포인트를 준다.
④ 눈꼬리 쪽으로 포인트를 준다.

해 눈과 눈 사이가 좁은 경우 포인트 컬러를 눈꼬리 뒤쪽에 주어 시선이 눈꼬리 쪽으로 가 눈과 눈 사이가 멀어 보이도록 해준다.

30 다음 설명은 어떤 이미지 연출에 적합한 블러셔 메이크업 방법인가?

〈보기〉

웃을 때 생기는 애플존 위치에 둥근 느낌으로 터치한다.

① 우아한 이미지
② 활동적인 이미지
③ 귀여운 이미지
④ 지적인 이미지

해 블러셔의 위치가 애플존에 위치하면서 둥근 느낌으로 터치될 경우 귀여운 이미지를 연출할 수 있다.

CHAPTER 3
색채와 메이크업

01. 색채의 정의 및 개념

(1) 색채의 정의 및 개념

색채란 빛을 반사하는 반사광에 의해 색이 눈을 통해 지각되는 현상으로 빛깔이라고도 한다. 색채는 빛과 빛의 반사 대상, 그리고 이것을 관찰하는 관찰자가 있기에 존재한다. 따라서 ★빛과 물체, 감각기관(눈)을 색채지각의 3요소라고 한다.

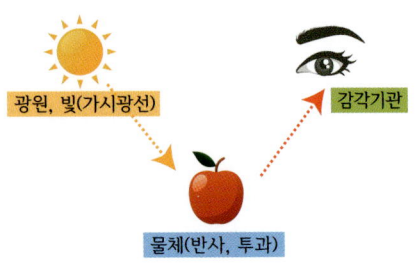

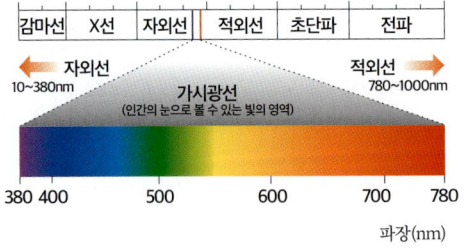

또한, 사람의 눈으로 볼 수 있는 빛을 가시광선이라고 한다. 가시광선은 380~780nm의 파장을 가지며 파장범위에 따라 색을 다르게 인식한다.

(2) 빛의 전달과정

★빛의 전달 : 빛→각막→동공→홍채→수정체→망막→시신경

사람의 눈과 카메라는 비슷한 구조로 이루어져 있다.

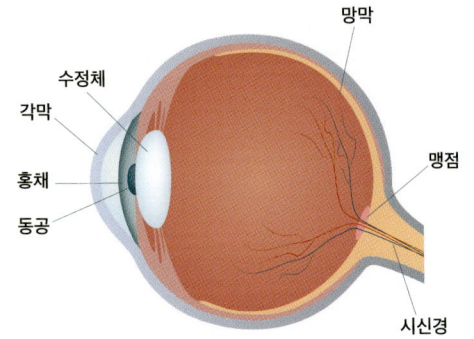

카메라		인간
렌즈뚜껑	→	눈꺼풀
렌즈	→	각막
렌즈	→	수정체
조리개	→	홍채
필름	→	망막

(3) 색의 분류

무채색	• 하양, 회색, 검정 등의 색상을 가지지 않은 색 • 색조가 없는 색으로 명도만으로 구별 된다.
유채색	• 무채색을 제외한 모든 색 • 색상, 명도, 채도 등 색의 삼속성을 모두 갖는다. • 빨강, 노랑, 파랑, 보라 등

(4) 색의 3속성

① **색상**(hue) : 색 자체가 갖는 고유의 특성으로 빛의 파장 길이에 따라 빨강, 노랑, 파랑, 보라 등 여러 가지의 색상으로 구분된다.

② **명도**(value) : 색의 밝고 어두운 정도로 사람의 눈은 명도에 가장 민감하다.

③ **채도**(chroma) : 색의 순수한 정도, 색의 맑고 탁한정도, 색채의 포화상태 등을 나타내는 말로 선명하고 맑은 색일수록 '고채도', 흐리고 탁한 색일수록 '저채도'라고 한다.

(5) 현색계

현색계는 인간이 지각할 수 있는 색상, 명도, 채도에 의해 물체색을 일정 기준에 따라 표시하여 다양한 색을 비교할수 있도록 표준화한 것이다. 대표적인 현색계로는 KS(한국 산업 규격), 먼셀, NCS(스웨덴 국가 표준색 체계) 등이 있다. 이중 KS에서는 12개의 유채색과 3개의 무채색을 지정하고 있다.

① **KS 색체계**

(ㄱ) **유채색** : 빨강(R), 주황(YR), 노랑(Y), 연두(GY), 초록(G), 청록(BG), 파랑(B), 남색(PB), 보라(P), 자주(RP), 분홍(Pk), 갈색(Br)

(ㄴ) **무채색** : 흰색(Wh), 회색(Gy), 검정(Bk)

(ㄷ) **색조** : 우리가 일반적으로 말하는 톤(tone)으로 명도와 채도가 합쳐진 개념이다. KS표준색은 총 13가지의 색조와 무채색 5단계로 구성되어 있다. 13가지의 색조는 선명한(vivid, vv), 밝은(light, lt), 진한(deep, dp), 연한(pale, pl), 흐린(soft, sf), 탁한(dull, dl), 어두운(dark, dk), 흰(whitish, wh) 밝은 회(light grayish, ltgy), 회(grayish, gy), 어두운 회(dark grayish, dkgy), 검은(blackish, bk)이다.

(6) 색채의 지각 효과

① **푸르킨예 현상**: 동일한 장소에서의 동일한 색이라 할지라도 낮에 봤을 때 보다 저녁에 봤을 때 빨간색은 더 어둡고 파란색은 더 밝게 보이는 현상을 뜻한다. 이러한 현상 때문에 해가 지면 낮에는 화사하게 보이던 빨간 꽃들이 어둡게 보여 눈에 잘 띄지 않게 되고 청색계열의 꽃은 더 밝게 보인다.

② **색음 현상**: 괴테가 발견한 이론으로 작은 면적의 그림자가 고채도의 유채색으로 둘러 쌓였을 때 회색이 아니라 광원색의 보색이 가미된 색조를 띠어 보이는 현상으로 색을 띤 그림자라는 의미를 가지고 있다. 따라서 파란조명 아래에서의 그림자는 빨갛게 느낄 수 있으며 붉은 석양에서의 그림자는 파랗게 느낄 수 있다.

③ **색의 항상성**: 낮에 초록색으로 보이는 나뭇잎은 어두운 밤이 되어도 여전히 초록색으로 보인다. 또, 검은 자동차는 햇빛아래에서나 석양 속에서도 여전히 검은색으로 보인다. 조명이나 주위 환경에 의해 물체의 색이 변해도 이를 무시하고 물체를 원래 색으로 지각하는 인간의 착시현상으로 이것을 바로 색의 항상성이라고 한다.

④ **색의 대비**

동시대비

두 가지 이상의 색을 동시에 나란히 놓고 봤을 때 두 색이 서로의 영향을 받아 색채가 변화되어 보이는 현상으로 색상대비, 명도대비, 채도대비, 연변대비, 면적대비가 동시대비에 속한다.

계시대비

하나의 색을 오랫동안 바라보다 다른 색을 보게 되면 먼저 본 색의 보색이 잔상으로 나타난다. 그 예로 빨간색을 오랫동안 보다가 노란색을 보게 되면 빨간색의 보색인 초록색의 영향으로 연두색으로 보이게 된다.

색상대비

색상이 다른 두 색을 이웃해 놓았을 때 색상의 차이가 더욱 강조되어 보이는 효과를 말한다. 그 예로 빨간색 바탕위의 주황색은 노란색 쪽으로 치우쳐 보이며 노란색 바탕위의 주황색은 빨간색 쪽으로 치우쳐 보인다.

같은 명도의 회색이라도 어두운 배경에서는 밝게 보이고 흰색 바탕 위에서는 어둡게 보인다.

명도대비

채도가 다른 두색을 이웃해 놓았을 때 채도의 차가 보다 강조되어 보이는 효과이다. 그 예로 같은 채도의 파란색이라도 고채도 바탕 위에선 채도가 낮아보이고 저채도 바탕 위에선 채도가 높아 보인다.

채도대비

서로 보색이 되는 색을 이웃하여 놓았을 때 서로의 영향으로 각각의 색상이 채도가 높고 더욱 선명하게 보이는 현상

보색대비

면적에 따라 색상이 다르게 느껴지는 현상이다. 그 예로 같은 노란색이라도 면적이 커지면 커질수록 명도와 채도가 더 높고 선명하게 느껴진다.

면적대비

어떤 두 색이 인접했을 때 저명도인 경계부분은 더 밝아보이고 고명도인 경계부분은 너 어두워 보이는 현상이다. 뿐만 아니라, 서로 떨어져 있는 색들 사이의 교차지점에서 희미하게 아른거리는 검은색을 느낄 수 있는 것도 연변대비 현상이다.

연변대비

차가운 색과 따뜻한 색을 함께 배열할 경우 차가운 색은 더 차갑게 느껴지고 따뜻한 색은 더욱 따뜻하게 느껴지는 대비효과이다. 단, 보라나 초록 같은 중성색의 경우 차가운 색에 둘러 쌓여있으면 더욱 차갑게, 따뜻한 색에 둘러 쌓여있으면 더욱 따뜻하게 느껴진다.

한난대비

⑤ **색의 동화**: 색의 대비 현상과는 반대로 어느 영역의 색이 그 주위색의 영향을 받아 주위색에 근접하게 변화하는 효과

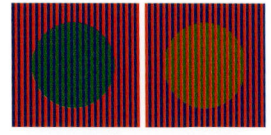
색상 동화

배경색과 문양이 서로 혼합되어 색상의 변화가 보이는 현상

명도 동화

배경색과 문양이 서로 혼합되어 명도의 변화가 보이는 현상으로 회색의 배경색 위에 검은 선을 그리면 배경색이 어둡게 보이고 흰색 선을 그리면 배경색이 밝게 보인다.

채도 동화

배경색과 문양이 서로 혼합되어 채도의 변화가 보이는 현상으로 같은 배경색이라도 문양모양에 따라 고채도 혹은 저채도로 보이게 된다.

⑥ **색의 잔상**

부의 잔상
(negative after image)

원래의 색과 반대로 보이는 잔상이 생기는 것으로 검은 바탕위의 흰 점을 일정시간 응시한후 흰바탕위의 검은 점을 바라보면 검은점 주위로 회색으로 보이는 잔상이 생긴다.

정의 잔상
(positive after image)

자극으로 생긴 원래 색의 밝기와 색상이 똑같은 느낌으로 계속해서 보이는 현상으로 쥐불놀이가 정의 잔상에 해당한다.

⑦ **연색성**: 연색성이란 조명이 물체의 색감에 영향을 미치는 현상으로 같은 색의 물체라도 어떤 광원으로 조명해서 보느냐에 따라 그 색감이 달라진다.

(7) 색채의 감정 효과

온도감	• 색상이 주는 따뜻함과 차가움의 정도로 빨강, 주황, 노랑과 같은 난색은 따뜻함이 느껴지고 파랑 남색과 같은 한색은 차가움이 느껴진다. 중성색으로는 초록과 보라가 있다. • 장파장에서 단파장으로 갈수록 차갑게 느껴진다.
경연감	• 색상이 주는 딱딱함과 부드러움의 정도로 채도의 영향을 가장 많이 받는다. • 명도가 높고 채도가 낮으면 부드럽게 느껴지고 명도가 낮고 채도가 높으면 딱딱한 느낌을 준다.
중량감 (무게감)	색상이 주는 무거움과 가벼움의 정도로 주로 명도와 관계가 높다. 고명도의 밝은색은 가볍게 느껴지고 저명도의 어두운 색은 무겁게 느껴진다.
흥분과 진정	빨강, 주황, 노랑과 같은 난색이면서 채도가 높은 색상은 흥분을 유발하고 파랑과 같은 한색이면서 채도가 낮은색은 진정 효과가 있다.
진출과 후퇴	색상에 따라 거리가 변화되어 보이는 것을 색의 진출성과 후퇴성이라고 한다. 보통 난색 계열은 진출해 보이고 한색계열은 후퇴해 보인다. 또한 밝은 색이 어두운색보다 진출해 보이고 채도가 높은색이 무채색보다 진출해 보인다.
팽창과 수축	색상에 따라 크기가 변화해 보이는 것을 색의 팽창성과 수축성이라고 한다. 보통 난색 계열이 한색 계열보다 크게 보이고 밝은색이 어두운색보다 크게 보인다.

(8) 색채의 연상

특정 색을 보고 그 색에 관한 무엇을 연상하는 것으로 경험이나 선입관에 의해 영향을 받는다.

색명	연상과 상징
빨강	열정, 흥분, 애정, 혁명, 위험, 야망, 불, 태양, 피, 사과
주황	기쁨, 활력, 질투, 혐오, 만족, 풍부, 오렌지, 가을
노랑	희망, 쾌활, 명랑, 활동, 경박, 성실, 개나리, 봄, 병아리
초록	평화, 초원, 안전, 여름, 청춘, 휴식, 안식, 자연, 산
파랑	차가움, 젊음, 고요, 신비, 하늘, 물, 바다, 얼음
보라	우아, 고귀, 신비, 고독, 예술, 신앙, 보석, 포도, 가지
흰색	순결, 순수, 평화, 눈, 설탕, 웨딩드레스, 병원
회색	우울, 쓸쓸함, 겸손, 안개, 바위, 종교인, 먼지, 쥐
검정	죽음, 공포, 불안, 부정, 암흑, 절망, 죽음, 상복, 밤

(9) 배색

배색의 종류	배색 예시	특징
세퍼레이션 (Separation)배색		분리배색이라고도 한다. 색과 색 사이에 분리색을 삽입하여 배색의 효과를 분리시켜 주는 기법이다. 분리색으로는 주로 무채색이나 금속색을 사용한다.
그라데이션 (Gradation)배색		색상, 명도, 채도, 톤 중 하나 이상의 속성이 단계적으로 변화하는 배색 기법이다.
콘트라스트 (Contrast)배색		색상, 명도, 채도의 차를 크게 한 배색으로 주로 색상에 의한 콘트라스트 배색이 일반적이다. 색상 차이가 큰 보색(반대색)끼리 배색할 경우 강렬하고 화려한 느낌을 준다.
액센트(Accent) 배색		단조로운 배색에 대조적인 색상을 사용함으로써 전체적으로 돋보이도록 하는 기법이다.
톤온톤 (Tone on Tone) 배색		'톤을 겹치다'라는 의미로 색상은 동일하게 하되 톤의 명도 차를 크게 둔 배색이다.
톤인톤 (Tone in Tone)배색		비슷한 톤의 조합으로 이루어진 배색으로 톤은 동일하게 하고 색상은 비슷한 명도 내에서 자유롭게 배색한다.
레피티션 (Repetition)배색		두가지 이상의 색을 일정한 질서로 배색함으로써 통일감을 주는 배색 기법이다.
트리콜로 (Tricolor)배색		세 가지 색으로 나누는 배색으로 대표적인 예로 프랑스와 이탈리아의 국기의 배색이 있다.

CHAPTER 3 | 색채와 메이크업

(10) 색명의 분류

계통색명	• 색의 성질과 계통을 일정한 법칙에 따라 체계화하여 표시한 색이름 • 학습하지 않을 경우 감각적 연상 어려움 • 계통색명은 색상명 혹은 일반색명 이라고도 함 • 주황, 빨강, 보라, 분홍, 청록 등
관용색명	• 옛날부터 전해 내려와 습관적으로 사용된 색명 • 동물, 식물, 자연 현상 등의 이름에서 유래된 것이 대부분 • 하늘색, 쥐색, 무지개색, 바다색, 황토색 등

02. 색채와 조화

(1) 색채 조화의 개념

두 가지 이상의 색이 배색 되었을 때 상호 작용을 일으켜 생기는 조화로움으로 많은 학자들에 의해 여러 설이 발표되었다.

(2) 문&스펜서의 색채조화론

먼셀 이론을 기반으로 하며 오메가 공간이라는 색입체를 설정하여 조화를 이루는 색채와 그렇지 않은 색채의 종류로 나누었다. 크게 조화와 부조화, 조화의 면적효과, 조화와 부조화의 미도계산, 이렇게 3개의 이론으로 성립된다.

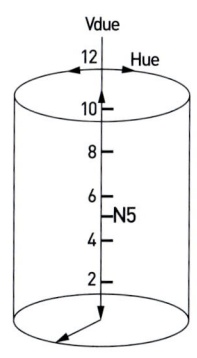

오메가 공간

① 조화와 부조화

(ㄱ) **조화** : 색의 3속성에 의한 차이가 애매하지 않으며 쾌감을 주는 것

(ㄴ) **부조화** : 색의 3속성에 의한 차이가 애매하며 불쾌감을 주는 것

조화	부조화
동일조화(같은 색의 조화)	제1부조화(유사한 색의 부조화)
유사조화(유사한 색의 조화)	제2부조화(약간 다른 색의 부조화)
대비조화(반대색의 조화)	눈부심(극단적인 반대색의 부조화)

② **조화의 면적효과** : N5 순응점을 중심으로 저채도의 색은 면적을 넓게, 고채도의 색은 면적을 좁게 해야 조화롭다.

③ 미도

(ㄱ) 배색의 아름다움을 수학적으로 계산하여 그 수치에 의해 조화의 정도를 비교하는 정량적 처리 방법

(ㄴ) 미도(M) = $\dfrac{\text{질서의 요소}(O)}{\text{복잡성의 요소}(C)}$

(ㄷ) 미도(M)의 값이 0.5 이상이면 조화롭다.

(3) 먼셀의 색채조화론

물리적, 심리적 보색관계에 있는 색은 조화한다는 개념으로 균형을 강조했다.

① **먼셀의 기본색** : 먼셀의 기본 5색상은 빨강(R), 노랑(Y), 녹색(G), 파랑(B), 보라(P)이며 표기법은 HV/C (색상, Hue), (명도, Value) (채도, Chroma)로 즉 5R 5/8 식으로 표기한다.

② **무채색의 조화** : 무채색은 11단계로 나뉘며 평균 명도가 N5를 이룰 때 가장 조화롭다.

③ **단색의 조화**

(ㄱ) 동일 색상의 배색은 조화롭다.

(ㄴ) 동일 색상 내에서 채도는 같고 명도는 다르게 배색할 경우 조화롭다.

(ㄷ) 동일 색상 내에서 명도는 같고 채도는 다르게 배색할 경우 조화롭다.

(ㄹ) 동일 색상 내에서 명도와 채도를 모두 다르게 배색할 경우 일정한 간격을 이루도록 배색해야 조화롭다.

④ **보색의 조화**

(ㄱ) 보색의 중간채도인 색채를 같은 면적으로 배색하면 조화롭다.

(ㄴ) 명도가 같고 채도가 다를 경우 저채도의 면적을 고채도 면적보다 넓게 하면 조화롭다.

(ㄷ) 채도가 같고 명도가 다를 경우 명도의 평균이 5가 되도록 하면 조화롭다.

(ㄹ) 명도와 채도가 모두 다를 경우 명도의 평균이 5가 되도록 배색하되 명도와 채도가 낮은 면적을 넓게, 명도와 채도가 높은 면적을 좁게 배색하면 조화롭다.

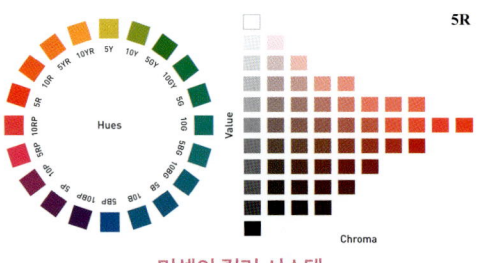

먼셀의 컬러 시스템

(4) 슈브뢸의 색채조화론

① **유사 조화**: 명도가 유사한 인접색, 다른 명도의 동일색의 경우 조화롭다.
② **대비 조화**: 명도 차이가 크고 동일 색상의 경우 조화롭다.
③ **등간격 3색의 조화**: 색상환에서 등간격 3색의 조화는 균형감이 있다.
④ **보색 조화**: 두 색이 보색의 강한 대비로 표현되면 조화롭다.
⑤ **주조색의 조화**: 한 가지 색이 주조를 이룰 때 조화롭다.

(5) 저드의 색채조화론

미국의 색채학자 저드는 색채조화의 4가지 원리를 다음과 같이 정리하였다.

① **질서(규칙)의 원리**: 규칙적으로 선택된 두 가지 이상의 색 사이에 색상, 명도, 채도 등 어떠한 요소가 규칙적인 질서가 있으면 조화롭다.
② **친근감의 원리**
  (ㄱ) 자연 경관과 같이 사람들에게 잘 알려져 친근감 있는 색은 조화롭다.
  (ㄴ) 친근감의 원리는 인종별, 지역별로 다른 결과를 보인다.
③ **유사성의 원리**: 어떤 색의 배색도 공통적인 요소가 있으면 조화롭다.
④ **명료성의 원리**
  (ㄱ) 두 가지 색 이상의 관계가 애매하지 않고 명쾌하면 조화롭다.
  (ㄴ) 색상, 명도, 채도 차가 차이가 있어야 조화롭다.

03. 색채와 조명

(1) 조명의 기본원리

빛의 3원색인 빨강(R), 초록(G), 파랑(B)의 빛이 합쳐지면 백색광이 된다. 혼합할수록 더욱 맑아지고 밝아지기 때문에 가법혼합이라고 한다. 반면, 색료의 혼합은 3원색을 모두 합하면 검정색이 된다.

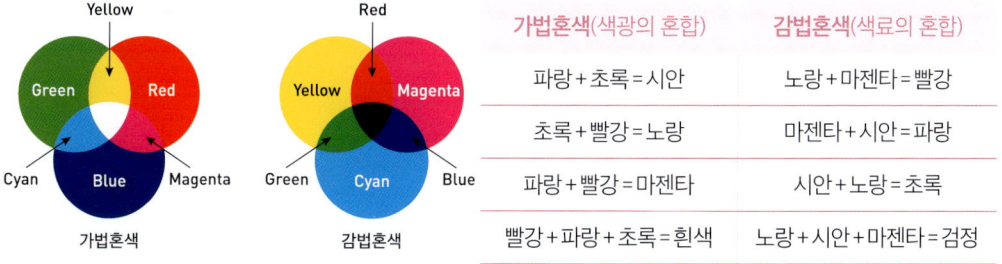

가법혼색(색광의 혼합)	감법혼색(색료의 혼합)
파랑+초록=시안	노랑+마젠타=빨강
초록+빨강=노랑	마젠타+시안=파랑
파랑+빨강=마젠타	시안+노랑=초록
빨강+파랑+초록=흰색	노랑+시안+마젠타=검정

(2) 조명 방식에 따른 구분

구분	특징
직접 조명	• 광원의 90~100%가 대상체에 직접 비춰짐 • 조도는 높지만 눈이 부시고 그림자가 짙게 생김 • 설비비가 적게 들어 경제적 • 무대공연의 스포트라이트, 전시실, 공장 등에 사용됨
반직접 조명	• 광원의 60~90%가 대상체에 직접 비춰지고 나머지는 천장이나 벽에서 반사됨 • 그림자가 생기고 눈부심도 생김 • 일반 사무실이나 상점, 주택조명에 많이 사용됨
간접 조명	• 광원의 90~100%가 천장이나 벽을 통해 반사되어 퍼져나오는 방식 • 눈부심이 없고 조도가 균일해서 온화한 분위기 연출 가능 • 빛의 90% 이상을 반사시키기 때문에 비경제적 • 병실, 침실 등의 휴식공간에 주로 사용됨
반간접 조명	• 광원의 10~40%만 대상체에 직접 비춰지고 나머지는 천장이나 벽에서 반사됨 • 대상체를 충분히 비추면서도 눈부심이 적다는 장점이 있음 • 장시간 정밀작업을 필요로 하는 곳이나 일반 가정에서 주로 사용됨

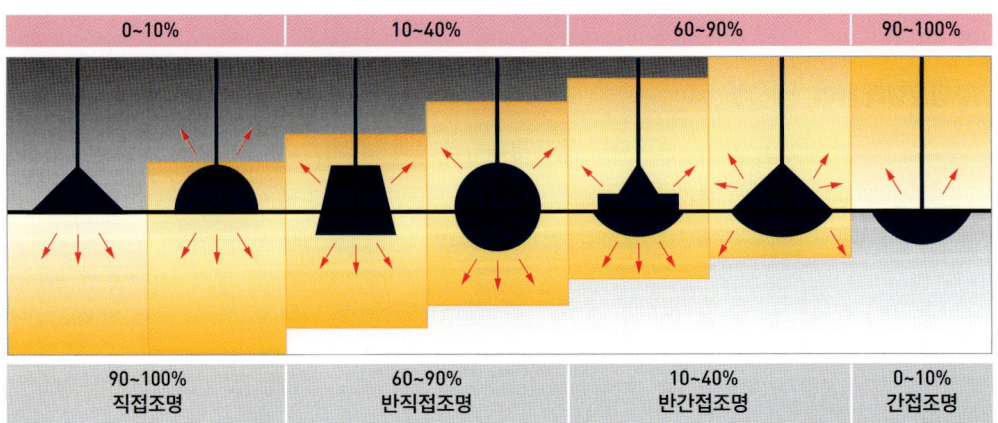

CHAPTER 3 | 색채와 메이크업

(3) 조명의 종류

구분	특징
형광등	• 자연광과 거의 같은 색을 냄 • 백열전구에 비해 수명이 길고 전력 소비가 적다. • 광원에 단파장이 많음
백열등	• 유리구 안의 필라멘트가 고온으로 가열되면서 빛이 발생 • 에너지 효율이 낮다. • 인테리어 조명으로 주로 사용됨 • 노란색을 띄며 광원에 장파장이 많음
LED	수명이 길고 에너지 소비가 가장 적음

(4) 색온도

색온도는 색을 나타내는 한 가지 방식으로 켈빈(K) 단위를 사용해 나타낸다. 보통 2,000K 이하의 색온도는 희미한 빛의 촛불이나 노란색 가로등 정도이며 한낮의 태양빛과 유사한 밝기의 색온도는 5200~5500K이다. 또한 색온도가 높을수록 푸른 색상을 띈다.

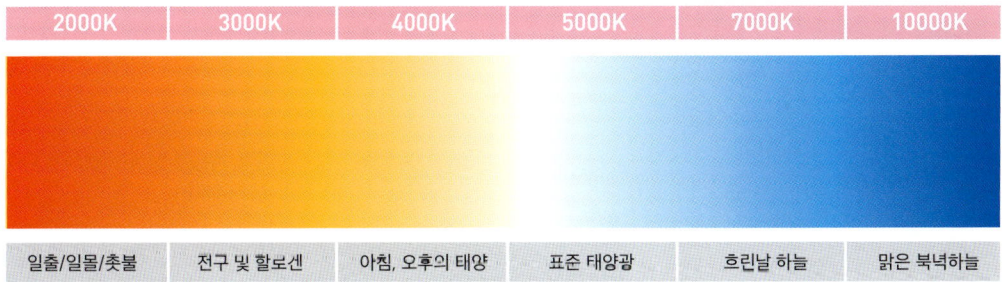

(5) C.I.E 색체계

C.I.E 색체계는 빛의 속성을 정량적으로 정한 것이다. CIE(국제 조명 위원회)는 빛에 관한 표준과 규정에 대한 지침을 목적으로 하는 국제기관으로 C.I.E에서 개발된 색체계는 추상적인 빛의 속성을 객관적으로 표준화하였다.

예상문제
색채와 메이크업

정답

01 ①	02 ②	03 ③	04 ④	05 ③
06 ③	07 ②	08 ④	09 ①	10 ②
11 ①	12 ④	13 ④	14 ③	15 ①
16 ①	17 ①	18 ①	19 ④	20 ②
21 ③	22 ①	23 ②	24 ③	25 ④
26 ③	27 ②	28 ②	29 ①	30 ②

01 색채에 대한 설명으로 옳지 않은 것은?
① 색은 무채색을 포함하지 않는다.
② 색채는 유채색을 말한다.
③ 색채를 지각하기 위해선 빛, 물체, 관찰자가 필요하다.
④ 무채색은 명도만으로 구별된다.
해 색은 유채색과 무채색 모두를 포함한다.

02 인간이 색을 지각하기 위한 3요소가 아닌 것은?
① 광원
② 조도
③ 물체
④ 시각
해 색채지각의 3요소는 빛(광원), 눈(시각), 물체이다.

03 물체의 색은 어떤 특성에 따라서 결정되는가?
① 표면의 파장률
② 빛의 세기
③ 표면의 반사율
④ 표면의 색상
해 빛을 반사하고 투과하는 현상을 통해 색을 지각한다. 검정색은 대부분의 빛을 흡수하고 흰색은 대부분의 빛을 반사한다.

04 색의 3속성을 일정한 법칙에 따라 체계화하여 표시한 색이름은?
① 고유색명
② 순수색명
③ 관용색명
④ 계통색명
해 계통색명은 색의 성질과 계통을 일정한 법칙에 따라 체계화하여 표시한 색이름이다.

05 사람의 눈으로 볼 수 있는 가시광선의 파장 범위는?
① 150~250nm
② 260~370nm
③ 380~780nm
④ 790~950nm
해 가시광선의 파장 범위는 380~780nm(나노미터)이다.

06 다음 중 ( )안에 들어갈 내용으로 올바른 것은?

〈보기〉

사람이 볼 수 있는 ( )의 파장 범위는 ( ) nm이다.

① 적외선, 380~780
② 적외선, 560~960
③ 가시광선, 380~780
④ 가시광선, 560~960

해 사람이 볼 수 있는 가시광선의 파장 범위는 380~780nm이다.

07 색의 파장이 긴 것부터 짧은 순서대로 바르게 나열된 것은?

① 보라→남색→파랑→초록→노랑→주황→빨강
② 빨강→주황→노랑→초록→파랑→남색→보라
③ 남색→파랑→초록→노랑→주황→빨강→보라
④ 파랑→초록→노랑→주황→빨강→보라→남색

해 가시광선 중 보라의 파장이 가장 짧고 빨강의 파장이 가장 길다.

08 다음 중 무채색으로만 나열된 것은?

① Red - Yellow - White
② Yellow - White - Gray
③ White - Gray - Red
④ Black - Gray - White

해 무채색은 흰색, 검정, 회색이며 무채색을 제외한 모든 색은 유채색이다.

09 다음 중 먼셀의 색채 표기법으로 옳은 것은?

① H V/C
② H/V C
③ C/H V
④ C H/V

해 먼셀의 색채 표기는 HV/C 이다.
(색상 - Hue, 명도 - Value, 채도 - Chroma)

10 색의 3속성 중 색의 밝고 어두운 정도를 의미하는 것은?

① 색상
② 명도
③ 채도
④ 농도

해 색의 밝고 어두운 정도는 명도라고 한다.

11 색의 3속성 중 색의 순수한 정도, 색의 포화 상태 등을 의미하는 것은?

① 채도
② 명도
③ 색상
④ 농도

해 채도는 색의 순수한 정도를 나타내는 말로 선명하고 맑은 색일수록 '고채도', 흐리고 탁한 색일수록 '저채도'라고 한다.

12 먼셀의 기본 5색상을 바르게 나열한 것은?

① R, YR, Y, G, B
② YR, Y, G, B, P
③ R, Y, G, B, PB
④ R, Y, G, B, P

해 먼셀의 기본 5색상은 빨강(R), 노랑(Y), 녹색(G), 파랑(B), 보라(P)이다.

13 명소시에서 암소시로 이동 시 파란색은 더 밝게 보이고 붉은색은 더 어둡게 보이는 현상은?
① 암순응 현상
② 빛의 굴절
③ 회절 현상
④ 푸르킨예 현상

해 푸르킨예 현상 : 동일한 장소에서의 동일한 색이라 할 지라도 낮에 봤을 때 보다 저녁에 봤을 때 빨간색은 더 어둡고 파란색은 더 밝게 보이는 현상을 뜻한다. 이러한 현상 때문에 해가 지면 낮에는 화사하게 보이던 빨간 꽃들이 어둡게 보여 눈에 잘 띄지 않게 되고 청색계열의 꽃은 더 밝게 보인다.

14 감법 혼합에서의 3원색이 아닌 것은?
① 마젠타 + 시안 = 파랑
② 마젠타 + 노랑 = 빨강
③ 시안 + 노랑 + 마젠타 = 흰색
④ 노랑 + 시안 = 초록

해 시안 + 노랑 + 마젠타 = 검정

15 조명의 밝기가 바뀌어도 물체의 색을 원래 색으로 동일하게 지각하는 현상은?
① 색의 항상성
② 색의 대비
③ 색음 현상
④ 색지각 현상

해 조명이나 주위 환경에 의해 물체의 색이 변해도 이를 무시하고 물체를 원래 색으로 지각하는 인간의 착시 현상으로 이것을 바로 색의 항상성이라고 한다.

16 하나의 색을 오랫동안 바라보다 다른 색을 보게 되면 먼저 본 색의 보색이 잔상으로 나타나는 현상을 무엇이라 하는가?
① 계시대비
② 색상대비
③ 명도대비
④ 채도대비

17 세 가지 색으로 나누는 배색으로 주로 국기에 사용되는 배색방법은?
① 트리콜로 배색
② 톤인톤 배색
③ 액센트 배색
④ 콘트라스트 배색

18 다음 중 심리적으로 마음이 안정되는 효과를 주는 색은?
① 한색계열의 저채도 색
② 한색계열의 고채도 색
③ 난색계열의 저채도 색
④ 난색계열의 고채도 색

해 난색은 흥분을 유발하며 한색은 안정감을 준다. 또한 명도와 채도가 높을수록 흥분을 유발한다.

19. 두 색이 인접해 있을 때 경계면의 언저리가 먼 부분보다 더 강한 색채 대비가 일어나는 현상을 무엇이라 하는가?

① 보색대비
② 색의동화
③ 한난대비
④ 연변대비

해

연변대비	두 색이 인접해 있을 때 경계면의 언저리가 먼 곳의 부분보다 더 강한 색채대비가 일어나는 현상
한난대비	차가운 색과 따뜻한 색을 함께 배열할 경우 차가운 색은 더 차갑게 느껴지고 따뜻한 색은 더욱 따뜻하게 느껴지는 대비효과
채도대비	채도가 다른 두색을 이웃해 놓았을 때 채도의 차가 보다 강조되어 보이는 효과
보색대비	서로 보색이 되는 색을 이웃하여 놓았을 때 서로의 영향으로 각각의 색상이 채도가 높고 더욱 선명하게 보이는 현상
명도대비	같은 명도의 회색이라도, 어두운 배경에서는 밝게 보이고 흰색 바탕위에서는 어둡게 보이는 현상

20. 색의 3속성 개념을 도입한 색상환에 의해 색의 조화를 대비조화와 유사조화로 나누고 등간격 3색에 의한 정량적 색채조화론을 제시한 사람은?

① 먼셀
② 슈브뢸
③ 오스트발스
④ 저드

해 색의 조화를 대비조화와 유사조화로 나누고 등간격 3색에 의한 정량적 색채조화론을 제시한 사람은 슈브뢸이다.

21. 색의 3속성에 따라 오메가 공간이라는 색입체를 설정하여 색채조화의 정도를 정량적으로 설명한 조화론은?

① 슈브뢸의 색채조화론
② 먼셀의 색채조화론
③ 문&스펜서의 색채조화론
④ 오스트발트의 색채조화론

해 오메가 공간이라는 색입체를 설정하여 색채조화의 정도를 정량적으로 설명한 사람은 문&스펜서이다.

22. 먼셀의 색채조화론 중 조화되지 않는 보색 관계는?

① 명도, 채도가 모두 다를 경우 저명도, 고채도는 넓게, 고명도, 저채도는 좁게 구성한 배색은 조화롭다.
② 채도가 같고 명도가 다를 경우 명도의 평균이 5가 되도록 하면 조화롭다.
③ 명도가 같고 채도가 다를 경우 저채도의 면적을 고채도 면적보다 넓게 하면 조화롭다.
④ 중간채도의 반대색끼리는 같은 면적으로 배색하면 조화롭다.

해 명도, 채도가 모두 다른 보색끼리는 저명도, 저채도는 넓게, 고명도, 고채도는 좁게 구성한 배색은 조화롭다.

23. 눈이 부시지 않고 조도가 균일해서 병원이나 침실 등의 휴식공간에 주로 사용되는 조명 방식은?

① 직접 조명
② 간접 조명
③ 반직접 조명
④ 전반확산 조명

해 간접 조명은 광원의 90~100%가 천장이나 벽을 통해 반사되어 퍼져나오는 방식으로 눈이 부시지 않고 조도가 균일하다.

24 색의 진출과 후퇴 현상에 대한 내용으로 옳지 않은 것은?
① 고명도의 색은 진출해 보인다.
② 단파장의 색이 후퇴해 보인다.
③ 고채도의 색은 후퇴해 보인다.
④ 빨강, 주황과 같은 난색은 진출해 보인다.

해 명도와 채도가 높을수록 진출 되어 보인다.

25 색채조화의 공통원리가 아닌 것은?
① 대비의 원리
② 질서의 원리
③ 비모호성의 원리
④ 색채조절의 원리

해 색채조화의 공통원리로는 질서의 원리, 동류의 원리, 명료성의 원리(비모호성의 원리), 대비의 원리가 있다.

26 카메라와 인간의 눈 기능이 잘못 연결된 것은?
① 본체 - 각막
② 필름 - 망막
③ 렌즈 - 망막
④ 렌즈 - 수정체

해 렌즈는 인간의 수정체에 해당한다.

27 빨강 순색의 기호는 "5R 4/14"로 표기하는데 이때 "5R"이 나타내는 것은 무엇인가?
① 채도
② 명도
③ 색상
④ 농도

해 5R 4/14(5R - 색상, 4 - 명도, 14 - 채도)

28 미도(M)의 값이 얼마 이상일 때 조화로운가?
① 0.1 이상
② 0.5 이상
③ 1.5 이상
④ 2.5 이상

해 미도는 색의 아름다움을 수학적으로 계산하여 그 수치에 의해 조화의 정도를 비교하는 정량적 처리 방법으로 미도(M)의 값이 0.5 이상이면 조화롭다.

29 비슷한 톤의 조합으로 이루어진 배색으로 톤은 동일하게 색상은 비슷한 명도 내에서 배색하는 방법은?
① 톤인톤 배색
② 톤온톤 배색
③ 레피티션 배색
④ 세퍼레이션 배색

해 톤인톤 배색은 비슷한 톤의 조합으로 이루어진 배색으로 톤은 동일하게 하고 색상은 비슷한 명도 내에서 자유롭게 한 배색이다.

30 '톤을 겹치다'라는 의미로 색상은 동일하게 하되 톤의 명도차를 크게 둔 배색 방법은?
① 톤인톤 배색
② 톤온톤 배색
③ 그라데이션 배색
④ 콘트라스트 배색

해 톤온톤 배색은 '톤을 겹치다'라는 의미로 색상은 동일하게 하되 톤의 명도차를 크게 둔 배색이다.

CHAPTER 4
메이크업의 기기·도구 및 제품

01. 메이크업 도구 종류와 기능

(1) 브러시 종류와 기능

브러시 종류		특징
파운데이션 브러시		메이크업 베이스나 파운데이션을 얇고 매끄럽게 블렌딩해 깨끗하고 자연스러운 피부 표현을 가능하게 해준다.
파우더 브러시		파우더를 바를 때 사용한다.
치크 브러시		둥근 라운드 형태의 브러시로 치크 메이크업이나 턱선에 윤곽 수정을 할 때 사용한다.
★팬 브러시		부채꼴 모양의 브러시로 파우더나 아이섀도 가루의 여분을 털어낼 때 사용한다.

브러시 종류		특징
★스크류 브러시		나선형 모양의 브러시로 눈썹을 정리 하거나 속눈썹에 마스카라 제품을 바를 때 사용한다.
아이브로 브러시 (사선 브러시)		끝이 정교하고 탄력 있는 사선 모양의 브러시로 눈썹을 그릴 때 사용한다.
아이섀도 브러시		눈 주변에 사용하는 제품으로 피부에 자극을 주지 않기 위해 굉장히 부드럽다. 블렌딩이나 그라데이션이 용이하다.
스펀지팁 브러시		스펀지 팁으로 만들어진 브러시로 포인트 컬러의 아이섀도를 바를 때 사용한다.
아이라이너 브러시		정교한 눈매 연출 시 사용한다. 리퀴드 타입의 아이라이너는 얇고 긴 타입의 브러시를 사용하며 젤 타입의 아이라이너는 탄력 있고 짧은 타입의 브러시를 사용한다.
립 브러시		탄력 있고 부드러워 입술의 윤곽을 세밀하게 그릴 수 있다. 보통 끝이 뾰족하고 납작한 형태로 되어있다.

(2) 메이크업 기본 도구

도구 종류		특징
스펀지		메이크업 베이스, 파운데이션, 선크림 등을 고르고 깨끗하게 펴바르기 위한 도구. 1회용으로 사용하거나 자주 세척하여 사용한다.
파우더 퍼프		파우더를 바를 때 사용하는 도구로 보통 면 제품으로 만들어져 있다.
아이래시 컬러(뷰러)	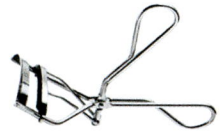	부드럽고 자연스럽게 속눈썹의 컬을 연출한다.
스파츌라 & 팔레트		막대기 모양의 스파츌라는 화장품을 덜어낼 때 사용하며 팔레트는 화장품을 혼합할 때 사용하거나 덜어낸 뒤 올려놓는 용도로 사용한다.
트위저		눈썹의 잔털을 뽑거나 인조속눈썹 등을 붙일 때 사용한다.
눈썹가위	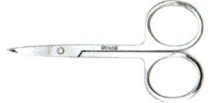	눈썹을 다듬는데 사용하거나 인조속눈썹의 길이조절 시 사용한다.
펜슬 샤프너		펜슬타입의 립라이너나 아이라이너 등을 정교하게 깎는데 사용한다.

예상문제
메이크업의 기기, 도구 및 제품

정답				
01 ①	02 ②	03 ③	04 ④	05 ③

01 부채꼴 모양의 브러시로 여분의 파우더 가루를 털어낼 때 사용하는 것은?
① 팬 브러시
② 치크 브러시
③ 스크류 브러시
④ 파우더 브러시

해 팬브러시는 부채꼴 모양의 브러시로 파우더나 아이섀도 가루의 여분을 털어낼 때 사용한다.

02 메이크업 도구 사용에 대한 설명으로 옳지 않은 것은?
① 아이래시컬러는 속눈썹을 올려줄 때 사용한다.
② 아이라이너 브러시는 위생을 위해 사용 후 바로 폐기한다.
③ 면봉은 메이크업 수정 시 사용된다.
④ 스파츌라는 메이크업 제품을 덜어낼 때 사용한다.

해 아이라이너 브러시는 1회용이 아니기 때문에 사용 후 세척하여 계속 사용한다.

03 화장품을 덜어낼 때 사용하는 긴 막대기 모양의 도구는?
① 팔레트
② 트위저
③ 스파츌라
④ 아이래시컬러

해 스파츌라는 길죽한 막대기 모양으로 화장품을 덜어낼 때 사용한다.

04 눈썹 수정 시 사용되는 도구가 아닌 것은?
① 눈썹 칼
② 눈썹 가위
③ 트위저
④ 스파츌라

05 나선형 모양의 브러시로 눈썹을 정리 하거나 속눈썹에 마스카라 제품을 바를 때 사용하는 것은?
① 팬 브러시
② 아이브로 브러시
③ 스크류 브러시
④ 스펀지팁 브러시

CHAPTER 5
메이크업 시술

01. 기초화장 및 색조화장법

(1) 클렌징 방법
① 립&아이 리무버를 사용하여 눈, 입술 등의 포인트 메이크업을 클렌징한다.
② 피부타입에 맞는 클렌징 제품을 사용해서 메이크업을 지운 뒤 물이나 해면을 사용해 씻어낸다.
③ 피부타입에 맞는 토너를 사용해 피부를 정돈해준다.

(2) 기초화장품 사용 방법
① 피부타입(지성, 민감성, 건성 등)에 맞는 기초화장품을 선택한다.
② 화장솜에 화장수를 묻혀 얼굴중앙에서 바깥쪽으로 피부 결 방향대로 닦아내듯 정돈한다.
③ 묽은 제형(수분함유량이 많은 제품) 순서대로 제품을 발라준다(예 : 화장수→에센스→에멀젼→크림).

(3) 베이스 메이크업 방법
① **메이크업 베이스**
 (ㄱ) 피부톤에 적합한 메이크업베이스 색상을 선택한다.
 (ㄴ) 브러시나 스펀지 등의 도구를 사용하여 이마, 볼 부위를 시작으로 눈가, 코 등 좁은 부위 순시대로 펴 바른다.

② **파운데이션**
 (ㄱ) 피부톤과 피부타입에 적합한 파운데이션을 선택한다.
 (ㄴ) 파레트에 적당량의 파운데이션을 덜어낸 뒤 브러시나 스펀지를 사용하여 볼, 이마 부위를 시작으로 피부 결 방향대로 슬라이딩 기법으로 펴 바른다.
 (ㄷ) 특히 눈두덩이에는 너무 많은 양의 파운데이션이 올라갈 경우 아이메이크업이 번지기 쉬우므로 소량만 발라준다.
 (ㄹ) 파운데이션을 피부에 밀착시키기 위해 패팅기법을 사용하여 골고루 두드려준다.

③ 컨실러

(ㄱ) 파운데이션을 바르고 난 후 다크서클이나 주근깨 등 커버가 필요한 부위에 컨실러를 덧발라준다.

(ㄴ) 컨실러의 경우 파운데이션보다 커버력이 높기 때문에 소량씩만 사용한다.

④ 파우더

(ㄱ) 파우더퍼프에 적당량의 파우더를 덜어낸 뒤 브러시를 사용하여 피부 결방향대로 가볍게 쓸어준다.

(ㄴ) 얼굴에 파우더가루가 뭉쳤을 경우 팬 브러시를 사용해 털어내 준다.

(4) 색조 메이크업 방법

① 눈썹

(ㄱ) 스크류 브러시로 눈썹을 결방향대로 빗어준 뒤 눈썹칼과 눈썹가위를 사용해 다듬어준다.

(ㄴ) 에보니 펜슬을 사용해 눈썹앞머리가 콧방울과 눈 앞꼬리의 수직선상에 위치하도록 그려준다.

(ㄷ) 눈썹산은 눈동자 바깥부분과 수직선상에 위치하고 눈썹꼬리는 콧방울과 눈꼬리를 45°로 잇는 선에 위치하도록 그려준다.

(ㄹ) 눈썹브러시에 자연스러운 색상의 브라운 섀도를 묻혀 눈썹을 채워준다.

(ㅁ) 스크류 브러시로 눈썹결을 결 방향대로 다시 한 번 빗어준다.

② 아이메이크업

(ㄱ) 눈두덩이 전체에 베이스컬러를 발라 눈두덩이가 깨끗하게 보이도록 정리해준다.

(ㄴ) 아이홀 중심으로 피부톤보다 어두운 톤의 메인컬러를 발라 음영을 나타낸다.

(ㄷ) 눈매를 강조하기 위해 눈꼬리1/3 부분에 포인트컬러를 발라준다. 이때, 자연스러운 눈매를 위해 언더라인의 눈꼬리 1/3부분에도 자연스럽게 그라데이션 해준다.

(ㄹ) 눈매에 맞는 아이라이너를 선택한 뒤 점막부터 꼼꼼하게 속눈썹 사이사이를 채워준다.

(ㅁ) 뷰러로 속눈썹을 컬링한 뒤 마스카라를 칠해준다.

③ 치크
(ㄱ) 피부톤과 아이메이크업 색상을 고려하여 제품색상을 선택한다.
(ㄴ) 얼굴형을 고려하여 치크 메이크업 위치를 정한다.
(ㄷ) 치크 브러시를 사용하여 광대뼈를 감싸듯 자연스럽게 블렌딩 해준다.
(ㄹ) 한 번에 너무 많은 양을 칠할 경우 뭉칠 수가 있기때문에 소량씩 여러 번 덧발라준다.

④ 립
(ㄱ) 원래의 입술라인을 파운데이션이나 컬실러로 커버해 입술 라인을 정돈한다.
(ㄴ) 립라이너로 립라인을 그려준다. 입술 크기를 고려해 원래 입술보다 1-2mm안팎으로 윤곽을 잡아준다.
(ㄷ) 전체적인 메이크업색감을 고려하여 립스틱 색상을 선택한 뒤 립브러시를 사용하여 입술 안쪽을 채워준다.

(5) 메이크업의 조건
① **T.P.O** : Time(시간), Place(장소), Occasion(상황)을 고려하여 적합한 메이크업을 시술한다.
② **조화** : 헤어스타일, 인물의 분위기, 의상 등의 조화로움에 유의한다.
③ **대비** : 색상, 명도, 채도의 조화를 고려하여 이미지를 연출한다.
④ **대칭** : 얼굴형에 따른 좌우대칭을 고려하여 적합한 메이크업을 시술한다.
⑤ **그라데이션** : 메이크업의 색감 표현 시 뭉치지 않도록 그라데이션에 유의한다.

02. 계절별 메이크업

(1) 봄 메이크업

봄에는 화사하고 따뜻한 색감의 메이크업으로 표현한다. 자연스러운 피부표현과 코랄, 피치, 핑크 등의 은은한 파스텔컬러의 아이&립 메이크업으로 청순하고 청초한 분위기를 강조한다.

(2) 여름 메이크업

여름에는 피지분비가 많이 일어나기 때문에 전체적으로 가벼우면서 뽀송뽀송한 피부표현을 해주는 것이 중요하다. 건강해 보이는 태닝메이크업도 많이 하는 편이며 청량감을 느낄 수 있도록 시원한 느낌의 화이트, 블루 등의 아이섀도와 비비드한 색감의 립 제품을 사용한다.

(3) 가을 메이크업

가을에는 전반적으로 차분하고 톤다운이 된 브라운, 카키 등의 색상으로 분위기를 연출한다. 특히 아이 메이크업의 경우 음영을 진하게 넣어 깊이 있는 눈매를 연출하며 립 메이크업은 버건디 계통의 톤다운된 색상을 사용해 여성미와 우아함을 강조한다.

(4) 겨울 메이크업

피부가 건조해지기 쉬운 겨울철에는 피부의 수분공급에 더욱 신경을 쓴다. 유수분이 함유되어있는 크림타입의 베이스제품을 사용하고 화려하고 여성적인 분위기를 연출하기 위해 화이트, 블랙, 와인색 등의 아이섀도로 눈매를 강조해준다. 또한, 레드 립컬러로 입술라인을 선명하게 표현해준다.

03. T.P.O에 따른 메이크업

(1) T.P.O의 개념

Time(시간), Place(장소), Occasion(상황)의 머리글자로 T.P.O에 따른 메이크업이란 시간, 장소, 상황을 고려해 메이크업을 하는 것을 의미한다.

(2) Time(시간)
① 낮에는 모델의 피부 상태 그대로 최대한 자연스럽게 표현한다.
② 포인트 메이크업은 의상 컬러에 맞추되 대체적으로 차분한 컬러를 사용한다.
③ 밤에는 화려함을 강조해 좀 더 또렷한 이미지를 표현한다.

(3) Place(장소)
① 실내와 실외를 구분해 메이크업한다.
② 인공조명의 경우 조명색상에 따라 메이크업이 다르게 보일 수 있으므로 주의한다.

(4) Occasion(상황)
① 결혼식, 조문, 면접, 소개팅 등 상황에 맞게 메이크업을 한다.
② 조문을 갈 경우에는 수수한 화장으로 경건한 마음을 나타낸다.
③ 면접 시에는 호감도를 높이기 위해 최대한 단정하고 깔끔하게 메이크업 한다.
④ 소개팅의 경우 자신의 장점을 부각시킨 메이크업을 한다. 또한 눈에 띄게 화려한 메이크업보단 자연스러움을 강조해 상대방에게 좋은 이미지를 어필한다.

04. 웨딩 메이크업

(1) 웨딩 메이크업 시 고려사항
① 신부의 나이
② 신부의 피부톤, 얼굴형, 헤어스타일, 피부상태
③ 드레스 색상
④ 예식장소 조명

(2) 이미지에 따른 웨딩 메이크업

① 로맨틱 이미지

이미지	사랑스럽고 귀여우며 낭만적인 느낌
피부표현	• 피부톤보다 밝은 핑크톤의 파운데이션으로 화사하게 표현 • 펄감이 살짝 있고 촉촉한 제형의 파운데이션 선택
눈썹	눈썹결을 살려, 눈썹산이 강조되지 않은 부드러운 곡선형태
눈	핑크, 코랄, 피치, 라이트 바이올렛 등 화사한 느낌의 색상으로 여성스러움을 강조
입술	핑크계열의 립스틱과 립글로즈로 글로시하게 표현
블러셔	핑크, 라벤더 등의 색상으로 발그스레한 뺨을 표현

② 엘레강스 이미지

이미지	우아하고 기품 넘치는 여성스러운 느낌
피부표현	• 피부가 잡티 없이 깨끗하게 표현될 수 있도록 커버력이 높은 베이스 제품을 선택 • 자연스러운 색상의 베이스 제품으로 약간 매트하게 표현
눈썹	모델의 얼굴형을 고려하여 그리되 약간 진하게 그려준다.
눈	아이보리, 브라운 등의 색상으로 차분한 이미지 연출
입술	톤다운 된 누드나 모델의 입술색과 비슷한 색상의 립스틱으로 너무 글로시하지 않게 표현
블러셔	로즈핑크, 라이트 브라운 등의 색상으로 우아한 이미지 연출

③ 전통혼례 및 한복

★ 전통혼례나 한복 메이크업에서는 의상의 색상을 중요시하며 의상 디자인과는 무관하다.

이미지	단아하고 여성스러우면서 우아한 느낌
피부표현	• 피부가 잡티 없이 깨끗하게 표현될 수 있도록 커버력이 높은 베이스 제품을 선택 • 피부톤보다 한톤 밝은 색상의 베이스 제품으로 약간 매트하게 표현
눈썹	너무 두껍지 않은 부드러운 곡선형태로 단아한 이미지 강조
눈	• 한복의 색상을 고려하여 너무 화려하지 않게 표현(포인트 메이크업 색상 자제) • 아이라인은 얇게 그려 단아하게 표현
입술	아이섀도 색상을 고려하여 인커브 형태로 표현
블러셔	연한 핑크, 라이트 브라운 색상 등으로 은은하게 표현

④ 신랑 메이크업

이미지	자연스러운 이미지
피부표현	• 피부톤에 맞춰 중간정도의 커버력을 가진 제품을 선택 • 파운데이션은 최대한 얇게 바르되 파우더로 매트하게 마무리
눈썹	• 눈썹결을 살려 에보니 펜슬로 숱이 빈곳만 자연스럽게 메꿔주듯 그려준다. • 눈썹색상은 모발 색상에 맞춰 그려준다.
눈	펄이 없는 브라운색상의 섀도를 사용하여 음영을 살짝 준다.
입술	원래 입술색과 비슷한 색상의 립스틱을 사용하여 가볍게 터치한다.
블러셔	브라운 계열의 색상으로 광대뼈 밑과 턱선에 컨투어링을 해주어 얼굴에 입체감을 준다.

05. 미디어 메이크업

(1) 미디어 메이크업의 개념

'미디어'란 정보를 전송하는 매체를 뜻한다. 미디어의 종류에는 잡지, 텔레비전, 영화 등이 있다. '미디어 메이크업'은 이러한 매체들의 특성을 파악하여 상황에 맞는 캐릭터를 표현하는 것이 매우 중요하다. 특히, 드라마나 영화의 경우 기획 의도 및 대본 분석 능력을 필요로 한다.

(2) 방송광고 메이크업

① 광고의 컨셉과 기획 의도를 파악해서 메이크업을 구상한다.
② 촬영장의 조명, 카메라 위치 등을 미리 검토한다.
③ 장시간 뜨거운 조명 아래서 촬영하기 때문에 피부표현에 더욱 신경 쓴다.

(3) 영화·드라마 메이크업

① 기획 의도와 캐릭터의 특징을 파악하여 메이크업을 구상한다.
② 메이크업을 통해 캐릭터의 이미지와 성격이 잘 전달되도록 한다.

(4) 흑백 메이크업

① 흑백사진이나 흑백 영상에 사용되는 메이크업으로 색채가 드러나지 않기 때문에 윤곽표현에 더욱 신경쓴다.
② 회색이나 검정 등의 색상으로 눈썹을 표현한다.
③ 아이섀도는 흰색, 회색, 검정 등 무채색 계열의 색상을 사용해 음영을 표현한다.
④ 입술은 다크 브라운이나 진한 와인 색상으로 입술 라인을 선명하게 표현한다.

(5) 무대분장 메이크업

① 공연의 장르, 기획의도, 무대공간, 무대크기, 조명 등을 파악하여 메이크업을 구상한다.
② 객석의 수에 따라 대극장, 중극장, 소극장 등으로 나뉘는데 무대와 객석의 거리감을 고려하여 메이크업 색감의 진하기를 다르게 표현한다.

예상문제
메이크업 시술

정답				
01 ①	02 ③	03 ②	04 ④	05 ①
06 ①	07 ③	08 ③	09 ②	10 ④
11 ②	12 ④	13 ①	14 ③	15 ①
16 ①	17 ③	18 ①	19 ②	20 ④

01 다음 중 메이크업의 조건이 아닌 것은?
① 강조
② 조화
③ 대비
④ T.P.O

해 메이크업의 조건에는 T.P.O, 조화, 대칭, 대비, 그라데이션이 있다.

02 메이크업의 조건 중 인물의 분위기, 헤어스타일 등의 조화로움을 고려하여 이미지를 연출해야 하는 것은?
① T.P.O
② 그라데이션
③ 조화
④ 대비

해 메이크업의 조건 중 조화란 헤어스타일, 인물의 분위기, 의상 등의 조화로움에 유의하는 것이다.

03 다음 중 베이스 메이크업 방법으로 옳지 않은 것은?
① 피부톤에 적합한 메이크업베이스 색상을 선택한다.
② 다크서클 커버를 위해 눈두덩이에는 많은 양의 파운데이션을 바른다.
③ 브러시나 스펀지 등의 도구를 사용하여 발라준다.
④ 이마, 볼 부위를 시작으로 눈가, 코 등 좁은 부위 순서대로 펴 바른다.

해 눈두덩이에는 너무 많은 양의 파운데이션이 올라갈 경우 아이메이크업이 번지기 쉬우므로 소량만 발라주며 다크서클을 커버할 때는 컨실러를 사용한다.

04 파운데이션보다 커버력이 높아 점이나 주근깨 등 커버가 필요한 부위에 바르는 제품은?
① 라이닝 컬러
② 파우더
③ 메이크업 베이스
④ 컨실러

해 컨실러는 파운데이션보다 커버력이 높기 때문에 소량씩만 사용한다.

05 웨딩 메이크업 시 고려해야 할 사항이 아닌 것은?
① 웨딩드레스의 가격
② 신부의 나이
③ 신부의 피부톤
④ 예식장소 조명

해 웨딩 메이크업 시 신부의 나이, 신부의 피부톤, 피부상태, 드레스 색상, 조명 등을 고려한다.

06 흑백사진이나 흑백 영상 메이크업에서 입술선을 뚜렷하게 표현하고자 할 때 적합한 색상은?

① 진한 와인색상
② 오렌지 색상
③ 파스텔 계열의 핑크 색상
④ 펄 베이지 색상

07 무대분장 메이크업 시 고려해야 할 사항이 아닌 것은?

① 공연의 장르
② 기획 의도
③ 배우의 인지도
④ 무대 크기

🅷 무대분장 시 공연의 장르, 기획의도, 무대공간, 무대크기, 조명 등을 파악하여 메이크업을 구상한다.

08 신부의 메이크업 시 적합하지 않은 색상은?

① 핑크
② 오렌지
③ 블랙 & 화이트
④ 브라운

09 카메라와 조명에 대한 기본 상식 및 텔레비전에 의한 색 왜곡, 색 균형 등의 조건을 고려해야 하는 메이크업은?

① 포토 메이크업
② 영상 메이크업
③ 패션쇼 메이크업
④ 예식 메이크업

10 다음 설명은 어느 계절에 적합한 메이크업인가?

〈보기〉
전반적으로 차분하고 톤다운이 된 브라운, 카키 등의 색상으로 분위기를 연출한다. 특히 아이 메이크업의 경우 음영을 진하게 넣어 깊이 있는 눈매를 연출한다.

① 겨울
② 여름
③ 봄
④ 가을

11 방송광고 메이크업에 대한 설명으로 가장 적합한 것은?

① 모델이 원하는 색상 위주로 메이크업을 한다.
② 광고의 컨셉과 제품의 이미지에 맞게 메이크업을 구상한다.
③ 메이크업아티스트의 주관적인 감각으로 메이크업을 한다.
④ 모델의 개성을 살릴 수 있도록 메이크업 한다.

🅷 광고 메이크업의 경우 광고의 컨셉과 기획의도를 파악해서 메이크업을 하는 것이 중요하다. 따라서 메이크업 아티스트의 주관적인 의견보다는 기획 회의를 거쳐 제품에 어울리는 메이크업을 구상하는 것이 좋다.

12 한복 메이크업 시 고려해야 할 사항이 아닌 것은?

① 소매의 끝동이나 고름색
② 치마 색상
③ 저고리 색상
④ 한복의 형태

🅷 한복 메이크업에서는 한복의 색상을 중요시하며 한복의 형태는 중요하지 않다.

13 겨울 메이크업에 대한 설명으로 옳지 않은 것은?

① 전체적으로 가벼우면서 뽀송뽀송한 피부표현을 해준다.
② 유수분이 함유 되어있는 크림타입의 베이스제품을 사용한다.
③ 화이트, 블랙, 와인색 등의 아이섀도로 눈매를 강조해준다.
④ 레드 립컬러로 입술라인을 선명하게 표현해준다.

해 피부가 건조해지기 쉬운 겨울철에는 피부의 수분공급에 더욱 신경을 쓴다. 뽀송뽀송한 피부보다는 촉촉한 피부를 연출 하는 것이 더욱 좋다.

14 다음은 각 계절에 어울리는 색을 연결한 것이다. 이중 가장 적합한 것은?

① 가을 - 핑크, 오렌지, 옐로우
② 봄 - 버건디, 옐로우그린, 다크브라운
③ 여름 - 화이트, 실버, 블루
④ 겨울 - 화이트, 브라운, 카키

해 • **봄** : 핑크, 그린, 옐로
   • **가을** : 브라운, 카키, 베이지, 골드
   • **겨울** : 버건디, 화이트, 블랙, 레드

15 봄 메이크업과 거리가 먼 것은?

① 선명한 이미지 연출을 위해 아이라인을 강조해 준다.
② 피부는 밝게 표현한다.
③ 파스텔 색상의 아이섀도를 사용한다.
④ 립스틱은 강하지 않은 핑크나 오렌지계열의 색상을 사용한다.

해 봄 메이크업에서는 아이라인을 얇게 그려 청순하고 청초한 분위기를 강조한다.

16 기초화장품 사용 방법으로 옳지 않은 것은?

① 유분의 함유량이 높은 순서대로 제품을 발라준다.
② 화장수→에센스→에멀젼→크림의 순서대로 발라준다.
③ 건성피부의 경우 유수분 함유량이 높은 제품을 선택한다.
④ 화장솜에 화장수를 묻혀 얼굴 중앙에서 바깥쪽으로 닦아내듯 발라준다.

해 기초화장품은 묽은 제형(수분함유량이 많은 제품) 순서대로 제품을 발라준다.

17 나이트 메이크업에 대한 설명으로 옳은 것은?

① 모델의 피부상태 그대로 최대한 자연스러운 피부를 연출한다.
② 오피스 메이크업으로 응용할 수 있다.
③ 펄이나 글로즈 제품을 사용하여 화려함을 강조한다.
④ 대체적으로 차분한 컬러를 사용한다.

해 나이트 메이크업은 펄이나 글로즈 제품을 사용하여 화려함을 강조해 좀 더 또렷한 이미지를 표현한다.

18 여름철 태닝 메이크업에 대한 설명으로 옳은 것은?

① 섹시한 이미지 연출을 위해 브론즈나 골드펄 파우더를 T존, 광대뼈 등에 발라 얼굴에 입체감을 준다.
② 레드 립컬러로 입술라인을 선명하게 표현해준다.
③ 차분하고 톤다운이 된 브라운, 카키 등의 색상으로 분위기를 연출한다.
④ 유분 함유량이 높은 크림타입의 베이스제품을 사용한다.

해 여름철 태닝 메이크업은 이마, 광대뼈, T존에 브론즈나 골드펄 파우더를 발라 얼굴에 입체감을 주는 것이 좋다.

19 T.P.O에 따른 메이크업의 설명 중 옳지 않은 것은?

① 실내와 실외를 구분해 메이크업을 한다.
② 조문을 갈 때는 블랙색상 섀도를 사용해 스모키 메이크업을 한다.
③ 면접을 볼 때는 최대한 단정하고 깔끔하게 메이크업을 한다.
④ 소개팅에서는 자연스러움을 강조한 메이크업을 한다.

해 조문을 갈 경우에는 수수한 화장으로 경건한 마음을 나타낸다.

20 차갑고 우아한 이미지의 겨울 메이크업을 연출하고자 한다. 어울리는 컬러로 짝지어진 것은?

① 옐로 - 오렌지
② 핑크 - 브라운
③ 골드 - 와인
④ 실버 - 와인

해 실버는 차가운 이미지를, 와인컬러는 우아한 이미지를 연출할 수 있다.

CHAPTER 6
피부와 피부 부속 기관

01. 피부구조 및 기능

(1) 구조와 기능

피부는 신체의 표면을 덮고 있는 조직으로서 표피, 진피, 피하조직으로 이루어져 있으며 부속기관으로는 피지선, 한선, 모발, 입모근, 조갑 등이 존재한다. 외부환경으로부터 신체를 보호하는 동시에 체온조절기능, 감각기능, 비타민D 합성의 기능 등의 다양한 생리적 작용을 담당한다. 총 면적은 1.6~1.8㎡이며 무게는 체중의 약 16%에 이른다.

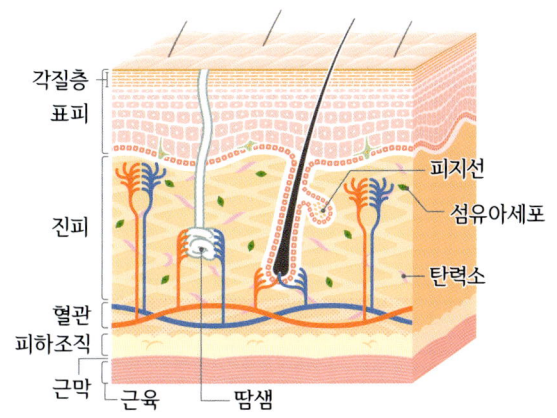

✓ 피부는 표피, 진피, 피하조직의 3개 층으로 이루어져 있다.

(2) 표피

표피는 피부의 표면층으로 육안으로 볼 수 있으며 외부 자극으로부터 신체를 보호한다. 또한, 가장 아래 층에서 새로운 세포를 생성하고 가장 바깥층(상층부)에서 각화작용이 일어난다.

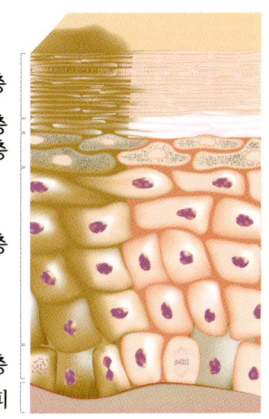

① 표피의 구조와 기능

표피 구분	특징
각질층	• 표피의 구성층 중 가장 바깥층(상층부) • 죽은 세포(각화가 완전히 된 세포)들로 구성 • 세포간 지질이 있어 세포와 세포사이를 단단하게 결합시켜 피부를 보호 • 비듬이나 때 등의 죽은 세포의 각화현상이 이루어짐 • 케라틴단백질58%, 천연보습인자31%, 세포간 지질11%, 수분 10~20% 등으로 구성 • 28일의 재생주기
투명층	• 주로 손바닥과 발바닥에 존재 • 단백질(엘라이딘)을 함유하고 있어 피부에 윤기를 줌 • 수분침투 방지 및 자외선 반사하는 방어막의 역할을 한다.
과립층	• 피부 수분 증발을 방지하는 층 • 핵이 위축되어 퇴화하기 시작하면서 각질화 과정이 시작된다. • 수분저지막을 통해 수분증발 및 과잉수분침투를 방지한다. • 지방세포 생성
유극층 (가시층, 말피기층)	• 케라틴의 성장과 세포 분열에 관여 • 표피 중 가장 두꺼운 층으로 70%의 수분을 함유하고 있으며 노화될수록 얇아진다. • 면역기능을 담당하는 랑게르한스세포가 존재한다.
기저층	• 표피의 가장 아래층으로 새로운 세포가 형성되는 층 • 단층의 원추형으로 된 유핵 세포로 구성 • 70~72%의 수분을 함유 • 진피로부터 영양을 공급받고 각질세포를 형성한다. • 각질형성세포, 멜라닌 세포, 머켈세포(촉각)가 존재한다. • 털의 기질부(모기질) • 색소형성세포(멜라닌)가 존재하여 피부색을 좌우한다.

② 표피의 구성세포

각질 형성 세포 (케라티노사이트)	• 각질형성세포이다. • 표피의 주요 구성성분으로 세포분열을 하면서 표피의 위층으로 서서히 이동한다. • 기저층에서 계속 재생되어 유극층, 과립층, 투명층, 각질층으로 이동하고 난 후 죽은 세포로 떨어지는 과정을 각화과정이라 한다. • 주기는 28±3일이다.
멜라닌 형성 세포 (멜라노사이트)	• 대부분 기저층에 위치하는 멜라닌 세포에는 긴 수상 돌기가 있고 돌기는 멜라닌을 각질형성세포로 전달하는 역할을 한다. • 멜라닌 세포의 수는 인종과 피부색에 관계없이 일정하며 멜라닌 양과 크기의 차이에 의해 피부색이 결정된다.

랑게르한스 세포 (긴수뇨 세포)	유극층에 존재하는 세포로 면역에 관여하며 외부에서 침투한 이물질인 항원을 면역담당 세포인 림프구로 전달한다.
머켈세포	기저층에 분포해 있고 신경세포와 연결되어 촉각을 감지한다.

(3) 진피

진피는 피부의 90%이상을 차지하며 표피두께의 10~40배 정도 두께로 다른 조직들을 보호해주는 역할을 한다. 진피층은 탄력적인 조직으로 무정형의 기질과 교원섬유, 탄력섬유 등의 섬유성 단백질로 구성되어 있으며 교감 신경, 부교감 신경이 지나가고 혈관, 림프가 있어 표피에 영양분을 공급한다. 또한, 진피의 약 70%이상을 차지하는 콜라겐은, 우수한 보습능력을 지니고 있어 탄력과 수분을 유지하게 하며 화장품 등에 많이 사용된다.

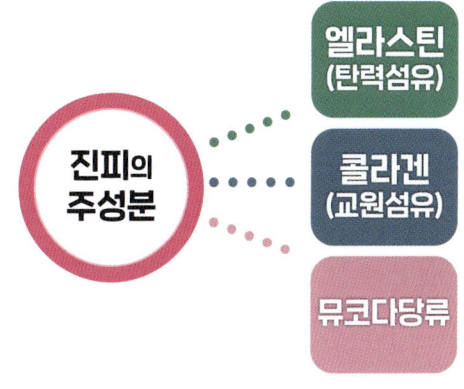

① 진피의 구조와 기능

유두층	• 표피와 접하고 있는 층으로 모세혈관의 혈액을 통해 표피에 영양공급 및 산소운반을 한다. • 혈관과 신경이 존재한다. • 다량의 수분을 함유하고 있으며 통각, 촉각의 신경전달 및 온도 조절기능을 한다.
망상층	• 유두층 아래에 위치해 있으며 진피의 80%를 차지한다. • 콜라겐과 엘라스틴이 있어 피부 탄력을 유지한다. • 혈관과 신경이 존재한다. • 피하조직과 연결된다.

② 진피의 구성세포

*섬유아세포	진피의 상층에 주로 분포하며 엘라스틴, 콜라겐 등의 단백질 성분을 합성한다.
비만세포	유두층 내 모세혈관 가까이 있어 염증 매개 물질인 히스타민을 생성하거나 분비한다.
대식세포	백혈구의 포식작용을 통해 몸을 보호한다.

(4) 피하조직

피하조직은 피부의 가장 아래층으로 진피와 근육 사이에 위치한다. 영양분을 저장하거나 지방합성, 열의 차단, 충격 흡수 등의 기능을 담당한다.

(5) 피부의 기능

구분	내용
보호기능	외부의 충격, 자외선, 자극, 박테리아, 압력으로부터 보호한다.
체온 조절 기능	체내에서 체온조절을 해 외부 온도변화에 적응할수 있도록 한다.
저장 기능	수분을 보유하고 있으며 영양분과 에너지를 저장한다.
분비·배설 기능	땀 및 피지를 분비한다.
호흡 기능	피부 표면을 통해 산소를 흡수하고 이산화탄소를 방출하면서 에너지를 생성한다.
감각 기능	촉각, 통각, 온각, 냉각, 압각 등의 감각을 느낄 수 있다.
재생·면역 기능	노화된 각질은 탈락시키고 상처는 아물게 해 재생시킨다.

★
✓ 피부의 가장 이상적인 pH는 4.5~6.5의 약산성이다.

02. 피부 부속기관의 구조 및 기능

(1) 한선(땀샘)

진피와 피하지방의 경계부에 위치하며 체온조절, 피부습도 유지, 노폐물 배출 등의 기능을 담당한다.

① 한선의 종류

구분	기능 및 특징
에크린선 (소한선)	• 입술과 생식기를 제외한 전신에 분포되어 있으며 특히 손바닥과 발바닥에 집중해있다. • 노폐물 배출과 체온조절에 중요한 역할을 한다. • pH3.8~5.6의 약산성인 무색·무취의 맑은 액체를 분비한다. • 실밥을 둥글게 한 모양으로 진피내에 존재한다.
아포크린선 (대한선)	• 겨드랑이, 귀 주변, 유두, 배꼽 주변 등 특정 부위에만 존재한다. • 모낭에 연결되어 모공을 통해서 피지와 결합 된 땀이 분비된다. • pH5.5~6.5의 단백질 함유량이 많은 땀을 생성하며 특유의 냄새가 있다. • 흑인 > 백인 > 동양인 순서로 많이 분비된다. • 사춘기 이후부터 분비량이 증가한다.

(2) 피지선

① 포도송이 모양으로 진피의 망상층에 위치

② 모낭과 연결되어 피지선을 통해 피지를 배출

③ 손바닥과 발바닥을 제외한 전신에 분포하며 주로 T존, 목, 가슴 등에 퍼져있다.

④ pH 4.5~6.5의 약산성으로 하루에 약 1~2g의 피지를 분비한다.

⑤ 안드로겐은 피지의 생성을 촉진하고 에스트로겐은 피지의 분비를 억제한다.

⑥ 남성호르몬인 테스토스테론과 관련이 있으며 사춘기 남성에게 집중적으로 분비된다.

(3) 모발

① 모발의 특징

(ㄱ) 케라틴(단백질), 지질, 수분, 멜라닌 등으로 구성

(ㄴ) 하루에 0.2~0.5mm 자라며 한달에 1~1.5cm 정도 자란다.

(ㄷ) **건강한 모발의 pH** : 4.5~5.5

(ㄹ) **평균수명** : 3~6년

(ㅁ) 모발은 수분을 흡수하면서 부피가 증가하는데 이 현상을 팽윤이라고 한다. pH 4~5일 때 가장 낮은 팽윤성을 나타내며 pH 8~9일 때 급격히 증가한다.

② 모발의 결합구조

폴리펩티드 결합 (Peptide, 펩타이드) (세로방향 결합)	• 세로방향의 결합 • 모발의 결합 중 가장 강한 결합	
측쇄 결합 (가로방향 결합)	시스틴 결합	• 두 개의 시스틴 분자가 만나 이루어지는 황결합 • 폴리펩티드 결합 다음으로 두 번째로 강한 결합
	수소 결합	• 수분에 의해 일시적인 변형이되는 결합(모발에 수분이 있는 상태에서 핀을 꽂을 경우 모발이 마른 뒤 모양이 잡히는 현상 등) • 네 개의 결합 중 가장 약한 결합
	염 결합	산성의 아미노산과 알카리성 아미노산의 결합

③ 모발의 구조

모간	• 모표피 : 모발의 가장 바깥부분에 있으며 큐티클층 이라고도 함 • 모피질 : 모표피의 안쪽부분으로 멜라닌 색소를 가장 많이 함유하여 모발 색상을 결정 • 모수질 : 모발의 중심부에 있으며 멜라닌 색소를 함유하고 있음
모근	피부 안쪽으로 들어가 있는 부분으로 두피의 표피 밑에 모낭 안에 들어 있음
모낭	모근을 싸고 있는 부분
모구	모낭의 아랫부분에 위치
모유두	모낭 끝에 있는 부분으로 모발에 영양을 공급함
피지선	입모근에 있는 기름샘으로 피지를 배출함
입모근	털을 지지하며 추위, 공포, 놀람 등의 상태에 위축됨
모모세포	모세혈관과 연결되어 영양을 공급받아 모발을 성장시킴

④ 모발의 주기

성장기	• 전체 모발의 88%를 차지 • 모발의 생성, 성장이 활발한 단계 • **평균성장기간 : 3~5년**
퇴행기 (퇴화기)	• 모발의 성장이 느려지는 단계 • 약 1개월의 수명으로 전체모발의 1%를 차지 • 모유두와 모구가 분리되고 모근이 위쪽으로 올라감
휴지기	• 전체 모발의 14~15%를 차지 • 모낭이 수축되고 모근이 위쪽으로 올라가 탈락 • 가벼운 물리적 자극에도 탈락되는 단계

✓ *모발은 성장기→퇴화기→휴지기의 단계를 반복한다.

(4) 손톱과 발톱(조갑)

① 손톱의 구조

구분	특징
조체(Nail Body)	• 손톱 본체 • 조상(네일베드)를 보호
조근(nail Root)	• 손톱 뿌리 부분 • 새로운 세포 형성 이루어지는 곳으로 손톱의 성장이 시작

구분	특징
자유연(Free Edge)	손톱 끝부분
조상(nail Bed)	• 손톱 밑의 피부 • 신경조직과 모세혈관이 분포하여 네일의 신진대사와 수분공급을 담당
조모(Nail Matrix)	• 손톱 뿌리 밑에 위치 • 각질 세포 분열을 통해 손톱을 생산해 내는 부분
반월(Lunula)	• 손톱 아랫부분에 있는 반달 모양 • 조모와 조상이 만나는 부분
옐로우 라인 (스마일라인)	자유연과 조상의 경계선
큐티클	손톱 주위를 덮고 있는 신경이 없는 표피로 외부의 미생물 및 세균으로부터 손톱을 보호

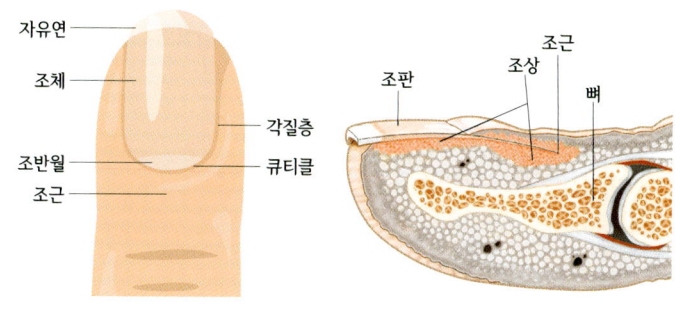

손톱의 구조

② 손톱의 성장

(ㄱ) 1일 평균 0.1~0.5mm, 한 달 3mm정도 성장

(ㄴ) 완전히 대체되는 기간은 4~6개월 걸리며 발톱은 손톱보다 싱징이 느리다.

(ㄷ) 여름에 성장속도가 가장 빠르다.

(ㄹ) 10~14세에 가장 빨리 성장하고 20세 이후로는 성장 속도가 느려진다.

③ 건강한 손톱

(ㄱ) 바닥에 강하게 부착되어 단단하고 탄력이 있을 것

(ㄴ) 둥근 모양의 아치형일 것

(ㄷ) 갈라짐이 없고 매끈할 것

(ㄹ) 투명한 핑크빛을 띠어야 할 것

(ㅁ) 세균에 감염되지 않고 약 11~17%의 수분을 함유하고 있을 것

예상문제
피부와 피부 부속 기관

정답

01 ③	02 ①	03 ①	04 ②	05 ①
06 ④	07 ①	08 ②	09 ④	10 ②
11 ②	12 ④	13 ①	14 ②	15 ①
16 ①	17 ③	18 ③	19 ④	20 ②
21 ①	22 ①	23 ①	24 ①	25 ③
26 ①	27 ①	28 ②	29 ①	30 ①
31 ②	32 ②	33 ②	34 ④	35 ④
36 ③	37 ①	38 ③	39 ①	40 ①

01 손바닥, 발바닥 등 비교적 피부층이 두터운 부위에 주로 분포되어 있으며 수분 침투 방지 및 자외선 반사하는 방어막의 역할을 하는 표피 세포층은?
① 각질층
② 유두층
③ 투명층
④ 망상층

해 투명층은 수분 침투 방지 및 자외선 반사하는 성질이 있으며 손바닥과 발바닥에 존재한다.

02 멜라닌 세포가 주로 분포 되어있는 곳은?
① 기저층
② 과립층
③ 각질층
④ 투명층

해 대부분 기저층에 위치하는 멜라닌 세포에는 긴 수상 돌기가 있고 돌기는 멜라닌을 각질형성세포로 전달하는 역할을 한다.

03 천연보습인자(NMF)의 구성성분 중 40%를 차지하는 주요 성분은 무엇인가?
① 아미노산
② 무기염
③ 젖산염
④ 요소

04 피부의 가장 이상적인 pH는?
① 1.5~3.5
② 4.5~6.5
③ 7.5~9.5
④ 10~11

05 다음 중 표피층의 순서대로 올바르게 나열한 것은?
① 각질층, 투명층, 과립층, 유극층, 기저층
② 각직층, 기저층, 투명층, 과립층, 유극층
③ 각질층, 투명층, 과립층, 기저층, 유극층
④ 각질층, 유극층, 과립층, 투명층, 기저층

해 피부의 표피는 바깥에서부터 각질층, 투명층, 과립층, 유극층, 기저층의 순서대로 구성되어있다.

06 피부의 표피 세포는 어느 정도의 교체주기를 갖고 있는가?
① 1주
② 2주
③ 3주
④ 4주

07 다음 중 단백질 성분을 합성하는 역할을 하는 세포는?
① 섬유아세포
② 머켈세포
③ 대식세포
④ 비만세포

해 섬유아세포는 진피의 상층에 주로 분포하며 엘라스틴, 콜라겐 등의 단백질 성분을 합성한다.

08 다음 중 표피층에 존재하는 세포가 아닌 것은?
① 섬유아세포
② 비만세포
③ 멜라닌세포
④ 랑게르한스 세포

해 비만세포는 결합조직에 많이 분포한다.

09 아포크린선(대한선)의 특징으로 옳지 않은 것은?
① 겨드랑이, 귀 주변, 배꼽 주변 등 특정 부위에만 존재
② 모낭에 연결되어 모공을 통해서 피지와 결합된 땀이 분비됨
③ pH 5.5~6.5의 단백질 함유량이 많은 땀을 생성
④ 손바닥과 발바닥에 집중해있다.

해 손바닥과 발바닥에 집중해 있는 것은 에크린선이다.

10 피부의 표피 세포층 중 가장 바깥에 존재하는 층은?
① 투명층
② 각질층
③ 유극층
④ 과립층

해 피부의 표피는 바깥에서부터 각질층, 투명층, 과립층, 유극층, 기저층의 순서대로 존재한다.

11 다음 중 피지선이 분포되어 있지 않은 부위는?
① 코
② 손바닥
③ 가슴
④ 이마

해 피지선은 손바닥과 발바닥을 제외한 신체의 대부분에 분포되어 있다.

12 죽은 피부세포가 조각으로 되어 떨어져 나가는 층은?
① 과립층
② 유극층
③ 투명층
④ 각질층

🔑 각질층의 표피는 28일 주기로 피부표면으로부터 떨어져 나간다.

13 피부의 각질을 만들어내는 세포는?
① 각질형성세포
② 멜라닌세포
③ 기저세포
④ 섬유아세포

14 손바닥과 발바닥에서만 볼 수 있는 층은?
① 과립층
② 투명층
③ 각질층
④ 유극층

🔑 투명층은 손바닥과 발바닥 등 피부층이 두터운 부위에 주로 분포한다.

15 케라틴의 성장과 세포분열에 관여하며 랑게르한스세포가 존재하는 층은?
① 유극층
② 기저층
③ 각질층
④ 투명층

🔑 유극층은 표피 중 가장 두꺼운 층으로 케라틴의 성장과 세포분열에 관여하며 랑게르한스세포가 존재한다.

16 다음 중 피부 수분 증발을 방지하는 층은?
① 과립층
② 유극층
③ 기저층
④ 투명층

🔑 과립층은 유극층과 투명층 사이에 존재하며 수분저지막을 통해 수분 증발 및 과잉 수분 침투를 방지한다.

17 피부 표피 중 가장 두꺼운 층은?
① 각질층
② 투명층
③ 유극층
④ 기저층

🔑 유극층은 표피층 중 가장 두꺼운 층으로 노화될수록 얇아진다.

18 다음 중 피부의 부속 기관이 아닌 것은?
① 손·발톱
② 림프관
③ 흉선
④ 유선

🔑 피부의 부속기관으로는 한선, 피지선, 손발톱, 모발, 혈관, 림프관, 신경 등이 있다. 흉선은 흉골 뒤에 위치한 내분비선에 해당한다.

19 피부 색소를 만드는 멜라닌 형성 세포가 존재하는 층은?
① 각질층
② 투명층
③ 기저층
④ 유극층

🔑 기저층은 표피의 가장 아래에 위치하며 각질형성세포와 멜라닌(색소)형성 세포가 존재한다.

20 진피에 함유되어있는 성분으로 진피의 약 70%를 차지하며 우수한 보습 능력으로 화장품 등에도 많이 함유되어있는 것은?
① 멜라닌
② 콜라겐
③ 엘라스틴
④ 글리세린

해 콜라겐은 진피의 약 70%를 차지하며 우수한 보습능력을 지니고 있어 화장품에 많이 사용된다.

21 콜라겐에 대한 설명으로 옳지 않은 것은?
① 피부의 표피에 주로 존재한다.
② 콜라겐 부족 시 주름이 잘 발생한다.
③ 우수한 보습능력을 지니고 있다.
④ 섬유아세포에서 생성된다.

해 콜라겐은 피부의 진피에 주로 존재한다.

22 다음 중 진피에 해당하는 층은?
① 유두층
② 기저층
③ 유극층
④ 투명층

해 진피는 유두층과 망상층으로 구성되어 있으며 혈관과 신경이 존재한다.

23 손톱의 성장에 대한 설명으로 옳지 않은 것은?
① 1일 평균 1~1.5mm정도 성장한다.
② 완전히 대체되는 기간은 4~6개월 정도이다.
③ 여름에 성장속도가 가장 빠르다
④ 10~14세에 가장 빨리 성장한다.

해 손톱은 1일 평균 0.1~0.5mm, 한달 3mm정도 성장한다.

24 피부의 기능에 대한 설명 중 옳지 않은 것은?
① 저장기능 - 진피조직은 신체 중 가장 큰 저장기관으로 수분과 각종 영양분을 보유하고 있다.
② 흡수기능 - 외부의 온도를 흡수, 감지한다.
③ 보호기능 - 피부 표면의 산성막이 박테리아의 감염 및 미생물 침입으로부터 피부를 보호한다.
④ 영양분 보호기능 - 프로비타민D가 자외선을 받으면 비타민D로 전환된다.

해 피부는 영양물질을 에너지원으로 사용 후 남은 물질을 저장하는데 주로 피하조직에 저장된다.

25 다음 중 피부의 기능이 아닌 것은?
① 체온조절기능
② 보호작용
③ 순환작용
④ 감각작용

26 피부가 느끼는 오감 중 가장 예민한 감각은?
① 통각
② 냉각
③ 온각
④ 압박

해 피부가 느끼는 오감 중 가장 예민한 감각은 통각이고 온각이 가장 둔감하다.

27 피부에 가장 많이 분포되어 있는 것은?
① 통각점
② 온각점
③ 촉각점
④ 냉각점

해 피부에는 통각점이 가장 많이 분포되어 있으며 온각점이 가장 적게 분포되어 있다.

28 한선에 대한 설명 중 옳지 않은 것은?
① 체온을 조절한다.
② 입술을 포함한 전신에 존재한다.
③ 에크린선과 아포크린선이 있다.
④ 땀을 많이 흘리면 영양분과 미네랄을 잃는다.

해 한선은 입술과 생식기를 제외한 전신에 분포되어 있다.

29 사춘기 이후부터 분비량이 증가하며 단백질 함유량이 많은 땀을 생성하여 특유의 냄새가 있는 것은?
① 피지선
② 갑상선
③ 소한선
④ 대한선

해 대한선은 사춘기 이후부터 분비량이 증가하며 겨드랑이, 귀 주변, 유두, 배꼽 주변 등 특정 부위에만 존재한다.

30 성인이 하루에 분비하는 피지의 양은 어느 정도인가?
① 약 1~2g
② 약 3~4g
③ 약 5~6g
④ 약 0.1~0.2g

해 성인은 하루에 약 1~2g의 피지를 분비한다.

31 건강한 모발의 pH 범위는?
① 2.5~3.5
② 4.5~5.5
③ 6.5~7.5
④ 8.5~9.5

해 건강한 모발의 pH는 4.5~5.5이며 하루에 0.2~0.5mm 자란다.

32 모발의 결합 중 수분에 의해 일시적인 변형이 되는 결합은?
① 폴리펩티드 결합
② 수소 결합
③ 시스틴 결합
④ 염 결합

해 수소 결합이란 수분에 의해 일시적인 변형이 되는 결합으로 모발에 수분이 있는 상태에서 핀을 꽂을 경우 모발이 마른 뒤 모양이 잡히는 현상 등이 이에 속한다.

33 모발의 케라틴 단백질은 pH에 따라 팽윤성이 변한다. 다음 중 가장 낮은 팽윤성을 나타내는 pH는 무엇인가?
① 2~3
② 4~5
③ 6~7
④ 8~9

해 모발은 수분을 흡수하면서 부피가 증가하는데 이 현상을 팽윤이라고 한다. pH4~5일 때 가장 낮은 팽윤성을 나타내며 pH8~9일 때 급격히 증가한다.

34 모발의 결합구조 중 측쇄 결합이 아닌 것은?
① 시스틴 결합
② 수소 결합
③ 염 결합
④ 폴리펩티드 결합

35 세포의 분열과 증식작용으로 모발이 만들어지는 곳은?
① 모근
② 모수질
③ 모구
④ 모모세포

해 모모세포는 분열증식작용으로 새로운 머리카락을 만들고 성장시킨다.

36 다음 중 모발의 성장주기로 옳은 것은?
① 퇴화기→휴지기→성장기
② 성장기→휴지기→퇴화기
③ 성장기→퇴화기→휴지기
④ 휴지기→퇴화기→성장기

해 모발은 성장기→퇴화기→휴지기의 단계를 반복한다.

37 모낭 끝에 있는 부분으로 모발에 영양을 공급하는 것은?
① 모유두
② 모피질
③ 모표피
④ 모수질

해 모유두는 모낭 끝에 있는 작은 돌기조직으로 모발에 영양을 공급한다.

38 전체 모발의 14~15%를 차지하며 가벼운 물리적 자극에도 탈락되는 단계는?
① 모발주기
② 퇴행기
③ 휴지기
④ 성장기

해 모발은 성장기와 퇴화기를 거쳐 2~3개월간의 휴지기에 들어서는데 이때는 가벼운 물리적 자극에도 탈모가 일어난다.

39 손톱 뿌리 밑에 위치하며 각질 세포분열을 통해 손톱을 생산해내는 부분은?
① 조모
② 조상
③ 조근
④ 조체

해 조모는 손톱 뿌리 밑에 위치하며 각질 세포분열을 통해 손톱을 생산해낸다.

40 다음 중 건강한 손톱에 대한 설명으로 옳지 않은 것은?
① 투명한 노란빛을 띠어야 할 것
② 둥근 모양의 아치형일 것
③ 갈라짐이 없고 매끈할 것
④ 약 11~17%의 수분을 함유하고 있을 것

해 건강한 손톱은 투명한 핑크빛을 띠고 윤택이 있어야 한다.

CHAPTER 7
피부유형 분석

피부는 피지분비 상태에 따라서 건성, 중성, 지성, 복합성 등의 피부로 나뉜다.

01. 정상피부의 성상 및 특징

① 가장 이상적인 피부 유형으로 유수분의 균형이 잘 잡혀있다.
② 피부가 탄력 있으며 결이 곱다.
③ 화장이 오래 유지되고 주름이 잘 생기지 않는다.

02. 건성피부의 성상 및 특징

① 피지선과 땀샘의 기능 저하로 유·수분의 균형이 정상적이지 않다.
② 잔주름이 쉽게 생기며 피부가 거칠고 당김 현상이 있다.
③ 각질층의 수분이 10% 이하이다.
④ 모공이 작다.

03. 지성피부의 성상 및 특징

① 모공이 커서 외부 오염에 취약하여 여드름이나 뾰루지가 잘 생긴다.
② 정상 피부보다 피부 두께가 두껍다.
③ 피지와 땀의 과다 분비로 화장이 쉽게 지워진다.

04. 민감성피부의 성상 및 특징

① 피부의 면역 기능 및 조절기능이 저하되어 외부의 자극에 예민하게 반응한다.
② 표피가 얇고 투명해 보인다.
③ 각질층의 이상으로 홍반, 충혈, 염증 등의 증상이 쉽게 나타난다.

SKIN TYPES

정상피부

건성피부

복합성피부

지성피부

민감성피부

여드름피부

05. 복합성피부의 성상 및 특징

① 2가지 이상의 피부 타입이 복합적으로 나타나는 피부
② 보통 이마나 코 등의 T존 부위는 모공이 크고 피지 분비가 많이 되며 입가나 볼 부위는 건조하다.

06. 노화피부의 성상 및 특징

① 나이가 들어감에 따라 생기는 노화를 '일반적 노화 현상'이라고 하며 스트레스나 과도한 햇볕 등 외적인 자극으로 인한 노화를 '광노화'라고 한다.
② 진피층의 콜라겐과 엘라스틴의 저하로 탄력이 감소한다.
③ 피지 분비가 줄어들어 피부가 건조해진다.
④ 수분 부족으로 인해 피부결이 거칠어지고 주름이 많이 생긴다.
⑤ 잡티, 검버섯 등이 생긴다.

07. 여드름 피부의 성상 및 특징

① 사춘기에 피지 분비가 왕성해지면서 나타나는 피부 발진
② 여드름은 대개 10대 초반에 발생하나 30대와 40대의 성인에게도 발생한다.
③ 피지와 땀이 왕성히 분비되면 여드름이 악화되며 더운 여름철에 피지분비가 더 많아지며 여드름이 심해질 수 있다.

08. 피부 유형별 화장품 주요 성분

피부 유형	화장품 성분
지성 피부	아줄렌, 클레이, 캄퍼, 유황, 살리실산
건성 피부	콜라겐, 아미노산, 히아루론산, 세라마이드, 솔비톨
민감성 피부	아줄렌, 위치하젤, 판테놀, 비타민K, 클로로필
노화 피부	레티놀, 프로폴리스, AHA, 비타민E, SOD
여드름 피부	아줄렌, 티트리, 글리시리진산, 살리실산, AHA

예상문제
피부유형 분석

정답				
01 ①	02 ④	03 ③	04 ③	05 ②
06 ④	07 ②	08 ①	09 ①	10 ②

01 피지선과 땀샘의 기능 저하로 유·수분의 균형이 정상적이지 않고 잔주름이 쉽게 생기는 피부는?
① 건성 피부
② 지성 피부
③ 민감성 피부
④ 정상 피부

해 건성 피부는 피지선과 땀샘의 기능저하로 유·수분의 균형이 정상적이지 않고 피부결이 얇아 잔주름이 쉽게 생기며 모공이 작은 특징이 있다.

02 피부 유형별 관리 목적이 옳지 않은 것은?
① 복합성 피부 - 피부의 유수분 균형 조절
② 지성 피부 - 피지 분비 조절
③ 민감성 피부 - 피부 진정 및 긴장 완화
④ 건성 피부 - 보습작용 억제

해 건성피부의 관리목적은 보습작용 강화이다.

03 피부 유형별 적합한 화장품 성분으로 맞게 짝지어진 것은?
① 민감성 피부 - 클레이, 실리실산
② 건성피부 - 클레이, 실리실산
③ 지성피부 - 아줄렌, 유황
④ 노화피부 - 캄퍼, 실리실산

해

피부 유형	화장품 성분
지성 피부	아줄렌, 클레이, 캄퍼, 유황, 실리실산
건성 피부	콜라겐, 아미노산, 히아루론산, 세라마이드, 솔비톨
민감성 피부	아줄렌, 위치하젤, 판테놀, 비타민K, 클로로필
노화 피부	레티놀, 프로폴리스, AHA, 비타민E, SOD

04 건성 피부의 특징으로 가장 거리가 먼 것은?
① 피지선과 땀샘의 기능이 저하되어있다.
② 모공이 작다.
③ 각질층의 수분이 50% 이하이다.
④ 피부결이 거칠고 잔주름이 쉽게 생긴다.

해 건성 피부는 각질층의 수분이 10%이하로 유·수분의 균형이 정상적이지 않다.

05 건성피부, 지성피부, 중성피부를 구분하는 피부유형 분석기준은 무엇인가?
① 모공의 크기
② 피지분비 상태
③ 피부의 조직 상태
④ 피부의 탄력도

해 피부는 피지분비상태에 따라서 건성, 중성, 지성, 복합성 등의 피부로 나뉜다.

06 다음 보기에서 설명하는 피부 유형은 무엇인가?

〈보기〉
- 피지선과 땀샘의 기능 저하로 유·수분의 균형이 정상적이지 않다.
- 잔주름이 쉽게 생기며 피부가 거칠고 당김 현상이 있다.
- 모공이 작다.

① 민감성 피부
② 정상 피부
③ 지성 피부
④ 건성 피부

해 건성피부는 피지선과 땀샘의 기능저하로 유·수분의 균형이 정상적이지 않고 잔주름이 쉽게 생기는 특징이 있다.

07 여드름 피부용 화장품에 사용되는 성분과 가장 거리가 먼 것은 무엇인가?
① 글리시리진산
② 알부틴
③ 티트리
④ 아줄렌

해 알부틴은 미백용 화장품에 사용되는 성분이다.

08 피부 유형별 화장품 선택으로 옳지 않은 것은?
① 정상 피부 - 오일이 들어가 있지 않은 오일 프리 제품
② 지성 피부 - 피지조절 성분이 함유된 제품
③ 건성 피부 - 유수분이 많이 함유된 제품
④ 민감성 피부 - 색소나 향 등을 함유하지 않아 피부자극이 적은 제품

해 오일 프리 제품은 지성 피부에 적합하다.

09 여드름 피부에 대한 설명으로 틀린 것은?
① 여드름은 10대 사춘기에만 나타난다.
② 사춘기에 피지 분비가 왕성해지면서 나타나는 피부 발진
③ 피지와 땀이 왕성히 분비되면 여드름이 악화된다.
④ 더운 여름철에 더 심해진다.

해 여드름은 대개 10대 초반에 발생하나 30대와 40대의 성인에게도 발생한다.

10 다음 보기에서 설명하는 피부 유형은?

〈보기〉
- 진피층의 콜라겐과 엘라스틴의 저하로 탄력이 감소
- 수분 부족으로 인해 피부결이 거칠어지고 주름이 많이 생김
- 잡티, 검버섯 등이 생김

① 건성 피부
② 노화 피부
③ 지성 피부
④ 민감성 피부

해 노화피부는 진피층의 콜라겐과 엘라스틴의 저하로 탄력이 감소하며 피지 분비가 줄어들어 피부가 건조해진다.

CHAPTER 8
피부와 영양

01. 3대 영양소, 비타민, 무기질

우리 몸에 꼭 필요한 3대 영양소는 탄수화물, 단백질, 지방이다.

(1) 3대 영양소

① 탄수화물

(ㄱ) 에너지를 발생시키고 혈당을 유지한다(1g당 4kcal에너지 발생).

(ㄴ) 장에서 포도당, 과당, 갈락토오스의 형태로 흡수되며 소화흡수율은 약 99%이다.

(ㄷ) 과잉 시 피부의 산도를 높이고 저항력을 감소시켜 피부염이나 부종 유발

(ㄹ) 부족 시 발육부진, 체중감소, 신진대사 기능 저하를 유발

② 단백질

(ㄱ) 에너지 공급원으로 생명 유지에 핵심적인 기능을 담당(1g당 4kcal의 열과 에너지 발생)

(ㄴ) 반드시 음식을 통해서만 흡수해야 함

(ㄷ) 피부의 탄력을 높여주고 호르몬 합성 및 면역세포와 항체를 형성

(ㄹ) 단백질의 기본구성 단위는 아미노산이며 최종 가수분해 물질이다.

③ 지방
- (ㄱ) 고효율의 에너지 공급원으로 1g당 9kcal의 에너지를 발생시킴
- (ㄴ) 혈액 내 콜레스테롤 함량이 높으면 동맥경화증, 심장병 등을 유발한다.
- (ㄷ) 체온조절 및 장기보호
- (ㄹ) **필수지방산**: 리놀렌산, 리놀산, 아라키돈산(필수지방산은 인체에서 만들 수 없기 때문에 반드시 음식으로 섭취해야 한다)

(2) 비타민

① 수용성 비타민

비타민B_1	피부면역을 증진시키며 결핍 시 각기병, 식욕부진, 피로감 등을 유발한다.
비타민B_2	피부탄력을 증진시키며 결핍 시 구순구강염, 결막염, 습진, 탈모 등을 유발한다.
비타민C	피부의 멜라닌 세포를 억제하여 미백에 도움을 주며 결핍 시 각화증, 과민증상, 색소침착, 콜라겐 형성 저하 등을 유발시킨다.

② 지용성 비타민

비타민A	피부 재생주기에 관여하며 결핍 시 야맹증, 건조증, 탈모, 피부각화증 등을 유발한다.
비타민D	음식뿐만 아니라 자외선으로도 피부에 합성되며 결핍 시 구루병, 골연화증, 골다공증을 유발한다.
비타민E	항산화 작용을 하여 피부의 노화를 방지하며 결핍 시 빈혈, 호르몬 불균형 등을 유발한다.
비타민K	혈액 응고 및 뼈의 형성에 관여하며 결핍 시 피부에 습진이나 출혈을 유발한다.

③ 무기질

칼슘(Ca)	뼈와 치아의 주 성분으로 근육의 수축 및 이완과 수축작용에 관여한다. 결핍 시 골격, 치아, 손톱, 머리털이 약해진다.
인(P)	칼슘과 결합하여 뼈와 치아를 형성하고 비타민 및 효소의 활성화에 관여하며 체액의 pH를 조절한다.
철, 철분(Fe)	피부에서 가장 많이 함유하고 있는 무기질 중 하나로 적혈구 속 헤모글로빈에 함유되어 산소운반작용을 한다. 결핍 시 빈혈을 유발한다.
마그네슘(Mg)	삼투압 및 근육 이완 등에 관여한다.

아연(Zn)	성장 및 면역, 생식, 식욕촉진, 상처 회복 등에 관여하며 결핍 시 손톱 성장 장애, 탈모, 면역 기능 저하 등을 유발한다.
요오드(I)	갑상선 기능 및 에너지 대사 조절에 관여하고 피부의 건강, 모세혈관 기능 정상화에 영향을 준다.

02. 피부와 영양

① 피부의 건강은 균형 잡힌 영양분 섭취 및 적절한 화장품 사용을 통해 만들어진다.

② 영양 과다 시 비만뿐만 아니라 뾰루지 등의 피부염을 유발하기 때문에 적절한 영양섭취가 필요하다.

③ 무기질이나 비타민 등의 필수 영양소 섭취로 건강한 피부를 유지할 수 있다.

03. 체형과 영양

① 건강한 체형을 유지하기 위해 적절한 영양섭취와 균형 있는 생활습관을 갖는다.

② 에너지가 과다축적 되지 않도록 적절한 운동과 규칙적인 식습관을 유지한다.

③ 충분한 수분섭취와 인스턴트 식품을 줄인다.

예상문제
피부와 영양

정답
01 ①	02 ②	03 ④	04 ③	05 ①
06 ①	07 ③	08 ③	09 ②	10 ④
11 ②	12 ④	13 ①	14 ①	15 ②

01 신체의 중요한 에너지원으로 소장에서 포도당, 과당의 형태로 흡수되는 물질은?
① 탄수화물
② 단백질
③ 비타민
④ 지방

해 탄수화물은 신체의 중요한 에너지원으로 소장에서 포도당의 형태로 흡수되며 1g당 4kcal 에너지를 발생시킨다.

02 다음 중 필수 지방산에 속하지 않는 것은 무엇인가?
① 리놀산
② 트레오닌
③ 리놀렌산
④ 아라키돈산

해 트레오닌은 필수 아미노산이다.

03 신체의 고효율의 에너지 공급원으로 1g당 9kcal의 에너지를 발생시키며 체온조절 기능이 있는 것은?
① 무기질
② 단백질
③ 탄수화물
④ 지방

04 다음 중 비타민C가 인체에 미치는 영향이 아닌 것은?
① 피부의 멜라닌 세포를 억제시킨다.
② 결핍 시 각화증, 과민증상을 유발한다.
③ 호르몬 분비를 억제시킨다.
④ 피부에 광택을 주고 미백에 도움을 준다.

해 호르몬 분비를 억제시키는 것은 비타민E이다.

05 피부 색소를 퇴색시켜 주근깨나 기미 등의 치료에 주로 쓰이는 것은?
① 비타민C
② 비타민E
③ 비타민A
④ 비타민D

해 비타민C는 피부의 멜라닌 세포를 억제하여 미백에 도움을 준다.

06 칼슘과 결합하여 뼈와 치아를 형성하고 비타민 및 효소 활성화에 관여하는 것은?
① 인
② 마그네슘
③ 나트륨
④ 철분

해 인은 칼슘과 결합하여 뼈와 치아를 형성하고 비타민 및 효소의 활성화에 관여하며 체액의 pH를 조절한다.

07 결핍 시 구루병, 골연화증, 골다공증을 유발하는 것과 관련이 깊은 것은?
① 비타민A
② 비타민C
③ 비타민D
④ 비타민E

해 비타민D는 음식뿐만 아니라 자외선으로도 피부에 합성되며 결핍 시 구루병, 골연화증, 골다공증을 유발한다.

08 다음 중 비타민과 그 결핍증의 연결이 틀린 것은?
① 비타민B_2 - 구순구강염
② 비타민A - 야맹증
③ 비타민C - 각기병
④ 비타민E - 호르몬 불균형

해 각기병은 비타민B_1 결핍 시 발생한다.

09 건강한 체형을 유지 하기위한 방법으로 옳지 않은 것은?
① 비타민과 무기질 등 균형 있는 영양 섭취를 한다.
② 다이어트를 위해 수분섭취를 최대한 줄인다.
③ 에너지가 과다축적되지 않도록 적절한 운동을 한다.
④ 인스턴트 식품을 줄인다.

해 충분한 에너지 섭취는 건강한 체형을 유지하는데 도움을 준다.

10 뼈와 치아의 주 성분으로 근육의 수축 및 이완과 수축작용에 관여하며 결핍 시 골격, 치아, 손톱, 머리털이 약해지는 것은?
① 철
② 마그네슘
③ 아연
④ 칼슘

해 인체에 칼슘이 부족할 경우 골격, 치아, 손톱, 머리털이 약해진다.

11 햇빛에 노출되었을 때 피부에 어떤 물질이 생성되는가?
① 비타민A
② 비타민D
③ 비타민C
④ 비타민E

해 비타민D는 음식뿐만 아니라 자외선으로도 피부에 합성되며 결핍 시 구루병, 골연화증, 골다공증을 유발한다.

12 비타민이 결핍 되었을 때 발생하는 질병의 연결이 틀린 것은?

① 비타민A - 야맹증
② 비타민E - 빈혈
③ 비타민K - 습진
④ 비타민D - 괴혈병

해 비타민D 결핍 시 구루병, 골연화증, 골다공증을 유발한다.

13 헤모글로빈을 구성하는 물질로 결핍 시 빈혈을 유발하는 영양소는 무엇인가?

① 철분
② 요오드
③ 비타민
④ 마그네슘

해 철분은 혈액 속의 헤모글로빈의 주성분으로 결핍 시 적혈구가 감소하고 빈혈이 일어난다.

14 건강한 피부를 유지 하기 위한 방법으로 옳지 않은 것은?

① 최대한 많은 영양소를 섭취한다.
② 무기질이나 비타민 등의 필수 영양소를 섭취한다.
③ 충분한 수분섭취를 한다.
④ 피부 타입에 맞는 화장품을 적절히 사용한다.

해 영양 과다 시에는 비만뿐만 아니라 뾰루지 등의 피부염을 유발한다.

15 갑상선 기능 및 에너지 대사 조절에 관여해 피부를 건강하게 해주어 모세혈관의 기능을 정상화 시키는 것은?

① 나트륨
② 요오드
③ 칼슘
④ 마그네슘

해 요오드는 갑상선 기능 및 에너지 대사 조절에 관여하고 피부의 건강, 모세혈관 기능 정상화에 영향을 준다.

CHAPTER 9
피부와 광선

01. 자외선이 미치는 영향

(1) 자외선의 종류

자외선은 파장범위에 따라 UV-A, UV-B, UV-C로 나뉜다.

종류	파장범위	특징
단파장(UV-C)	200~290㎚	• 강한 자외선으로 각질층까지 도달하기 때문에 피부세포를 손상시켜 피부암의 원인이 된다. • 예전에는 오존층에서 거의 흡수되었지만 최근에는 오존층의 파괴로 인해 인체에 많은 영향을 미치고 있다. • 살균·소독 작용이 강함
중파장(UV-B)	290~320㎚	• 레저 자외선이라 불린다. • 비타민 D의 합성을 촉진하고 색소 침착, 일광 화상, 홍반을 일으킨다. • 표피층 또는 진피의 상부까지 침투한다. • UV A보다 1000배의 홍반 발생 능력
장파장(UV-A)	320~400㎚	• 실내의 유리를 통과할 수 있기 때문에 생활 자외선이라 불린다. • 색소 침착과 콜라겐 손상에 의한 주름 발생 원인이 된다. • 광노화를 일으키며 진피의 상부까지 침투한다.

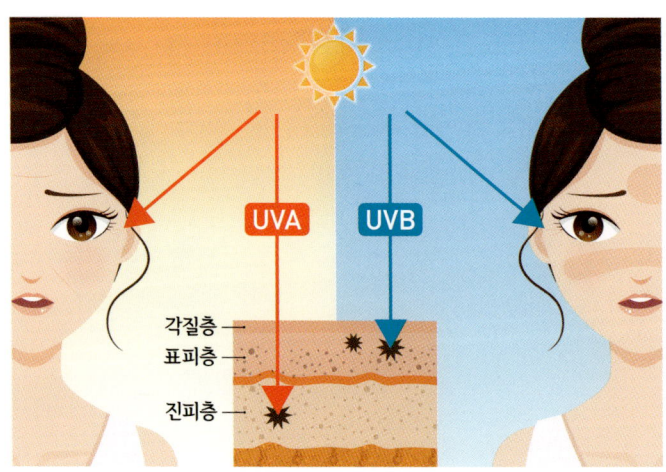

자외선의 작용

(2) 자외선의 영향

① 비타민D를 합성시켜 신체의 혈액 순환을 촉진

② 살균 및 소독작용

③ 심하게 노출되면 색소 침착 및 광노화를 일으키고 피부암을 유발

02. 적외선이 미치는 영향

적외선은 780nm~1mm에 해당하는 장파장으로 자외선보다 강한 열작용을 가져 혈액 순환 및 근육의 이완과 수축에 효과적이다.

① 근육의 이완과 수축에 영향

② 통증 완화 및 진정 효과

③ 혈관을 팽창시켜 영양분의 침투에 효과적

예상문제
피부와 광선

정답				
01 ①	02 ②	03 ④	04 ③	05 ①

01 주로 피부 홍반을 일으키는 자외선은?
① UV B
② UV C
③ UV A
④ UV D

해 UV B는 290~320nm의 중파장으로 색소침착, 일광화상, 홍반을 일으킨다.

02 자외선이 신체에 미치는 영향으로 틀린 것은?
① 살균 및 소독작용
② 피부 미백효과
③ 광노화 및 피부암 유발
④ 비타민 D의 합성

해 자외선에 심하게 노출되면 색소침착 및 광노화를 일으키고 피부암을 유발한다.

03 적외선이 신체에 미치는 영향으로 틀린 것은?
① 근육의 이완과 수축에 영향
② 피부를 이완시킨다.
③ 혈류의 증가를 촉진시킨다.
④ 비타민 D의 합성

해 비타민 D를 합성시키는 것은 UV B이다.

04 다음 중 UV A(장파장 자외선)의 파장 범위는?
① 200~290nm
② 290~320nm
③ 320~400nm
④ 400~490nm

해 UV A의 파장 범위는 320~400nm이다.

05 다음 중 가장 강력한 살균 및 소독작용을 하는 광선은?
① 자외선
② 가시광선
③ X선
④ 적외선

해 태양광선 중 자외선이 가장 강력한 살균 및 소독작용을 한다.

CHAPTER 10
피부 면역

01. 면역의 종류와 작용

면역이란 특정 병원체나 질병에 저항할 수 있는 인체의 방어체계로 항체를 만들어 보호한다. 면역은 크게 선천 면역과 후천 면역(획득 면역)으로 분류되며 혈액의 구성물질인 백혈구가 면역에 관여하여 감염에 저항한다.

(1) 면역의 종류

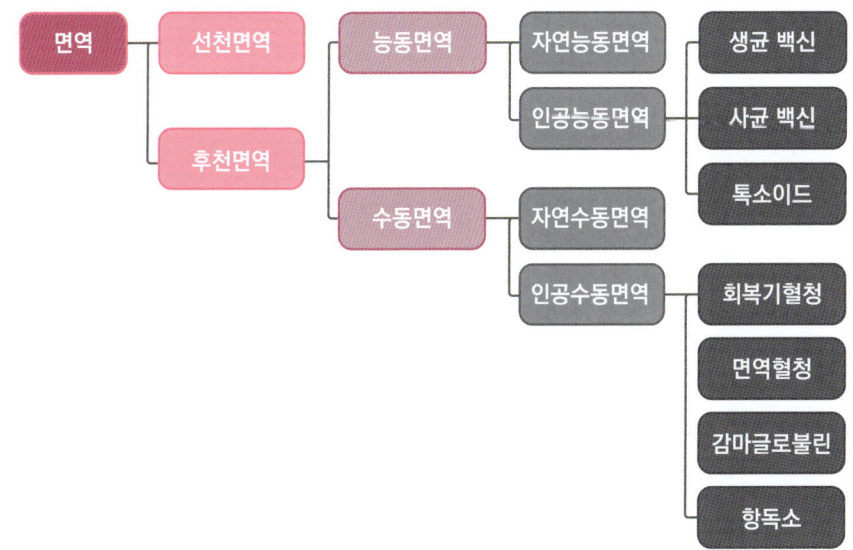

구분		뜻
능동면역	자연 능동면역	• 전염병 감염 후 형성된 면역 • 장기면역으로 항체 형성
	인공 능동면역	• 예방접종에 의해 형성된 면역 • 장기면역으로 항체 형성
수동면역	자연 수동면역	• 모체의 태반이나 출생 후 모유를 통해 항체를 받는 면역 • **단기면역(약 6개월 혹은 수유 중)** : 항체 형성을 자극하지 않음
	인공 수동면역	• 면역 혈청주사(항독소 등의 인공제제)에 의해 얻어진 면역 • **단기면역** : 항체 형성을 자극하지 않음

(2) 면역 작용

분류	특성
식세포 면역반응	백혈구 등의 이물질 식균작용
체액성 면역반응	B림프구 : 면역글로빈 항체 생성, 면역반응 담당
세포성 면역반응	T림프구 : 항원 공격 및 제거, 면역반응 조절

(3) 면역 관련 인자들

분류	특성
항원	일종의 병원체로 인체에 침입한 세균이나 바이러스를 뜻한다.
항체	항원에 대응하여 만들어지는 항균물질로 면역반응이 일어나는 부위로 이동하여 반응하며 생성된 후에는 체내에 그대로 남아있다.
림프구	• **B림프구** : '면역글로빈'이라 불리는 단백질로 바이러스와 세균을 죽이는 면역기능을 담당한다. 또한, 형질 세포로 분화되어 항체를 생산한다. • **T림프구** : 혈액 내 림프구의 약 90%를 구성하며 세포매개 면역반응을 주도한다. 또한, 항원을 직접 공격하여 면역반응을 일으킨다.
식세포	해로운 외부입자, 세균, 죽은 세포 등을 잡아먹는 세포의 총칭으로 감염으로부터 몸을 보호하고 면역계 활성에 필수적인 역할을 한다.

예상문제
피부 면역

정답			
01 ③	02 ③	03 ②	04 ④
05 ①	06 ①	07 ②	08 ④
09 ①	10 ②		

01 림프구의 종류 중 혈액 내 림프구의 약 90%를 구성하며 항원을 직접 공격하여 파괴하는 세포성 면역 반응을 일으키는 것은?
① A 림프구
② B 림프구
③ T 림프구
④ E 림프구

02 일종의 병원체로 인체에 침입한 세균이나 바이러스를 뜻하는 것은?
① 림프구
② 항체
③ 항원
④ 식세포

해 항원은 일종의 병원체로 인체에 침입한 세균이나 바이러스를 뜻한다.

03 '면역글로빈'이라 불리는 단백질로 바이러스와 세균을 죽이는 면역 기능을 담당하는 것은?
① T 림프구
② B 림프구
③ 항체
④ 면역

해 B림프구는 '면역글로빈'이라 불리는 단백질로서 바이러스와 세균을 죽이는 면역 기능을 담당한다. 또한, 형질 세포로 분화되어 항체를 생산한다.

04 이물질에 대항하기 위해 혈액에서 생성되는 방어 물질은?
① 식세포
② 항진
③ 항원
④ 항체

해 항체는 항원에 대응하여 만들어지는 항균물질로 면역 반응이 일어나는 부위로 이동하여 반응하며 생성된 후에는 체내에 그대로 남아있다.

05 피부의 면역에 관한 설명으로 옳은 것은?
① B림프구는 면역글로빈이라 불리는 항체를 생산한다.
② T림프구는 항원전달세포에 해당한다.
③ 표피의 각질형성세포는 면역조절에 작용하지 않는다.
④ 세포성 면역에는 항체, 보체 등이 있다.

해 ② T림프구는 항원전달세포에 해당하지 않는다.
　③ 각질형성세포는 면역조절 작용을 한다.
　④ 세포성 면역은 직접 항원을 공격하고 체액성 면역이 항체를 생성한다.

06 면역글로빈이라는 항체를 생성하는 인자는?
① B림프구
② T림프구
③ 각질형성세포
④ 식세포

해 B림프구는 체액성 면역반응을 담당하는 림프구의 일종으로 면역글로빈이라 불리는 항체를 생성한다.

07 다음 중 면역과 가장 거리가 먼 것은?
① 랑게르한스세포
② 머켈세포
③ 식세포
④ 림프구

해 머켈세포는 촉각을 감지하는 세포이며 랑게르한스세포는 백혈구의 일종으로 피부에서 항원을 잡아 가까운 림프절로 이동하여 림프구에게 항원을 제공하는 세포의 일종이다.

08 해로운 외부입자, 세균, 죽은 세포 등을 잡아먹는 세포의 총칭으로 감염으로부터 신체를 보호하는 것은 무엇인가?
① T림프구
② 항원
③ 머켈세포
④ 식세포

해 식세포는 해로운 외부입자, 세균, 죽은 세포 등을 잡아먹는 세포의 총칭으로 감염으로부터 몸을 보호하고 면역계 활성에 필수적인 역할을 한다.

09 능동면역에 대한 설명으로 옳지 않은 것은?
① 모체에서 아기에게 항체가 이동한다.
② 외부에서 몸속으로 들어온 세균에 의해 스스로 생긴 면역
③ 장기면역으로 항체 생성
④ 반대되는 개념으로는 수동 면역이 있다.

해 항체가 모체에서 아기에게로 이동하는 것은 수동면역이다.

10 항원에 대응하여 만들어지는 항균물질을 무엇이라 하는가?
① 림프구
② 항체
③ 식세포
④ 항진

해 항체는 항원에 대응하여 만들어지는 항균물질이다.

CHAPTER 11
피부노화

노화란 나이가 들면서 점진적으로 생기는 변화 양상으로 땀샘과 피지샘의 감소, 색소침착, 콜라겐과 엘라스틴의 변성 및 탄력감소 등의 변화가 나타난다.

01. 피부노화의 원인

① 유전적 요인(유전자)
② 환경적 요인
③ 활성산소
④ 스트레스

02. 피부노화현상

(1) 내인성 노화(자연노화)
① 나이가 들면서 자연적으로 노화되는 현상
② 피부가 얇아짐(표피, 진피, 망상층)
③ 피부가 건조해지고 주름이 늘어남
④ 땀의 분비 감소
⑤ 체온조절 및 감각 기능 저하

(2) 외인성 노화(광노화)
① 햇빛, 추위 등의 외부환경에 의한 노화
② 모세혈관 확장
③ 피부가 건조해지고 주름이 늘어남
④ 콜라겐의 변성 및 파괴
⑤ 멜라닌 세포 증가로 인한 색소침착(기미, 주근깨, 검버섯 등)
⑥ 피부가 두꺼워지고 탄력저하

CHAPTER 12
피부장애와 질환

01. 원발진과 속발진

인체의 내적 또는 외적 요인(외상, 질병)에 의해 유발된 피부의 병변을 발진이라 하며 원발진과 속발진이 있다.

원발진	• 건강한 피부에 처음으로 나타나는 피부질환의 초기병변을 말한다. • 반점, 홍반, 구진, 농포, 팽진, 소수포, 대수포, 결절, 종양
속발진	• 원발진이 진행되거나 외적 요인에 의해 변화된 상태의 병변을 말한다. • 미란, 찰상, 궤양, 인설, 가피, 균열, 반흔

02. 피부질환

(1) 열 및 한랭에 의한 피부질환
 ① **화상** : 1도 화상-홍반성, 2도 화상-수포성, 3도 화상-괴사성
 ② 한진(땀띠), 동상

(2) 기계적 손상에 의한 피부질환
 ① **티눈** : 압력에 의해 발생 되는 국소적인 과각화증으로 중심부에 핵심이 있다.
 ② 굳은살, 욕창

(3) 습진에 의한 질환 : 원발성 접촉 피부염, 알레르기성 접촉 피부염, 광독성 접촉 피부염, 광알레르기성 접촉 피부염, 아토피, 지루성 피부염, 건선

(4) 감염성 피부질환 : 농가진, 절종(종기), 모낭염

(5) 바이러스성 피부질환 : 수두, 대상포진, 사마귀

(6) 진균성 피부질환 : 족부백선(발가락 무좀), 조갑백선(손·발톱 무좀), 두부백선, 칸디다증

예상문제
피부장애와 질환

정답

01 ①	02 ①	03 ④	04 ③
05 ②	06 ②	07 ①	08 ④
09 ③	10 ②		

01 다음 중 피부 노화의 원인으로 가장 거리가 먼 것은?
① 탄력조직 강화
② 활성산소
③ 스트레스
④ 교원조직 약화
해 피부가 노화됨에 따라 탄력조직은 점점 약해진다.

02 다음 중 원발진으로만 짝지어진 것은?
① 농포, 수포
② 동상, 궤양
③ 티눈, 흉디
④ 색소침착, 찰상
해 원발진에는 반점, 홍반, 구진, 농포, 팽진, 소수포, 대수포, 결절, 종양 등이 있다.

03 다음 중 속발진이 아닌 것은?
① 궤양, 가피
② 찰상, 균열
③ 미란, 반흔
④ 반점, 종양
해 속발진에는 미란, 찰상, 궤양, 인설, 가피, 균열, 반흔 등이 있다.

04 다음 중 바이러스성 피부질환이 아닌 것은?
① 수두
② 대상포진
③ 족부백선
④ 사마귀
해 족부백선은 발가락무좀으로 진균성 피부질환에 속한다.

05 다음 중 감염성 피부질환이 아닌 것은?
① 농가진
② 칸디다증
③ 절종(종기)
④ 모낭염
해 칸디다증은 진균성 피부질환에 속한다.

06 다음 중 항산화 작용으로 피부노화를 방지해주는 것은?

① 비타민K
② 비타민E
③ 철분
④ 나트륨

해 비타민E는 항산화제로 혈액 순환, 호르몬생성 및 생식 기능, 노화 방지 등에 영향을 미친다.

07 내인성 노화에 의한 피부 증상이 아닌 것은?

① 각질층의 두께가 두꺼워진다.
② 망상층이 얇아진다.
③ 피하지방세포가 감소한다.
④ 멜라닌 세포의 수가 감소한다.

해 내인성 노화가 진행될수록 피부는 얇아진다.

08 바다에서 장시간 일하는 어부들에게 피부 노화가 더 빨리오는 가장 큰 원인은 무엇인가?

① 바다에 오존성분이 많아서
② 높은 강도의 업무
③ 많은 양의 생선 섭취
④ 햇빛에 장시간 노출

해 어부들은 햇빛에 장시간 노출되어 외인성 노화(광노화) 현상이 나타난다.

09 피부 노화 인자 중 외부인자가 아닌 것은?

① 자외선
② 건조
③ 나이
④ 추위

해 나이가 들면서 자연적으로 노화되는 현상은 내인성 노화이다.

10 다음 중 피부 노화에 대한 설명으로 옳지 않은 것은?

① 내인성 노화보다 외인성 노화에서 피부의 두께가 두꺼워진다.
② 피부 노화가 진행되어도 피부의 두께는 그대로 유지된다.
③ 햇빛, 추위 등 외부환경에 의한 노화를 광노화라고 한다.
④ 내인성 노화에서는 망상층이 얇아진다.

해 피부 노화가 진행될수록 진피층의 두께는 감소한다.

PART II
: 공중위생 관리학

CHAPTER 1
공중보건학 총론

01. 공중보건학의 개념

(1) 공중보건학 정의

미국 예일대 교수 윈슬로우(E. A. Winslow, 1877-1957)는 공중보건학을 이렇게 정의했다.
"조직된 지역사회의 공동노력을 통해 질병을 예방하고 수명을 연장시키며 신체적 정신적 효율을 증진시키는 기술이며 과학이다."

(2) 공중보건학 대상

★ 특정 집단이나 개인이 아닌 지역주민 전체

(3) 공중보건학 목적

① 질병 예방
② 수명 연장
③ 신체적·정신적 건강 및 효율의 증진

 ★ ✓ 질병치료는 공중보건학의 목적이 아니다.

(4) 공중보건학 범위

환경보건	식품위생, 환경위생, 환경오염, 사업보건
질병 및 역학 관리	역학, 전염병 관리, 기생충관리, 비전염성 질환 관리
보건관리	보건행정, 보건영양, 모자보건, 가족계획, 인구보건, 정신보건, 학교보건, 가족보건, 보건교육, 보건통계, 사회보장제도, 응급의료, 노인보건, 사고관리

02. 건강과 질병

(1) 건강의 정의

세계보건기구(WHO)에서 건강에 대해 다음과 같이 정의하였다.

"건강이란 질병이 없거나 허약하지 않은 것만 말하는 것이 아니라 신체적·정신적·사회적으로 완전히 안녕한 상태에 놓여 있는 것"

(2) 질병의 발생 원인

① **병인적 요인**: 질병 발생의 직접적인 원인이 되는 것

정신적	스트레스, 노이로제 등
물리적	햇빛, 온도, 이상기압 등
화학적	화학약품, 농약 등으로 인한 질병유발
생물학적	기생충, 박테리아, 세균, 곰팡이 등

② **숙주적 요인**: 질병 발생에 직접적인 원인은 되지 않으나 어떠한 매개체를 통해 질병 발생의 원인이 되는 것

생물학적	연령, 성별, 인종, 영양 상태, 유전적 요인
사회적	직업, 거주환경, 흡연, 음주, 운동, 식생활

③ **환경적 요인**: 기상, 계절, 문화, 주거, 유해곤충 및 동식물, 경제적 수준, 사회환경 등

03. 인구보건 및 보건지표

(1) 인구 피라미드

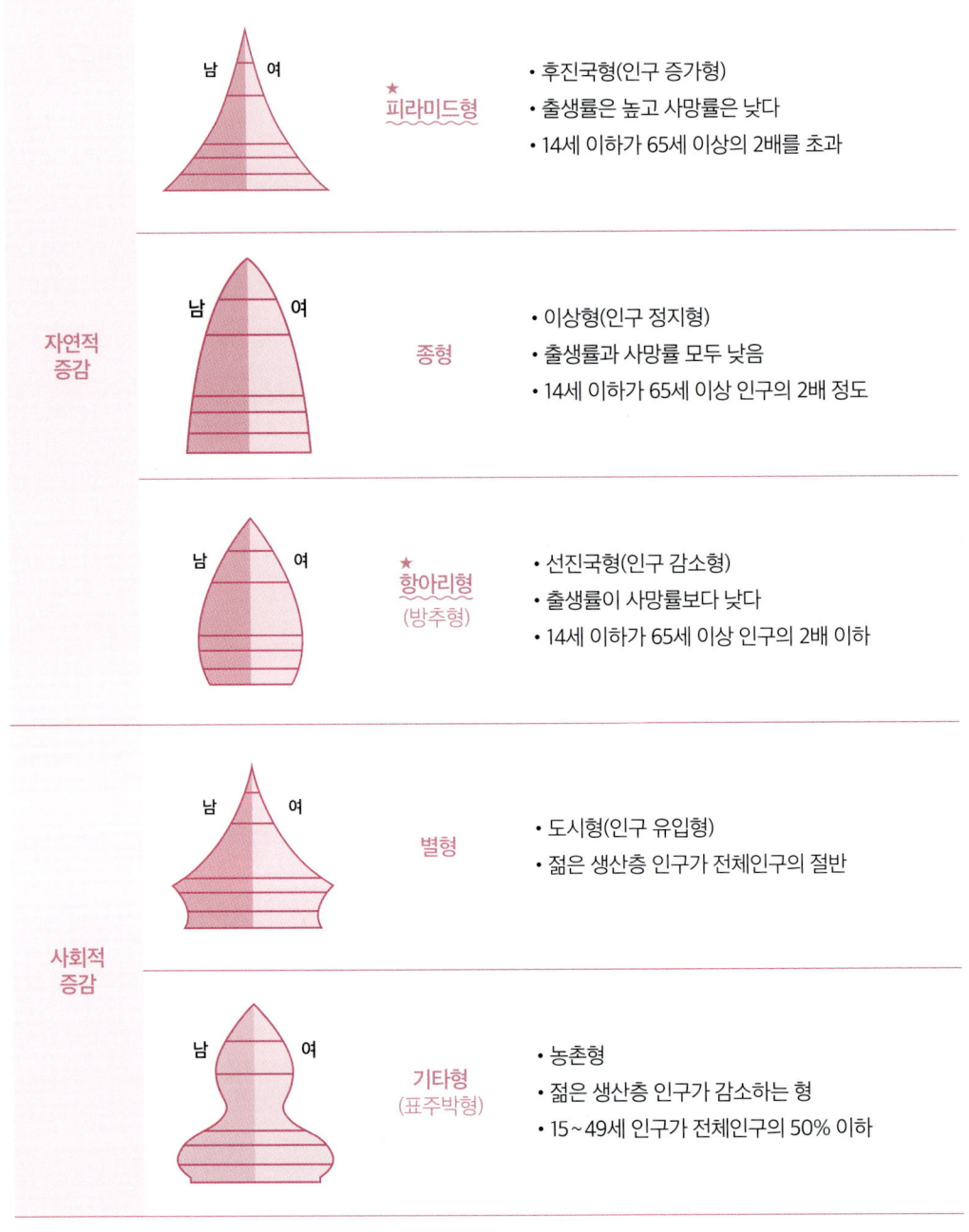

(2) 보건지표

지역사회나 인구집단의 건강수준을 파악할 수 있게 해 주는 척도

건강지표	• **평균수명** : 인구집단의 수명을 평균한 것 • **비례사망지수** : 한 국가의 건강수준을 나타내는 지표로 연간 사망자 수에 대한 50대 이상 사망자수를 백분율로 표시한 지수 • **영아사망률** : 한 국가의 보건수준을 나타내는 지표로 생후 1년 미만의 영아 사망률 • **조사망률** : 인구 1000명당 1년 동안의 사망자 수
보건의료 서비스 지표	의료시설 및 의료인력, 보건정책지표
사회·경제지표	주거상태, 인구증가율, 국민소득

✓ TIP!
- 한 국가나 지역사회 간의 보건수준을 비교하는데 사용되는 3대 지표
  평균 수명, 영아 사망률, 비례사망 지수
- 한 국가의 건강수준을 다른 국가들과 비교할 수 있는 3대 지표
  평균수명, 비례사망지수, 조사망률

예상문제
공중보건학 총론

정답			
01 ①	02 ②	03 ①	04 ③
05 ①	06 ①	07 ③	08 ④
09 ①	10 ①	11 ②	12 ④
13 ④	14 ①	15 ②	16 ①
17 ③	18 ④	19 ①	20 ②

01 공중보건학의 목적으로 옳지 <u>않은</u> 것은?
① 질병치료
② 질병예방
③ 수명연장
④ 신체건강 및 효율 증진
<u>해</u> 질병치료는 공중보건학의 목적이 아니다.

02 공중보건학의 정의로 가장 적합한 것은?
① 질병예방, 수명연장, 질병치료에 주력하는 기술이며 과학이다.
② 질병예방, 수명연장, 건강증진에 주력하는 기술이며 과학이다.
③ 질병예방, 수명유지, 조기치료에 주력하는 기술이며 과학이다.
④ 질병치료를 주 목적으로 하는 기술이며 과학이다.
<u>해</u> 공중보건학은 질병을 예방하고 수명을 연장시키며 신체적 정신적 효율을 증진시키는 기술이며 과학이다

03 공중보건학에 대한 설명으로 옳지 <u>않은</u> 것은?
① 개인이나 일부 전문가들의 노력에 의해 달성 가능하다.
② 지역사회 전체를 대상으로 한다.
③ 목적은 질병예방, 수명연장, 신체적 정신적 건강증진이다.
④ 환경위생, 감염병관리, 개인위생 등의 방법이 있다.
<u>해</u> 목적달성을 위해선 개인이나 일부 전문가들의 노력으로 되는 것이 아니라 지역사회 전체의 노력으로 달성될 수 있다.

04 다음 중 공중보건 사업에 속하지 <u>않는</u> 것은?
① 보건교육
② 질병예방
③ 질병치료
④ 감염병관리
<u>해</u> 질병치료는 공중보건사업의 목적이 아니다.

05 질병의 발생 요인 중 숙주적 요인에 해당하지 <u>않는</u> 것은?
① 경제적 수준
② 거주환경
③ 연령
④ 유전적 요인
<u>해</u> 경제적 수준은 환경적 요인에 해당한다.

06 질병의 발생 요인 중 병인적 요인에 해당하지 않는 것은?
① 직업
② 기생충
③ 햇빛
④ 스트레스

해 직업은 숙주적 요인에 해당한다.

07 질병 발생의 세 가지 요인으로 맞게 짝지어진 것은?
① 숙주-병인-병소
② 숙주-병인-유전
③ 숙주-병인-환경
④ 숙주-유전-저항력

08 출생률은 높고 사망률은 낮으며 후진국에서 주로 볼 수 있는 인구 구성형은?
① 별형
② 항아리형
③ 종형
④ 피라미드형

해
- 별형 - 생산층 인구가 증가되는 형태(도시형)
- 항아리형 - 평균수명이 높고 인구가 감소하는 형태(선진국형)
- 종형 - 출생률과 사망률이 낮은 형태(이상형)

09 일명 도시형으로 젊은 생산층 인구가 전체 인구의 50% 이상이 되는 인구 구성형은?
① 별형
② 항아리형
③ 종형
④ 피라미드형

10 14세 이하 인구가 65세 이상 인구의 2배 정도로 출생률과 사망률이 모두 낮은 형은?
① 종형
② 피라미드형
③ 별형
④ 항아리형

11 다음 중 가장 대표적인 보건수준 평가 기준으로 사용되는 것은?
① 성인 사망률
② 영아 사망률
③ 노인 사망률
④ 사인별 사망률

해 영아사망률은 지역사회보건 수준을 나타내주는 대표적인 지표이다.

12 한 국가의 건강 수준을 다른 국가들과 비교할 수 있는 지표가 아닌 것은?
① 조사망률
② 비례사망지수
③ 평균수명
④ 영아 사망률

해 영아사망률은 한 국가나 지역사회 간의 보건수준을 비교하는데 사용되는 지표이다.

13 지역사회 간의 보건수준을 비교하는데 사용되는 지표로 맞게 짝지어진 것은?
① 조사망률, 모성사망률, 사인별 사망률
② 조사망률, 모성사망률, 영아사망률
③ 평균수명, 비례사망지수, 조사망률
④ 평균수명, 비례사망지수, 영아 사망률

14 다음 보기 중 생명표의 표현에 사용되는 요인들로 짝지어진 것은?

<보기>
㉠ 사망수   ㉡ 생존률
㉢ 생존수   ㉣ 평균수명

① ㉠, ㉡, ㉢, ㉣
② ㉡, ㉢, ㉣
③ ㉠, ㉡, ㉢
④ ㉢, ㉣

15 한 나라의 보건수준을 측정하는 지표로 가장 적합한 것은?
① 국민소득
② 영아사망률
③ 의과대학 설치 수
④ 감염병 발생률

16 한 국가의 건강 수준을 다른 국가들과 비교할 수 있는 지표로 맞게 짝지어진 것은?
① 평균수명, 비례사망지수, 조사망률
② 평균수명, 비례사망지수, 영아사망률
③ 조사망률, 모성사망률, 사인별 사망률
④ 조사망률, 모성사망률, 영아사망률

17 세계보건기구(WHO)에서 규정한 건강의 정의로 가장 적절한 것은?
① 신체적·정신적으로 양호한 상태
② 신체적으로 완전히 양호한 상태
③ 신체적·정신적·사회적으로 완전히 안녕한 상태
④ 질병이 없고 허약하지 않은 상태

해 세계보건기구(WHO)에서 건강에 대해 다음과 같이 정의하였다. "건강이란 질병이 없거나 허약하지 않은 것만 말하는 것이 아니라 신체적·정신적·사회적으로 완전히 안녕한 상태에 놓여 있는 것"

18 공중보건학의 목적으로 옳지 않은 것은?
① 질병 예방
② 수명 연장
③ 신체적·정신적 건강 및 효율의 증진
④ 물질적 풍요

해 공중보건학의 목적은 질병예방, 수명연장, 신체적·정신적 건강 및 효율의 증진이다.

19 다음 중 공중보건사업의 대상으로 가장 적절한 것은 무엇인가?
① 지역주민 전체   ② 성인병 환자
③ 암 환자   ④ 입원 환자

해 공중보건사업의 대상은 개인이 아닌 지역주민 전체이다.

20 공중보건학의 개념상, 공중보건사업의 최소 단위는 무엇인가?
① 빈민층 및 노약자의 건강
② 지역사회 전체 주민의 건강
③ 가족 단위의 건강
④ 개인의 건강

해 공중보건학은 개인이나 특정 집단에 제한되지 않고 지역사회 전체 주민의 건강을 최소단위로 한다.

CHAPTER 2
질병관리

01. 역학

역학은 집단 내에서 일어나는 질병의 원인을 규명하는 학문으로 질병을 예방 및 치료함을 목적으로 한다.

(1) 역학의 특성 및 역할
① 질병 발생의 병인 또는 원인 규명
② 질병의 측정과 발생의 감시
③ 질병의 자연사 연구
④ 질병 관리 방법의 기획과 평가
⑤ 보건정책 수립을 위한 자료제공

02. 감염병 관리

(1) 감염병(전염병) 3대 요인
★ 병인(병원체), 환경(전염경로), 숙주

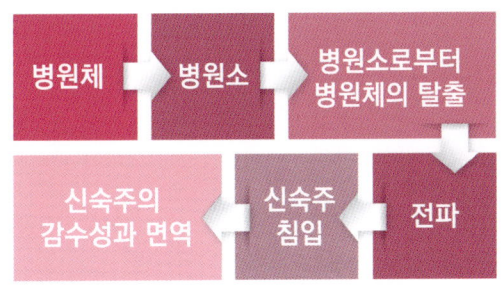

감염병의 발생과정

(2) 병원체 및 병원소

① **병원체**: 병의 원인이 되는 본체로 세균, 바이러스, 리케차, 원생동물, 기생충 따위의 병원 미생물이 있다.

(ㄱ) 세균

호흡기계	결핵, 디프테리아, 한센병, 성홍열, 백일해, 수막구균성 수막염, 볼거리(유행성 이하선염), 폐렴, 나병
소화기계	콜레라, 세균성 이질, 장티푸스, 파상열, 파라티푸스, 식중독
피부점막계	파상풍, 매독, 임질, 페스트

(ㄴ) 바이러스

호흡기계	홍역, 메르스, 두창, 인플루엔자, 유행성 이하선염
소화기계	폴리오, 브루셀라증, 유행성 간염
피부점막계	AIDS(에이즈), 눈병, 공수병, 일본뇌염

② **병원소**: 병원체가 다른 숙주에 전파할 수 있도록 침입하여 증식 및 발육하는 장소

(ㄱ) 인간 병원소

회복기 보균자	병을 치료했지만 병원균이 아직 몸에 있는 사람
잠복기 보균자	• 잠복 기간 중에 타인에게 병원체를 전파할 수 있는 사람 • 질병에 감염되었어도 증상이 없다.
★ 건강 보균자	질병에 감염되었으나 증상이 없어 색출이 어렵고 감염을 전파할 수 있다(가장 위험).

(ㄴ) 동물 병원소

돼지	살모넬라증, 일본뇌염, 탄저병
소	결핵, 파상열, 탄저병
개	광견병
쥐	페스트, 살모넬라증, 발진열, 쯔쯔가무시병
말	탄저병, 일본뇌염

(ㄷ) 토양 병원소: 파상풍 등

③ 전파

(ㄱ) 직접전파와 간접전파

직접전파	• 매개체 없이 직접 새로운 숙주로 이동 • 피부접촉, 비말접촉
간접전파	중간 매개체에 의한 전파

(ㄴ) 매개체별 감염병의 종류

파리	장티푸스, 콜레라, 이질, 결핵
모기	말라리아, 일본뇌염, 뎅기열, 황열, 사상충
벼룩	발진열, 페스트, 흑사병, 재귀열
이	재귀열, 발진티푸스, 참호열
진드기	쯔쯔가무시병, 재귀열, 야토병, 유행성 출혈열(신증후군 출혈열)
쥐	발진열, 유행성출혈열, 소아마비, 쯔쯔가무시병, 재귀열
바퀴벌레	장티푸스, 콜레라, 이질

(3) 면역

① **선천 면역**: 태어날 때부터 가지고 있는 면역으로 인종이나 개인 등에 따른 차이가 있다.

② **후천 면역**: 병에 걸렸었거나 예방접종에 의해 후천적으로 성립된 면역으로 능동면역과 수동면역이 있다.

구분		뜻
능동 면역	자연 능동면역	• 전염병 감염 후 형성된 면역 • 장기면역으로 항체 형성
	인공 능동면역	• 예방접종에 의해 형성된 면역 • 장기면역으로 항체 형성 ✓ 생균 백신: 홍역, 탄저, 광견병, 결핵, 황열, 폴리오, 두창 ✓ 사균 백신: 장티푸스, 파라티푸스, 콜레라, 백일해, 일본뇌염, 폴리오 ✓ 순화독소(toxoid): 파상풍, 디프테리아

구분		뜻
능동 면역	인공 능동면역	• **DPT접종** : DPT 혹은 DTP는 디프테리아(diphtheria), 백일해(pertussis), 파상풍(tetanus)의 약자로 DPT 백신은 인체의 면역반응을 이용하여 디프테리아, 백일해, 파상풍 균에 의한 감염을 예방한다.
수동 면역	자연 수동면역	• 모체의 태반이나 출생 후 모유를 통해 항체를 받는 면역 • **단기면역(약 6개월 혹은 수유 중)** : 항체 형성을 자극하지 않음
	인공 수동면역	• 면역 혈청주사(항독소 등의 인공제제)에 의해 얻어진 면역 • **단기면역** : 항체 형성을 자극하지 않음

(4) 법정 감염병 ★

기존에 질환별 특성에 따라 제1군~5군 및 지정감염병으로 분류되었던 감염병 분류가 2020년 1월 1일부터 심각도, 전파력, 격리수준에 따라서 제1급~4급으로 급별 분류로 개편되었다.

제1급 감염병 (17종)	생물테러감염병 또는 치명률이 높거나 집단 발생 우려가 커서 발생 또는 유행 즉시 신고하고 음압격리가 필요한 감염병 • **종류** : 에볼라바이러스병, 마버그열, 라싸열, 크리미안콩고출혈열, 남아메리카출혈열, 리프트밸리열, 두창, 페스트, 탄저, 보툴리눔독소증, 야토병, 신종감염병증후군, 중증급성호흡기증후군(SARS), 중동호흡기증후군(MERS), 동물인플루엔자인체감염증, 신종인플루엔자, 디프테리아
제2급 감염병 (20종)	전파가능성을 고려하여 발생 또는 유행시 24시간 이내에 신고하고 격리가 필요한 감염병 • **종류** : 결핵, 수두, 홍역, 콜레라, 장티푸스, 파라티푸스, 세균성이질, 장출혈성대장균감염증, A형간염, 백일해, 유행성이하선염, 풍진, 폴리오, 수막구균 감염증, b형헤모필루스인플루엔자, 폐렴구균 감염증, 한센병, 성홍열, 반코마이신내성황색포도알균(VRSA)감염증, 카바페넴내성장내세균속균종(CRE)감염증
제3급 감염병 (26종)	발생 또는 유행 시 24시간 이내에 신고하고 발생을 계속 감시할 필요가 있는 감염병 • **종류** : 파상풍, B형간염, 일본뇌염, C형간염, 말라리아, 레지오넬라증, 비브리오패혈증, 발진티푸스, 발진열, 쯔쯔가무시증, 렙토스피라증, 브루셀라증, 공수병, 신증후군출혈열, 후천성면역결핍증(AIDS), 크로이츠펠트-야콥병(CJD) 및 변종크로이츠펠트-야콥병(vCJD), 황열, 뎅기열, 큐열, 웨스트나일열, 라임병, 진드기매개뇌염, 유비저, 치쿤구니야열, 중증열성혈소판감소증후군(SFTS), 지카바이러스감염증
제4급 감염병 (23종)	제1급~제3급 감염병 외에 유행 여부를 조사하기 위해 표본감시 활동이 필요한 감염병 • **종류** : 인플루엔자, 매독, 회충증, 편충증, 요충증, 간흡충증, 폐흡충증, 장흡충증, 수족구병, 임질, 클라미디아감염증, 연성하감, 성기단순포진, 첨규콘딜롬, 반코마이신내성장알균(VRE) 감염증, 메티실린내성황색포도알균(MRSA) 감염증, 다제내성녹농균(MRPA) 감염증, 다제내성아시네토박터바우마니균(MRAB) 감염증, 장관감염증, 급성호흡기감염증, 해외유입기생충감염증, 엔테로바이러스감염증, 사람유두종바이러스 감염증

(5) 인수공통 감염병

사람과 동물 모두 전염될 수 있는 전염성 질병으로 동물이 사람에게 전파하는 감염병이 70%에 이른다. 인수공통 감염병의 종류로는 공수병(광견병), 장출혈성대장균감염증, 일본뇌염, 브루셀라증, 탄저, 조류인플루엔자 인체감염증, 중증급성호흡기증후군, 변종 크로이츠펠트-야콥병, 큐열, 결핵 등이 있다.

(6) 이·미용업소에서의 감염병

이·미용업소에서는 공기 중 비말 감염으로 쉽게 옮길 수 있는 감염병을 주의해야 한다. 재채기나 기침 등을 통해서 나오는 분비물이 타인의 코나 입으로 들어가면서 감염되는 것을 비말 감염이라고 하는데 인플루엔자, 결핵, 디프테리아, 백일해 등이 이에 속한다. 또한, 환자가 사용한 타월 등을 통해서 결막염의 일종인 트라코마 감염병이 발생할 수 있다.

(7) 감염병의 신고 및 보고

① 심각도와 전파력이 높은 제1급 감염병은 질병관리본부장 또는 관할지역 보건소장에게 구두·전화 등의 방법으로 신고서 제출 전에 알려야 한다.
② 신고 의무자 : 의사, 한의사, 치과의사(진료 시 법정 감염병 발생 여부를 알 수 있기 때문)
③ 신고 기간 및 신고대상

구분	신고기간	신고대상
제1급 감염병	즉시	발생, 사망, 병원체 검사결과
제2급 감염병	24시간 이내	발생, 사망, 병원체 검사결과
제3급 감염병	24시간 이내	발생, 사망, 병원체 검사결과
제4급 감염병	7일 이내	발생, 사망

03. 기생충질환관리

(1) 선충류

회충	• 우리나라에서 가장 많이 발생 • 소장에서 기생 • **경로** : 오염된 손, 음식을 통해 경구 감염
요충	• 4~10세 어린이의 집단감염(동거자 유의) • **경로** : 오염된 손, 음식을 통해 경구 감염되며 항문주위에 기생
구충	• 십이지장충이라고도 함 • **경로** : 피부를 통해 경구로 침입

(2) 흡충류

간흡충(간디스토마)	• **제1중간숙주** : 쇠우렁이 • **제2중간숙주** : 잉어, 참붕어, 피라미 • 경구침입(민물고기 생식 금지) • 간의 담관에 기생
폐흡충(페디스토마)	• **제1중간숙주** : 다슬기 • **제2중간숙주** : 가재, 게 • 복강에서 횡격막 뚫고 폐에 침입(민물가재, 게 생식 금지)
요꼬가와흡충	• **제1중간숙주** : 어패류, 다슬기 • **제2중간숙주** : 민물고기(은어) • 모세혈관이나 림프관에 침입(은어 생식 금지)

(3) 조충류

무구조충	• **경로** : 소고기 생식 • **예방** : 소고기는 충분히 익혀서 섭취
유구조충	• **경로** : 돼지고기 생식 • **예방** : 돼지고기를 완전히 익혀서 섭취
광절열두조충 (긴촌충)	• **경로** : 충란을 물벼룩(제1중간숙주)이 섭취 – 송어, 연어(제2숙주) 등이 재섭취 – 사람 • **예방** : 송어와 연어의 생식을 금함

04. 성인병관리

① 성인병은 주로 중년 이후에 발생하는 주요 질환으로 나쁜 생활습관으로 인해 발생한다.
② **예방**: 올바른 생활습관을 유지한다(금연, 적절한 운동, 균형 잡힌 식사 등).

05. 정신보건

인간에게는 육체적 건강뿐만 아니라 정신적 건강도 매우 중요하다. 정신질환은 누구에게나 발생할 수 있으며 모든 정신질환자는 치료 및 보호를 통해 상대적으로 좋은 정서 상태를 보호받을 권리가 있다.

06. 이·미용 안전사고

① 기자재 및 업장을 자주 소독하고 안전상태를 수시로 점검한다.
② 화재나 비상 시를 대비해 안전사고에 대한 교육을 정기적으로 실시한다.
③ 응급상황을 대비해 비상약을 구비한다.

예상문제
질병관리

정답

01 ③	02 ②	03 ①	04 ④
05 ④	06 ③	07 ③	08 ②
09 ①	10 ②	11 ①	12 ③
13 ③	14 ①	15 ①	16 ④
17 ③	18 ①	19 ②	20 ②
21 ③	22 ③	23 ①	24 ④
25 ②	26 ④	27 ③	28 ①
29 ②	30 ③		

01 질병 발생의 3대 요인이 아닌 것은?
① 병원체
② 환경
③ 성별
④ 숙주

해 질병 발생의 3대 요인은 병인(병원체), 환경(전염경로), 숙주(면역)이다.

02 다음 질병 중 병원체가 바이러스인 것은?
① 콜레라
② 홍역
③ 결핵
④ 장티푸스

해 바이러스성 병원체 - 홍역, 메르스, 두창, 인플루엔자, 유행성 이하선염, 폴리오, 브루셀라증, 유행성 간염, AIDS(에이즈), 눈병, 공수병, 일본뇌염 등

03 다음 질병 중 병원체가 세균인 것은?
① 디프테리아
② 홍역
③ 브루셀라증
④ 에이즈

해 **세균성 병원체**: 결핵, 디프테리아, 한센병, 성홍열, 백일해, 수막구균성 수막염, 볼거리(유행성 이하선염), 폐렴, 나병, 콜레라, 세균성 이질, 장티푸스, 파상열, 파라티푸스, 식중독 등

04 건강 보균자에 대한 설명으로 가장 적절한 것은?
① 건강한 유전자를 갖고 있는 자
② 질병을 치료했지만 병원균이 아직 몸에 있는 사람
③ 질병에 걸렸다가 완전히 치유된 자
④ 질병에 감염되었지만 증상이 없는 자

해 건강보균자는 질병에 감염되었으나 증상이 없어 색출이 어렵고 감염을 전파할 수 있다(가장 위험).

05 회복기 보균자에 대한 설명으로 가장 적절한 것은?
① 감염병에 걸려 앓고 있는 자
② 질병에 걸렸다가 완전히 치유된 자
③ 질병에 감염되었지만 증상이 없는 자
④ 병을 치료했지만 병원균이 아직 몸에 있는 사람

해 회복기 보균자는 병을 치료했지만 병원균이 아직 몸에 있는 사람을 뜻한다.

CHAPTER 2 | 질병관리

06 보균자는 감염병 관리가 어려운데 그 이유로 옳지 않은 것은?
① 격리가 어렵기 때문
② 활동영역이 넓기 때문
③ 치료가 되지 않기 때문
④ 색출이 어렵기 때문

07 예방접종으로 획득되는 면역의 종류는 무엇인가?
① 자연 수동면역
② 자연 능동면역
③ 인공 능동면역
④ 인공 수동면역
해 인공능동면역은 예방접종에 의해 형성된 면역이다.

08 토양(흙)이 병원소가 될 수 있는 질병은 무엇인가?
① 에이즈
② 파상풍
③ 간염
④ 콜레라
해 • **토양 병원소** : 파상풍, 오염된 흙 등
 • **인간 병원소** : 환자, 보균자 등
 • **동물 병원소** : 돼지, 소, 개 등

09 콜레라 예방접종은 어떤 면역 방법에 해당하는가?
① 인공 능동면역
② 인공 수동면역
③ 자연 능동면역
④ 자연 수동면역
해 콜레라는 인공능동면역으로 사균 백신 접종을 통해 예방된다.

10 법정 감염병 중 제1급 감염병인 것은?
① 결핵
② 페스트
③ 수두
④ 홍역
해 결핵, 수두, 홍역은 제2급 감염병에 해당한다.

11 법정 감염병 중 제 3급 감염병에 해당하지 않는 것은?
① 장티푸스
② 파상풍
③ 브루셀라증
④ 쯔쯔가무시증
해 장티푸스는 제2급 감염병에 해당한다.

12 법정 감염병 중 제2급 감염병에 해당하는 것은?
① 보툴리눔독소증
② 야토병
③ 성홍열
④ 페스트
해 보툴리눔독소증, 야토병, 페스트는 제1급 감염병에 해당한다.

13 다음 중 제1급 감염병에 대한 설명으로 옳지 <u>않은</u> 것은?
① 집단 발생 우려가 커서 발생 또는 유행 즉시 신고한다.
② 페스트, 두창, 메르스
③ 발생 또는 유행 시 24시간 이내에 신고한다.
④ 치명률이 높아 음압격리가 필요하다.

해 제 3급 감염병은 발생 또는 유행 시 24시간 이내에 신고하고 발생을 계속 감시할 필요가 있는 감염병이다.

14 법정 감염병 중 제1급 감염병이 <u>아닌</u> 것은?
① 백일해
② 마버그열
③ 야토병
④ 페스트

해 백일해는 제2급 감염병에 해당한다.

15 다음 중 제 3급 감염병이 <u>아닌</u> 것은?
① 세균성이질
② B형간염
③ 일본뇌염
④ C형간염

해 세균성이질은 제2급감염병에 해당한다.

16 인수공통 감염병에 해당 되는 것은 무엇인가?
① 한센병
② 풍진
③ 홍역
④ 공수병

해 인수공통 감염병의 종류로는 공수병(광견병), 장출혈성대장균감염증, 일본뇌염, 브루셀라증, 탄저, 조류인플루엔자 인체감염증, 중증급성호흡기증후군, 변종 크로이츠펠트-야콥병, 큐열, 결핵 등이 있다.

17 제1급 감염병 발생 시 올바른 신고 기간은?
① 발생 후 7일 이내
② 발생 후 24시간 이내
③ 발생 즉시 신고
④ 신고 필요 없음

해 제1급 감염병은 발생 즉시 신고해야 하며 2급과 3급 감염병은 24시간 이내, 제 4급 감염병은 7일 이내 신고해야한다.

18 다음 중 파리가 옮기지 못하는 감염병은?
① 유행성 출혈열
② 장티푸스
③ 콜레라
④ 결핵

해 유행성 출혈열은 진드기에 의해 전염된다.

19 다음 중 호흡기계 감염병이 <u>아닌</u> 것은?
① 결핵
② 장티푸스
③ 나병
④ 성홍열

해 장티푸스는 소화기계 질병이다.

CHAPTER 2 | 질병관리

20 다음 중 소화기계 감염병이 아닌 것은?
① 유행성 간염
② 유행성 이하선염
③ 세균성이질
④ 파라티푸스

해 유행성 이하선염은 호흡기계 감염병이다.

21 모기를 매개로 하여 일으키는 질병이 아닌 것은?
① 말라리아
② 일본뇌염
③ 발진티푸스
④ 뎅기열

해 발진티푸스는 이를 매개로 하는 질병이다.

22 감염병을 옮기는 매개곤충과 감염병의 관계가 옳은 것은?
① 파리 - 말라리아
② 모기 - 흑사병
③ 벼룩 - 발진열
④ 쥐 - 뎅기열

23 바퀴벌레가 전파할 수 있는 병원균의 질병이 아닌 것은?
① 페스트
② 콜레라
③ 이질
④ 장티푸스

해 페스트는 벼룩에 의해 전파된다.

24 감염병의 발생과정으로 옳은 것은?
① 숙주의 감염→병원소→병원체→전파
② 숙주의 감염→병원체→병원소→전파
③ 병원소→병원체→전파→숙주의 감염
④ 병원체→병원소→전파→숙주의 감염

해 감염병의 발생과정은 병원체→병원소→병원체탈출→병원체전파→새로운 숙주의 침입→숙주의 감염이다.

25 돼지고기를 날것으로 먹었을 때 감염되기 쉬운 기생충 질환은?
① 무구조충증
② 유구조충증
③ 요꼬가와흡충증
④ 페디스토마

해 돼지고기를 생식할 경우 유구조충증에 감염되기 쉽다.

26 간흡충에 대한 설명으로 옳지 않은 것은?
① 제1중간숙주는 쇠우렁이이다.
② 제2중간 숙주는 잉어, 참붕어이다.
③ 인체 주요 기생부위는 간의 담관이다.
④ 돼지고기를 생식할 때 감염된다.

27 간흡충의 제2중간 숙주가 아닌 것은?
① 피라미
② 잉어
③ 쇠우렁이
④ 참붕어

해 쇠우렁이는 제1중간숙주이다.

28 다음 중 중간숙주와 기생충의 연결이 <u>틀린</u> 것은?
① 흡충류 - 돼지
② 무구조충 - 소
③ 폐흡충 - 다슬기
④ 긴촌충 - 송어

해 돼지를 중간 숙주로 하는 기생충은 유구조충이다.

29 사람의 항문 주위에 알을 낳고 기생하는 기생충은?
① 구충
② 요충
③ 회충
④ 사상충

30 생활습관과 관계될 수 있는 질병의 연결로 옳지 <u>않은</u> 것은?
① 돼지고기 생식 - 유구조충
② 담수어 생식 - 간디스토마
③ 연어 생식 - 유구조충
④ 외부행사 음식 - 식중독

해 연어 생식 - 긴촌충(광절열두조충)

CHAPTER 3
가족 및 노인보건

01. 가족보건

(1) 가족계획

행복한 가정생활을 유지하기위해 가족구성 계획을 세워 출산문제를 계획적으로 조절하는 것으로 내용은 다음과 같다.

① 초산연령 조절
② 출산횟수 조절
③ 출산기간 조절
④ 출산간격 조절

(2) 모자보건

모자의 행복하고 건강한 삶을 위해 아이와 어머니의 건강을 보호하고 관리하는 모자 일체의 건강관리

02. 노인보건

노인의 질병 예방 및 치료, 기능훈련에 이르는 각종 보건사업을 종합적으로 행하는 것을 말한다. 노인보건 사업에는 건강교육, 건강 상담, 건강진단, 기능훈련, 방문지도 등이 있고 그 외에도 위·자궁·폐·호흡 등의 각종 검진사업이 있다.

CHAPTER 4
환경보건

01. 환경보건의 개념

(1) 환경보건의 개념

환경보건은 환경위생보다 그 포괄성에 있어서 좀 더 넓은 개념이다. 자연적, 인위적 환경요인이 인간의 발육, 건강 및 생존에 도움이 될 수 있는 방법을 연구하고 관리하여 이를 통한 국민 보건증진을 목적으로 한다.

(2) 기후

① 기후의 3대 요소: 기온, 기습, 기류(공기의 흐름)

② 인간이 생활하기 좋은 쾌적 기후 조건
 (ㄱ) 쾌적온도: 17~18°C
 (ㄴ) 쾌적습도: 40~70%

③ 이·미용 업소의 쾌적 기후 조건
 (ㄱ) 쾌적온도: 18~21°C
 (ㄴ) 쾌적습도: 40~70%

④ 불쾌지수
 (ㄱ) 날씨에 따라서 사람이 불쾌감을 느끼는 정도를 기온과 습도를 이용하여 나타내는 수치
 (ㄴ) 불쾌지수=0.72(기온+습구온도)+40.6 으로 계산한다.
 (ㄷ) 불쾌지수가 70~75인 경우에는 약 10%의 사람들이, 75~80인 경우에는 약 50%의 사람들이, 80 이상인 경우에는 대부분의 사람이 불쾌감을 느낀다.

(3) 환경위생 사업

환경위생 사업은 환경과 위생에 관련된 사업으로 오물처리, 상하수도, 공기, 구충구서, 냉난방 등에 관한 사업이 환경위생 사업에 해당한다.

02. 대기환경

(1) 공기의 자정작용 : 희석작용, 세정작용, 살균작용, 산화작용, 탄소동화작용

(2) 공기의 유해성분

일산화탄소	불완전 연소 시 주로 발생
황산화물	황과 산소와의 화합물을 총칭하는 것으로 산성비의 원인이 된다.
★ 군집독	실내에 많은 인원이 밀집되어 있을 경우 실내공기의 오염으로 불쾌감, 두통, 구토, 현기증, 식욕저하 등의 증상이 나타나는 것
먼지나 티끌	눈이나 호흡기 질환을 유발한다.
진폐	석폐(돌가루), 탄폐(석탄이나 목탄가루), 규폐(규산염류)등이 있으며 흡입한 분진으로 인해 폐에 장애를 유발한다.

(3) 공기와 건강

산소	• 공기 중 20.93%를 차지 • 성인 1일 호흡 공기량은 13㎘ 이다 • 결핍 시 저산소증 유발, 과흡입 시 산소중독증 유발
질소	• 공기 중 78.09%를 차지(가장 많이 분포되어 있음) • 산소의 작용을 돕는다.
일산화탄소	• 숯이나 연탄 등의 불완전 연소 시 발생한다. • 무색, 무미, 무자극, 무취 맹독성이다. • 중독 시 중추신경계에 치명적인 영향을 미친다. • 공기 중 0.9%를 차지하며 공기보다 조금 가볍다.
이산화탄소	• 공기 중 0.003%를 차지 • ★실내공기오염의 지표 • 탄산가스라고도 하며 호흡과 함께 배출됨 • 무색, 무자극, 무취로 맹독성이다.
아황산가스	• 대기오염의 지표로서 매연에서 발생한다(도시공해 요인). • 유독가스로 호흡곤란, 가슴 통증과 자극을 일으킨다. • 금속, 건물을 부식시키고 식물, 동물에 피해를 준다. • 식물이 아황산가스에 오래 노출될 경우 잎의 색이 변하게 된다.
오존	살균작용이 있으며 10ppm일 때 권태나 폐렴 증세가 나타난다.

03. 수질환경

인체의 60~70%는 물로 구성되어 있으며 10%를 상실하면 탈수 현상이 일어나고 20%이상 상실하면 생명이 위험하다. 성인 기준 1일 2.0~2.5ℓ의 물이 필요하며 인체의 많은 양을 차지하는 만큼 수질 환경은 인간에게 매우 중요하다고 볼 수 있다.

(1) 수질오염 지표

① 대장균 : 대장균은 음용수의 일반적인 오염지표로 사용된다.

② 용존 산소량(Dissolved oxygen, DO) : 물속에 녹아있는 유리산소량으로 DO가 낮을수록 오염도가 높고 DO가 높을수록 물이 깨끗하다.

③ 생물화학적 산소요구량(Biochemical Oxygen Demand, BOD)
  (ㄱ) 하수의 오염지표로 주로 사용된다.
  (ㄴ) 물 속에 있는 유기물의 오염 정도를 나타내는 지표로 물속에 들어 있는 유기오염물질을 미생물이 분해하는데 필요한 산소의 양을 말한다.
  (ㄷ) BOD가 높을수록 오염이 심한 물이다.

④ 화학적 산소요구량(Chemical Oxygen Demand, COD)
  (ㄱ) 유기오염물질을 화학적으로 분해할 때 요구되는 산소의 양으로 공장 폐수의 오염도를 측정하는 지표로 사용된다.
  (ㄴ) COD가 높을수록 오염도가 높다.

✓ TIP!
- DO가 높으면 BOD, COD는 낮다.
- DO가 낮으면 BOD, COD는 높다.

(2) 상수

마시기에 적합한 양질의 물을 말하며 음용수 외에 요리, 세탁, 목욕물 등의 가사용이나 소화용, 공업용, 상업용 등으로 사용된다.

① 상수처리과정 : 취수→도수→정수→송수→배수→급수

(3) 먹는 물(음용수)의 조건

① 무색, 무미, 무취해야 한다.
② 경도 300㎎/ℓ(ppm)를 넘지 않아야 한다.
③ 세균수는 cc당 100을 넘지 않아야 한다.
④ 유리잔류염소는 4mg/ℓ 이하여야 한다.
⑤ 병원체나 유독성 물질을 함유하지 않아야 한다.

(4) 하수

일상생활에서 물을 이용하고 난 이후 버려지는 물로서 하수처리장으로 배수하여 공공처리 후 자연으로 방류된다.

① **하수처리과정** : 예비처리 → 본처리 → 오니처리

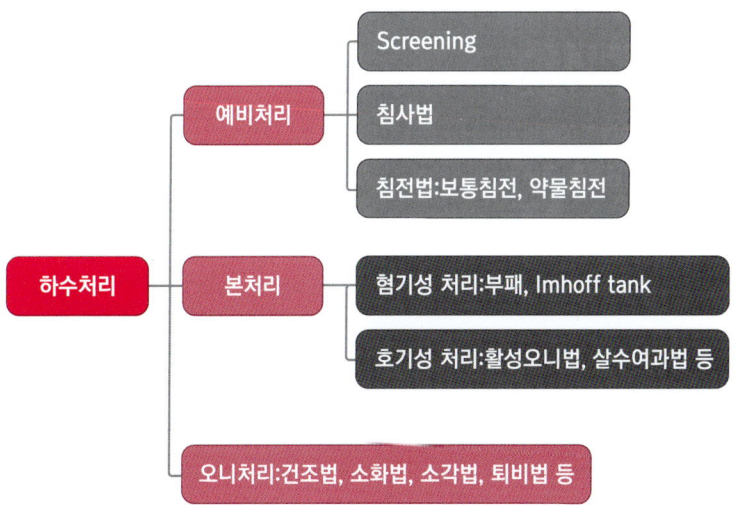

(5) 수질오염에 의한 질병

이따이이따이병(카드뮴 중독), 미나마타병(수은 중독), 반상치(반점후석화), 우치(삭은이), 청색아

04. 주거 및 의복환경

(1) 주거환경의 조건

안정성, 쾌적성, 능률성(편리성), 심미성, 경제성 등의 조건을 갖출 것

안전성	추위와 더위 등의 날씨와 자연재해 및 안전사고의 위험으로부터 안전할 것
쾌적성	쾌적한 생활을 유지할 수 있도록 온도, 습도, 통풍 등이 조절될 것
능률성(편리성)	생활하기 편리하도록 동선이 합리적일 것
심미성	주변 환경과 조화를 이루는 아름다운 공간일 것
경제성	주거환경 유지비 및 주택 구입비가 가족의 경제 수준에 맞을 것

(2) 조도

① 자연채광이 인공채광에 비해 눈의 피로도가 훨씬 적다.

② 인공 채광의 적정 조도는 일반작업은 100~200Lux, 정밀작업은 300~500Lux, 초정밀작업은 750Lux 이상이 적당하다.

(3) 실내온도

인간이 생활하기 좋은 실내온도는 17~18℃이며 쾌적습도는 40~70%이다(이·미용 업소의 실내온도는 18~21℃가 적당하다).

(4) 의복

① **의복의 필요성**: 외상이나 해충으로부터 신체를 보호하고 기후에 따라 체온조절을 한다.

예상문제
가족·노인·환경 보건

정답			
01 ①	02 ②	03 ④	04 ③
05 ③	06 ②	07 ④	08 ②
09 ④	10 ③	11 ①	12 ①
13 ②	14 ④	15 ②	16 ③
17 ③	18 ③	19 ①	20 ②
21 ①	22 ④	23 ④	24 ①
25 ②	26 ①	27 ③	28 ③
29 ②	30 ④		

01 다음 중 가족계획에 포함되는 것으로 올바르게 짝지어진 것은?

〈보기〉
㉠ 출산기간 조절   ㉡ 출산간격 조절
㉢ 초산연령 조절   ㉣ 결혼연령 제한

① ㉠, ㉡, ㉢
② ㉠, ㉡, ㉢, ㉣
③ ㉠, ㉡
④ ㉠, ㉡, ㉣

해 가족계획의 내용으로는 초산연령 조절, 출산횟수 조절, 출산기간 조절, 출산간격 조절이 있다.

02 모자의 행복하고 건강한 삶을 위해 아이와 어머니의 건강을 보호하고 관리하는 모자일체의 건강관리를 무엇이라 하는가?
① 자녀보건
② 모자보건
③ 모자의학
④ 가족보건

03 가족계획과 가장 연관이 깊은 것은?
① 모자보건
② 불임시술
③ 임신중절
④ 계획출산

04 노인보건 사업과 거리가 먼 것은?
① 건강교육
② 건강상담
③ 계획출산
④ 방문지도

해 계획출산은 모자보건과 연관이 있다.

05 다음 중 기후의 3대 요소는?
① 기온, 기습, 일조량
② 기온, 복사량, 기류
③ 기온, 기습, 기류
④ 기류, 기압, 일조량

해 기후의 3대 요소는 기온, 기습, 기류(공기의 흐름)이다.

06 일반적으로 인간이 생활하기 좋은 쾌적의 온도는?
① 13~14℃
② 17~18℃
③ 20~22℃
④ 25~27℃

해 쾌적온도는 17~18℃이며 쾌적습도는 40~70%이다.

07 대기오염에 영향을 미치는 기상조건으로 가장 관계가 깊은 것은?
① 강설, 강우
② 고온, 고습
③ 저기압, 고기압
④ 기온역전

해 기온역전이란 고도가 높아질수록 기온이 상승하는 것으로 밤에 지표면의 열이 대기 중으로 복사되면서 발생하는 대기오염현상중 하나이다.

08 공기 중에 20.93%를 차지하며 결핍 시 저산소증을 유발하는 것은 무엇인가?
① 질소
② 산소
③ 일산화탄소
④ 이산화탄소

해 산소는 공기 중에 20.93%를 차지하며 결핍 시 저산소증 유발, 과흡입시 산소중독증 유발

09 실내에 많은 인원이 밀집되어 있을 때 실내 공기의 변화는?
① 기온상승-습도감소-이산화탄소감소
② 기온하강-습도증가-이산화탄소증가
③ 기온상승-습도감소-이산화탄소증가
④ 기온상승-습도증가-이산화탄소증가

해 밀폐된 공간에서 많은 인원이 밀집되어 있을 경우 기온, 습도, 이산화탄소 모두 증가한다.

10 실내에 많은 인원이 밀집되어 있을 경우 불쾌감, 두통, 구토 등의 증상이 나타나는 현상은?
① 진폐
② 산소부족
③ 군집독
④ 고기압

11 실내공기오염의 지표로서 탄산가스라고도 하며 호흡과 함께 배출되는 것은?
① 이산화탄소
② 일산화탄소
③ 아황산가스
④ 질소

해 이산화탄소는 실내공기오염의 지표로서 탄산가스라고도 하며 호흡과 함께 배출된다. 또한 무색, 무자극, 무취로 맹독성이다.

CHAPTER 4 | 가족·노인·환경 보건

12 음용수의 오염 지표로 사용되는 것은 무엇인가?
① 대장균
② 산소분포도
③ 하수처리방법
④ 음용수로의 가능 여부

해 대장균은 수질오염의 지표로 사용된다.

13 숯이나 연탄 등의 불완전 연소 시 발생하는 것으로 무색, 무미, 무자극, 무취 맹독성으로 중독 시 신경이상증세를 나타내는 성분은?
① 이산화탄소
② 일산화탄소
③ 아황산가스
④ 질소

14 음용수의 조건으로 옳지 않은 것은?
① 경도 300㎎/ℓ(ppm)를 넘지 않아야 한다.
② 병원체나 유독성 물질을 함유하지 않아야 한다.
③ 무색, 무미, 무취해야 한다.
④ 세균수는 cc당 1000을 넘지 않아야 한다.

해 음용수의 세균수는 cc당 100을 넘지 않아야 한다.

15 수질오염에 의한 질병이 아닌 것은?
① 이따이이따이병
② 쯔쯔가무시병
③ 미나마타병
④ 반상치

해 쯔쯔가무시병은 쥐에 의해 전파되는 감염병이다.

16 공기 중의 이산화탄소는 약 몇 %를 차지하고 있는가?
① 3%
② 0.3%
③ 0.03%
④ 13%

17 대기오염의 지표로서 매연에서 발생하는 도시공해 요인은?
① 이산화탄소
② 오존
③ 아황산가스
④ 일산화탄소

해 아황산가스는 매연에서 발생하는 도시공해 요인으로 금속, 건물을 부식시키고 식물, 동물에 피해를 준다.

18 다음 중 환경위생 사업이 아닌 것은 무엇인가?
① 구충구서
② 상하수도처리
③ 예방접종
④ 오물처리

해 예방접종은 보건사업에 해당한다.

19 이상 기압에 의한 직업병이 아닌 것은?
① 미나마타병
② 잠함병
③ 고산증
④ 이상저압

해 미나마타병은 수은중독에 의한 직업병이다.

20 고기압 상태에서 발생 가능한 질병은?
① 동상
② 잠함병
③ 열사병
④ 인두염

해 잠함병은 잠수부들에게 흔히 나타나는 증상으로 고기압 상태에서 체액 및 혈액속의 질소 기포 증가로 발생한다.

21 대기오염물질 중 그 종류가 다른 하나는?
① 오존
② 황산화물
③ 일산화탄소
④ 질소산화물

해 오존은 2차 오염물질이며 황산화물, 일산화탄소, 질소산화물은 1차 오염물질이다.

22 마시기에 적합한 양질의 물로 음용수 외에 요리, 세탁, 목욕물 등의 가사용이나 소화용, 공업용, 상업용 등으로 사용되는 것은?
① 탄산수
② 상하수
③ 하수
④ 상수

23 하수처리 방법 중 혐기성 처리에 해당하는 것은?
① 퇴비법
② 살수여과법
③ 활성오니법
④ 부패조법

24 수질오염을 측정하는 지표로서 물에 녹아 있는 산소의 양을 의미하는 것은?
① 용존산소(DO)
② 수소이온농도(pH)
③ 생물화학적 산소요구량(BOD)
④ 화학적 산소요구량(COD)

25 다음 중 하수의 오염지표로 주로 사용되는 것은?
① COD
② BOD
③ pH
④ 대장균

해 BOD는 물 속에 있는 유기물의 오염 정도를 나타내는 지표로 물속에 들어 있는 유기오염물질을 미생물이 분해하는데 필요한 산소의 양을 말한다. BOD가 높을수록 오염이 심하다.

26 하수 처리법 중 호기성 처리법이 아닌 것은?
① 부패조법
② 활성오니법
③ 살수여과법
④ 산화지법

27 상수 오염의 대표적 지표로 사용되는 것은?
① 경도
② 프랑크톤
③ 대장균
④ 탁도

28 주거환경의 조건 중 생활하기 편리하도록 동선이 합리적인 것을 무엇이라 하는가?
① 쾌적성
② 심미성
③ 능률성
④ 안전성

29 일반적인 음용수의 잔류염소 기준은?
① 40mg/ℓ 이하
② 4mg/ℓ 이하
③ 2mg/ℓ 이하
④ 150mg/ℓ 이하

해 음용수의 조건으로는 잔류염소는 4mg/ℓ 이하여야 하며 경도 300mg/ℓ(ppm)를 넘지 않아야 한다.

30 생물학적 산소요구량(BOD)과 용존 산소량(DO)의 값의 관계로 옳은 것은?
① BOD와 DO는 관계가 없다.
② BOD가 낮으면 DO는 낮다.
③ BOD가 높으면 DO도 높다.
④ BOD가 높으면 DO는 낮다.

CHAPTER 5
산업보건

01. 산업보건의 개념

산업보건이란 직업성 질병 및 재해가 없는 쾌적한 사업장을 만들기 위해 사업장에서 근로자의 건강을 유지하도록 하는 것을 말한다. 이를 위해서는 작업장의 온도 및 습도, 근로시간, 소음 등 여러 가지 환경조건과 근로자의 피로, 체력, 영양, 작업적성 등에 대한 관리가 필요하다.

02. 산업재해

(1) 산업재해의 종류

산업재해는 노동과정에서 작업환경 또는 작업 행동 등 업무상의 사유로 발생하는 노동자의 신체적·정신적 피해로 4가지의 종류로 나뉜다.

사망재해	사망으로 인한 인명 손실을 수반하는 재해
주요재해	사망에 이르지는 않으나 병원에 입원하여 치료할 정도의 재해
경미재해	입원할 필요 없이 통원치료할 정도의 재해
유사재해	인명 피해 없이 재산상의 피해만 일어난 재해.

(2) 산업재해의 특징

① 계절적으로 8월에 증가, 11~12월 감소

② 오후 2~3시경 많이 발생

(3) 산업재해 발생 원인

환경적 요인	• 공구 및 시설 불량 • 작업장의 환경 • 휴식시간 부족
인적 요인	• 관리상 요인 • 생리적 요인 • 심리적 요인

(4) 산업재해 지표

건수율(발생률)	• 산업체 근로자 1,000명당 발생하는 재해 건수 $$\frac{재해건수}{평균\ 실제\ 근로자\ 수} \times 1,000$$
도수율(빈도율)	• 연 근로시간 100만 시간당 발생하는 재해 건수 • 국제노동기구에서 국제지표로서 사용됨 $$\frac{재해건수}{연간\ 근로\ 시간\ 수} \times 1,000,000$$
강도율	• 근로시간 1,000시간당 발생한 근로 손실 일수 $$\frac{근로\ 손실\ 일수}{연간\ 근로\ 시간\ 수} \times 1,000$$

(5) 산업재해 예방 4대 원칙

① **손실 우연의 원칙** : 사고에 의해 생기는 손실의 종류와 정도는 우연적이다.

② **예방 가능의 원칙** : 모든 재해는 예방 가능하다.

③ **원인 인연의 원칙** : 모든 재해에는 원인이 있다.

④ **대책 선정의 원칙** : 재해의 원인에 따라 대책을 다르게 세워야 한다.

(6) 직업병의 종류

발생 원인	질병
이상 고온	열쇠약증, 열사병, 열허탈증, 열경련 등
이상 저온	참호족, 동상, 동창, 저체온증 등
이상 기압	잠함병, 고산증, 이상저압 등
조명 불량	근시, 안구 피로 등
소음	난청, 노이로제 등
진동	척수이상장애, 위장장애 등
방사선	백혈병, 생식 기능장애, 조혈 기능장애, 백내장, 피부암, 정신장애 등
자외선 및 적외선	안구 피로, 피부 노화 등
분진	진폐증, 탄폐증, 석면폐증, 규폐증 등
중금속 중독	• **수은중독** : 두통, 미나마타병, 기억력감퇴 등 • **납중독** : 빈혈, 체중감소, 신경마비, 헤모글로빈 양 감소 등 • **크롬중독** : 비염, 기관지염, 인두염 등 • **카드뮴중독** : 이따이이따이병, 신장기능장애, 구토, 복통, 당뇨병, 골연화증 등 • **벤젠중독** : 구토, 두통, 이명, 백혈병 등

예상문제
산업보건

정답			
01 ①	02 ④	03 ①	04 ③
05 ②	06 ②	07 ①	08 ④
09 ③	10 ②		

01 산업재해의 발생 원인 중 환경적 요인에 해당하는 것은?

〈보기〉
㉠ 공구 및 시설 불량   ㉡ 관리상 요인
㉢ 휴식시간 부족   ㉣ 심리적 요인

① ㉠, ㉢
② ㉠, ㉡
③ ㉠, ㉡, ㉢
④ ㉠, ㉡, ㉢, ㉣

해 산업재해 발생 원인 중 환경적 요인에 해당하는 것은, 공구 및 시설 불량, 작업장의 환경, 휴식시간 부족 등이나.

02 산업재해 발생원인 중 인적 요인이 아닌 것은?
① 심리적 문제
② 생리적 문제
③ 관리 결함
④ 예산 부족

03 다음 중 산업재해의 지표로 주로 사용되는 것을 올바르게 짝지은 것은?

〈보기〉
㉠ 건수율   ㉡ 도수율
㉢ 강도율   ㉣ 사망률

① ㉠, ㉡, ㉢
② ㉠, ㉡, ㉢, ㉣
③ ㉠, ㉡
④ ㉠, ㉢

해
- **건수율**: 산업체 근로자 1,000명당 발생하는 재해 건수
- **도수율**: 연 근로시간 100만 시간당 발생하는 재해 건수
- **강도율**: 근로시간 1,000시간당 발생한 근로 손실 일수

04 다음 중 종사자와 직업병과의 연결이 옳은 것은?
① 인쇄공 - 열사병
② DJ - 진폐증
③ 조종사 - 고산병
④ 수영선수 - 잠수병

해 인쇄공 - 백내장, DJ - 난청, 잠수부 - 잠수병

05 중금속 중독 증상 중 두통, 미나마타병, 기억력감퇴 등은 무엇의 중독으로 생기는 질환인가?
① 납
② 수은
③ 크롬
④ 카드뮴

해 수은중독 시 두통, 미나마타병, 기억력감퇴 등의 질환이 발생한다.

06 이따이이따이병의 주 원인물질로 중독 시 구토, 복통, 당뇨병, 골연화증 등을 일으키는 물질은?
① 크롬
② 카드뮴
③ 벤젠
④ 수은

해 카드뮴은 이따이이따이병이 발생되는 주 원인물질로 중독 시 구토, 복통, 당뇨병, 골연화증 등을 일으킨다.

07 다음 중 산업재해 예방원칙이 아닌 것은?
① 중금속 방지의 원칙
② 손실 우연의 원칙
③ 예방 가능의 원칙
④ 대책 선정의 원칙

08 국제노동기구에서 국제지표로서 사용되는 것으로 연 근로시간 100만 시간당 발생하는 재해 건수는?
① 발생률
② 강도율
③ 사망률
④ 빈도율

해 빈도율은 도수율이라고도 하며 연 근로시간 100만 시간당 발생하는 재해 건수를 뜻한다.

09 이상 저온으로 인한 질환은 무엇인가?
① 열허탈증
② 열쇠약증
③ 참호족
④ 잠함병

해 참호족은 장시간동안 축축하고 차가운 환경에 발을 노출할 때 발생하는 질병이다.

10 방사선에 관련된 직업종사자에게서 발생 가능한 질환은 무엇인가?
① 잠함병
② 생식 기능장애
③ 난청
④ 탄폐증

해 방사선 : 백혈병, 생식 기능장애, 조혈 기능장애, 백내장, 피부암, 정신장애 등

CHAPTER 6
식품위생과 영양

01. 식품위생의 개념

(1) 식품위생의 개념
식품위생은 식품이 사람에게 안전하게 섭취될 수 있도록 생산, 제조, 유통 등의 모든 과정에 있어 식품의 안정성을 확보하기 위한 모든 수단을 말한다.

(2) 식중독
오염된 식품 섭취로 인해 인체에 유해한 미생물 또는 유독 물질이 발생하였거나 발생한 것으로 판단되는 감염성 또는 독소형 질환을 말한다. 식중독균은 살모넬라, 황색포도구균 등이 있으며 25~37℃에서 가장 잘 증식한다.

(3) 식중독의 특징
① 2차 감염이 드물다.
② 잠복기가 짧다.
③ 주로 여름철에 발생한다.
④ 면역성이 없다.
⑤ 수인성 전파가 드물다.
⑥ 다량의 세균이 발생한다.

(4) 식중독의 종류
① **감염형 식중독**

★ 살모넬라 식중독	• **잠복기**: 12~48시간 • 6~9월 가장 많이 발생 • **원인**: 가열이 충분치 못한 조리 식품 및 비가열 식품 • **증상**: 고열, 두통, 오한, 구토, 설사, 복통

장염비브리오 식중독	• 잠복기: 8~20시간 • 7~9월에 가장 많이 발생 • 원인: 여름철 어패류 생식, 행주, 식칼, 도마 등의 2차 감염 • 증상: 설사, 복통, 급성 위장염, 발열, 두통
병원성 대장균 식중독	• 잠복기: 2~8일 • 원인: 오염이 심한 식품 • 증상: 설사, 복통, 급성 위장염, 발열, 두통, 심할 경우 사망

② 독소형 식중독

★ 보툴리누스균	• 잠복기: 12~36시간 • 식중독 중 치사율이 가장 높다. • 원인: 오염된 통조림, 농산물, 어패류 등의 오염 • 증상: 구역질, 구토, 설사, 현기증, 무력감
포도상구균	• 잠복기: 30분~6시간 • 원인: 달걀, 경단 등의 전분성 식품 및 햄, 아이스크림, 치즈 등의 섭취 • 증상: 구역질, 복통, 설사, 구토
웰치균(아포균)	• 잠복기: 8~16시간 • 원인: 육류, 어패류, 삶은 채소 등의 가열된 식품 • 증상: 설사, 복통

③ 자연독 식중독

동물성	복어(테트로도톡신), 섭조개(삭시톡신), 굴(베네루핀)
식물성	독버섯(무스카린, 아마니타톡신), 감자(솔라닌), 독미나리(시큐톡신), 매실(아미그달린)

02. 영양소

영양소는 음식물 속에 들어있는 에너지원이나 몸의 구성 성분이 되는 물질이다.
★ 탄수화물, 단백질, 지방, 무기질, 비타민을 5대 영양소라고 한다.

(1) 영양소의 3대 작용

① **신체의 영양공급**: 탄수화물, 단백질, 지방

② **신체의 조직구성**: 단백질, 물, 무기질

③ 신체의 생리 기능 조절 : 비타민, 무기질, 물

(2) 영양소의 분류

탄수화물	• 우리 몸의 주된 에너지원 • 쌀, 옥수수, 감자, 고구마 등에 많이 포함되어 있음 • 1g당 4kcal의 열량을 낸다.
단백질	• 근육의 구성성분 • 주로 육류나 생선에 많이 포함되어 있음 • 1g당 4kcal의 열량을 낸다.
지방	• 에너지를 발생시키고 체온을 유지하는 등의 역할 • 1g당 9kcal의 열량을 낸다.
무기질	• 미역, 김, 다시마, 멸치 등에 많이 포함되어 있음 • 신체의 골격 및 구조, 체내 수분조절 등의 역할 • 인체의 생리적 기능조절
비타민	• 면역력을 높여주고 항산화 작용을 통해 신체 내부의 독소 제거 역할 • 결핍 시 여러 가지 질병을 유발함 • 인체의 생리적 기능조절

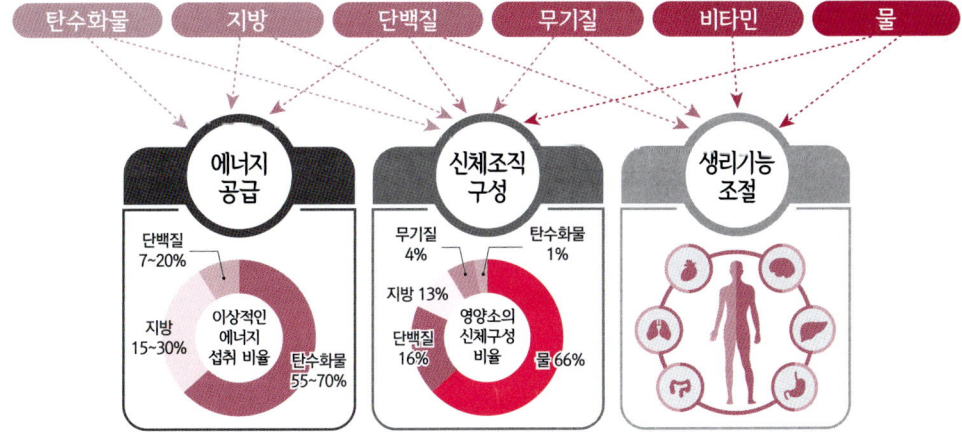

03. 영양 상태 판정 및 영양장애

(1) 영양 상태 판정
영양 상태 판정에는 여러 가지 방법이 있는데 보통 식사조사, 신체계측, 생리기능검사, 임상적 관찰 등이 이용된다.

(2) 영양장애
영양소의 불균형으로 여러 가지 질환이 발생 되는 것으로 영양과다에 의한 것과 영양부족에 의한 것이 있다.
① **영양부족** : 기아, 영양실조, 비타민결핍증, 유아의 소모증
② **영양과다** : 비만

예상문제
식품위생과 영양

정답			
01 ②	02 ③	03 ①	04 ④
05 ①	06 ①	07 ④	08 ③
09 ③	10 ②		

01 세균성 식중독의 특징이 아닌 것은?
① 2차 감염이 드물다.
② 잠복기가 길다.
③ 수인성 전파가 드물다.
④ 다량의 세균이 발생한다.
해 세균성 식중독은 잠복기가 짧다.

02 감염형 식중독의 종류가 아닌 것은?
① 장염비브리오 식중독
② 살모넬라 식중독
③ 보툴리누스균 식중독
④ 병원성 대장균 식중독
해 보툴리누스균은 독소형 식중독으로 식중독 중 치사율이 가장 높다.

03 주로 7~9월에 발생하며 어패류의 생식 시 유행하는 식중독은?
① 장염비브리오 식중독
② 보툴리누스균 식중독
③ 살모넬라 식중독
④ 포도상구균 식중독

04 다음 중 독소형 식중독을 일으키는 균이 아닌 것은?
① 웰치균
② 포도상구균
③ 보툴리누스균
④ 살모넬라균
해 살모넬라균은 감염형 식중독을 일으킨다.

05 독소형 식중독의 종류가 아닌 것은?
① 살모넬라 식중독
② 보툴리누스균 식중독
③ 포도상구균 식중독
④ 웰치균 식중독

06 우리 몸에 필요한 영양소 중 에너지를 발생시키고 체온을 유지하는 등의 역할을 하며 1g당 9kcal의 열량을 내는 영양소는?
① 지방
② 단백질
③ 탄수화물
④ 무기질
해 단백질은 근육의 구성성분이며 탄수화물은 우리 몸의 주된 에너지원으로 모두 1g당 4kcal의 열량을 낸다.

07 다음 중 인체의 생리적 조절작용에 관여하는 영양소는?

① 지방
② 탄수화물
③ 단백질
④ 비타민

해 인체의 생리적 기능조절을 하는 것은 비타민, 무기질, 물이 있다.

08 영양소의 3대 작용이 아닌 것은?

① 신체의 영양공급
② 신체의 조직구성
③ 신체의 사회작용
④ 신체의 생리 기능조절

09 식중독 중 치사율이 가장 높은 것으로 오염된 통조림이나 어패류로 인해 발생하는 것은?

① 장염비브리오 식중독
② 포도상구균 식중독
③ 보툴리누스균 식중독
④ 웰치균 식중독

10 다음중 식중독 세균이 가장 잘 증식할 수 있는 온도 범위는?

① 12~23℃
② 25~37℃
③ 38~49℃
④ 0~10℃

CHAPTER 7
보건행정

01. 보건행정의 정의 및 체계

(1) 보건행정의 정의
국민들의 수명 연장, 질병 예방, 신체적 정신적 건강유지 및 향상이라는 공중보건의 목적을 달성하기 위한 행정 활동

(2) 보건행정의 특성
공공성, 사회성, 봉사성, 보장성, 교육성, 과학성, 기술성

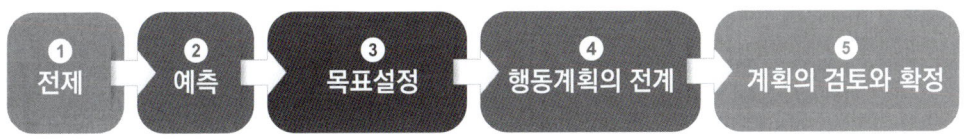

보건기획 전개과정

(3) 보건행정의 범위
① 보건 관련 기록 보존
② 보건교육
③ 환경위생
④ 모자보건
⑤ 의료 및 보건간호
⑥ 전염병 관리

02. 사회보장과 국제 보건기구

(1) 사회보장

사회보장이란 국민이 안정된 삶을 영위하는데 위험이 되는 요소들(질병, 빈곤 등)에 대해 국가적인 부담 또는 보험 방법에 의하여 행하는 사회안전망을 뜻한다.

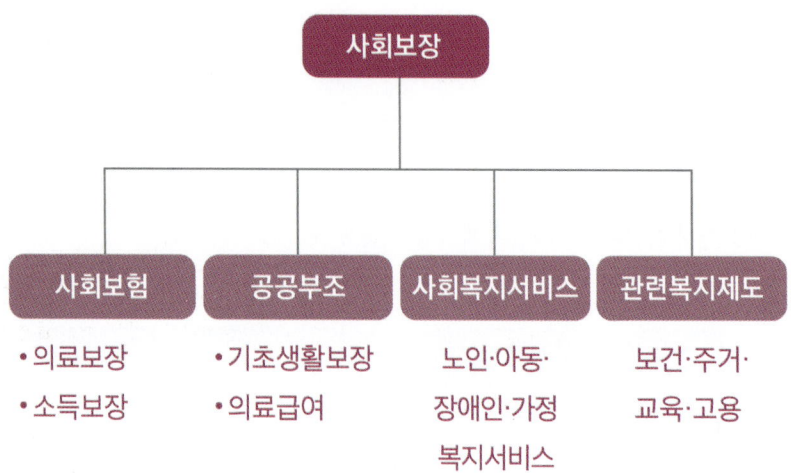

(2) 국제 보건기구

① 세계보건기구(WHO)

② 국제연합 부흥행정처(UNKRA)

③ 범미 보건기구(PAHO)

④ 유엔환경계획(UNEP)

⑤ 국제식량농업기구(FAO)

예상문제
보건행정

정답			
01 ②	02 ③	03 ①	04 ④
05 ①			

01 보건행정의 정의와 거리가 먼 것은?
① 국민의 수명 연장
② 수질 환경 개선
③ 질병 예방
④ 정신적 건강유지

02 보건기획의 전개과정으로 옳은 것은?
① 목표설정→예측→전제→활동 계획 전개
② 예측→전제→목표설정→활동 계획 전개
③ 전제→예측→목표설정→활동 계획 전개
④ 환경분석→연구→목표설정→예측

해 보건기획의 전개과정: 전제→예측→목표설정→행동 계획의 전개→계획의 검토와 확정

03 사회보장의 종류 중 공적부조(공공부조)에 해당하는 것을 모두 고르시오.

〈보기〉
㉠ 의료급여 ㉡ 기초생활보장
㉢ 의료보장 ㉣ 소득보장

① ㉠, ㉡
② ㉠, ㉢
③ ㉠, ㉢, ㉣
④ ㉠, ㉡, ㉢, ㉣

해 의료보장과 소득보장은 사회보험에 해당한다.

04 공중보건학의 범위 중 보건관리 분야와 거리가 먼 것은?
① 사회보장제도
② 보건행정
③ 보건통계
④ 산업보건

해 산업보건은 환경보건분야에 속한다.

05 보건행정의 특성과 거리가 먼 것은?
① 독립성과 독창성
② 과학성과 기술성
③ 공공성과 사회성
④ 조장성과 교육

CHAPTER 8
소독의 정의 및 분류

01. 소독관련 용어정의

① **멸균** : 병원성 미생물을 완전히 제거한 것(무균상태)

② **소독** : 병원성 미생물의 생활력을 죽이거나 제거한 것

③ **살균** : 세균을 제거한 것

④ **방부** : 병원성 미생물의 발육과 작용을 제거하거나 정지시킨 것

> ✓ TIP! 소독력이 강한 순서
> 멸균 > 살균 > 소독 > 방부

02. 소독기전

(1) 소독기전(소독이 일어나는 현상)

산화작용	과산화수소, 염소, 오존, 벤조일퍼옥사이드, 과망간산칼륨에 의한 소독
균체효소계의 침투작용	석탄산, 알코올, 역성비누 소독
균체 단백질의 응고작용	산, 알카리, 크레졸, 석탄산, 알코올, 포르말린, 중금속염에 의한 소독
중금속염의 형성 작용	승홍, 질산은, 머큐로크롬
균체의 가수분해작용	강산, 강알칼리, 중금속염에 의한 소독

(2) 소독에 영향을 미치는 인자

① 온도

② 수분

③ 시간

(3) 소독제의 구비조건

① 안전성이 높을 것

② 용해성이 높을 것

③ 살균력이 강할 것

④ 인체에 무해 할 것

⑤ 비용이 저렴하고 냄새가 없을 것

⑥ 소독시간이 짧고 효과가 빠를 것

⑦ 소독 대상물을 손상시키지 않을 것

03. 소독법의 분류

(1) 열처리법(물리적 소독방법)

① 건열 멸균법

화염멸균법	• 불꽃에 20초 이상 가열해 멸균 • 불에 타지 않는 물건에 적합 • 대상 : 유리제품, 금속제품, 불연성물질
건열멸균법	• 건열멸균기에 넣어 160~170℃에서 1~2시간 가열 • 대상 : 유리제품, 가위, 클리퍼, 분말, 주사기 등에 사용
소각법	• 직접 태워서 병원체를 없애는 것으로 소독법 중 가장 확실한 방법 • 환자의 배설물, 죽은 동물, 병원체에 오염된 것

② 습열 멸균법

★ 자비소독법 (열탕 소독법)	• 100℃의 끓는 물에서 20~30분 간 가열 • 유리제품은 끓기 전 찬물에 금속제품은 끓은 후 넣는다. • 열에 강한 포자균(아포형성균)은 사멸되지 않음 • 탄산나트륨 1~2% 넣으면 살균력이 강해짐 • 대상 : 식기, 행주, 의류, 수건, 도자기, 스테인레스 용기
★ 고압증기멸균법	• 120℃에서 20분간 가열 • 소독방법 중 완전멸균으로 가장 빠르고 효과적 • 대상 : 의류, 미용기구, 의료기구, 고무제품, 거즈, 약액

유통증기멸균법 (간헐멸균법)	• 100℃의 유통증기에서 30~60분간 멸균한뒤 실온에 24시간 방치하는 과정을 3회 반복하는 멸균법 • 고압증기멸균법에 부적당한 경우에 사용 • 대상 : 식기류, 유리제품, 금속류, 여과지, 주사기
저온 살균	• 파스퇴르가 고안한 살균법으로 우유나 포도주 같은 식품소독에 적합 • 우유 살균 : 63~65℃에서 30분간 가열 • 대장균은 사멸되지 않음

(2) 비열처리법(물리적 소독방법)

초음파 멸균법	초당 8,800 cycle의 음파로 미생물 살균에 적합
자외선 멸균법	• 멸균하고자 하는 물건에 약 260nm 정도의 빛을 30분간 쬐어 멸균하는 방법 • 바이러스, 세균의 아포 등에도 작용
방사선 멸균법	• 코발트와 세슘 등의 방사선을 이용한 멸균법 • 바늘, 주사기, 수술용 장갑 등의 작고 복잡한 구조를 가진 자재의 멸균에 사용

(3) 화학적 소독법

화학 약제로 세균을 죽이는 방법으로 종류에는 석탄산, 알코올, 염소, 생석회, 승홍수, 크레졸, 포름알데히드, 포르말린, 머큐롬, 옥도정기, 과산화수소, 역성비누, 계면활성제, 아크리놀 등이 있다.

04. 소독인자

(1) 화학 약제의 종류별 특성

석탄산(페놀)	• 승홍수의 약 1,000배의 살균력 • 안정성이 강하고 화학변화가 적어 살균력 지표로 이용됨 • 고온일수록 소독력이 증가 • 값이 저렴하고 사용범위가 넓다. • 오래 보관할 수 있다. • 금속을 부식시킴 • 독성이 있어서 인체에 사용 시 피부점막에 자극과 마비를 줄 수 있다. • 의류, 용기, 토사물, 오물소독, 방역용 소독제에 적합 • 바이러스와 세균포자에는 효과가 없다.

CHAPTER 8 | 소독의 정의 및 분류

석탄산(페놀)	• 농도 3%의 석탄산에 97%의 물을 혼합하여 사용한다. • **석탄산 계수** : 살균력을 나타내는 수치로 값이 클수록 살균력이 강하다. • 석탄산계수 3은 살균력이 석탄산의 3배라는 의미이다. $$석탄산계수 = \frac{소독약의\ 희석\ 배수}{석탄산의\ 희석\ 배수}$$
알코올	• 70%의 농도에서 소독력이 가장 강하다. • 독성이 없고 사용이 쉽다. • 아포형성세균에는 효과가 없다. • 금속류와 유리제품 등의 소독에 사용된다.
염소	• 살균력이 강해 주로 수영장, 상수 또는 하수도 등의 소독에 쓰인다. • 값이 싸고 독성이 적다. • 금속을 부식시키고 피부 자극을 유발한다. • 특유의 자극적인 냄새가 있다. • 세균 및 바이러스에도 작용한다. • 음용수 소독엔 0.2~0.4ppm(2~4mg/ℓ)을 사용한다.
생석회	• 화장실 분변, 토사물, 하수도, 수도나 우물주변, 쓰레기통 소독에 적합하다. • 값이 싸고 독성이 적다. • 광범위한 소독에 적합하다.
승홍수(염화제2수은)	• 맹독성이며 무색무취이기 때문에 주의해서 취급해야 한다. • 금속을 부식시킨다. • 피부소독용으로 사용 시 0.1%의 용액을 희석해 사용한다.
크레졸	• 3%의 농도로 사용 • 석탄산 대비 2배의 소독력 • 손소독, 피부소독, 오물소독, 이미용실의 실내소독에 주로 사용
포름알데히드	• 세균포자에 살균력이 있는 유일한 소독제 • 독성이 강해 1~2%의 수용액을 사용 • 금속제품, 플라스틱 재질의 기구 등의 소독에 적합
포르말린	• 포름알데히드를 37%의 농도로 물에 녹인 수용액이다. • 온도가 높을수록 소독력이 강함 • 인체에 대한 독성이 강해 노출될 경우 단백질 응고작용이 일어난다. • 병실, 무균실, 의류, 도자기, 목재, 고무제품 등의 소독에 적합
과산화수소	• 3% 수용액으로 사용 • 바이러스 및 일반세균에 효과적이며 자극성이 적다. • 구내염, 입안세척 및 상처소독, 지혈제로 사용
역성비누	• 양이온 계면활성제로서 살균작용이 강하다. • 물에 잘 녹으며 냄새와 자극이 적다. • 수술실에서의 손 소독, 기구의 세척 등에 사용된다.

(2) 수용액 계산 공식

$$수용액\ 농도 = \frac{소독약\ 원액\ 질량}{수용액\ 총\ 질량(소독약\ 원액+물)} \times 100$$

예를 들어, 3%의 크레졸 비누액 900ml를 만들고자 할 때 $\frac{크레졸\ 원액\ 질량}{900} \times 100 = 3(수용액\ 농도)$ 으로 계산할 수 있다. 따라서, 크레졸 원액 질량은 27ml가 되며 총 질량 900ml에서 크레졸 원액 27ml를 뺀 873ml가 물의 질량이 된다.

CHAPTER 9
소독방법

01. 소독 도구 및 기기

건열 멸균기, 자외선 소독기, 고압증기 멸균기, E.O 가스 멸균기, 증기 멸균기, 초음파 세척기 등이 있다.

02. 소독 시 유의사항

① 소독할 물체에 알맞는 소독약이나 소독방법을 먼저 결정한다.
② 소독제 사용 시 보호경 및 마스크, 고무장갑 착용 등 취급에 주의한다.
③ 소독제의 용기에 라벨을 부착해 구별한다.
④ 화학적 소독제의 경우 희석농도를 엄수 한다.
⑤ 혼합된 소독액은 사용 후 바로 폐기한다.
⑥ 소독제의 경우 직사광선을 피해 밀폐시켜 보관한다.

03. 대상별 살균력 평가

(1) 대상물에 따른 기준

종류	소독 방법
토사물, 분뇨 등의 배설물	소각법, 생석회, 석탄산, 크레졸
화장실, 쓰레기통, 하수구	크레졸, 석탄산, 포르말린, 생석회
손	역성비누, 석탄산, 크레졸, 승홍수(0.1%)
실내	석탄산, 크레졸, 포르말린
의류 및 침구류	자비소독, 일광소독, 크레졸, 석탄산, 증기소독
금속제품	에탄올, 자외선, 자비소독 및 증기소독
종이(서적)	포름알데히드(가스체)

(2) 멸균법에 따른 기준

종류	소독 방법
자비 소독법	끓는 물에 넣어 10~20분간 끓여 소독
화염 멸균법	불꽃에 20초 이상 가열해 멸균
저온 소독법	63~65℃에서 30분간 가열
고압 증기 멸균법	고압증기멸균기를 사용하여 120℃에서 20분간 가열
건열 멸균법	건열멸균기에 넣어 160~170℃에서 1~2시간 가열

CHAPTER 10
분야별 위생·소독

01. 실내환경 위생·소독

(1) 위생관리기준

공중위생관리법 제5조(공중이용시설의 위생관리)에 따라 다음과 같은 위생관리기준을 준수하여야 한다.

① 24시간 평균 실내 미세 먼지 양이 150㎍/㎥를 초과할 경우 실내 공기 정화 시설 및 설비를 교체 또는 청소하여야 한다.

② 1시간 평균치 일산화탄소는 25ppm 이하여야 한다.

③ 1시간 평균치 이산화탄소는 1,000ppm 이하여야 한다.

④ 1시간 평균치 포름알데히드는 120㎍/㎥ 이하여야 한다.

02. 도구 및 기기 위생·소독

(1) 도구 및 기기의 위생 및 소독

① 미용기구는 소독을 한 기구와 소독을 하지 아니한 기구를 구분하여 보관할 수 있는 용기를 비치하여야 한다.

② 소독기 자외선살균기 등 미용기구를 소독하는 장비를 갖추어야 한다.

③ 감염예방을 위해 눈썹칼, 면봉, 화장솜 등의 일회용품은 사용 후 폐기하여 재사용을 금한다.

(2) 대상물에 따른 소독방법

기구명	위험도	소독 방법
라텍스, 퍼프, 해면	감염 매체의 전달이나 자체 감염 우려	• 천을 이용하여 표면의 이물질을 세척 • 세척 후 소독액에 10분 이상 담근 후 흐르는 물에 헹구고 물기를 제거 • 자외선 소독 후 별도의 용기에 보관

기구명	위험도	소독 방법
브러쉬 (화장·분장용)	감염 매체의 전달이나 자체 감염 우려	• 표면의 이물질을 제거 • 세척제를 사용한 세척 • 자외선 소독 후 별도의 용기에 보관
가위, 바리캉· 클리퍼, 푸셔, 빗	피부감염 및 혈액으로 인한 바이러스 전파 우려	• 표면에 붙은 이물질과 머리카락 등을 제거 • 위생티슈 또는 소독액이 묻은 천이나 거즈로 날을 중심으로 표면을 닦아 냄 • 마른 천이나 거즈를 사용하여 물기 제거
토우세퍼레이터, 라텍스, 퍼프, 해면	감염 매체의 전달이나 자체 감염 우려	• 천을 이용하여 표면의 이물질을 닦아 냄 • 세척 후 소독액에 10분 이상 담근 후 흐르는 물에 헹구고 물기를 제거 • 자외선 소독 후 별도의 용기에 보관

03. 이·미용업 종사자 및 고객의 위생관리

공중이 이용하는 영업의 위생관리 등에 관한 사항을 규정함으로써 위생수준을 향상시켜 국민의 건강 증진에 기여함을 목적으로 한다.

(1) 이·미용업 종사자의 위생관리

① 깨끗한 유니폼 등의 복장을 착용한다.
② 작업 시 손에 상처가 났을 경우 상처를 소독 후 응급처치를 한다.
③ 감염성 질환자로 인정되는 고객에겐 작업을 금지한다.
④ 감염예방을 위해 눈썹칼, 면봉, 화장솜 등의 일회용품은 사용 후 폐기하여 재사용을 금한다.
⑤ 작업 전·후 손을 깨끗이 씻는다.

(2) 고객의 위생관리

① 감염성 질환자로 인정되는 고객은 출입을 제한한다.
② 눈썹칼 등의 작업 시 출혈이 생겼을 경우 상처를 소독 후 응급처치를 한다.

예상문제
위생·소독

정답			
01 ①	02 ③	03 ①	04 ②
05 ④	06 ④	07 ③	08 ③
09 ②	10 ①	11 ②	12 ①
13 ④	14 ③	15 ③	16 ①
17 ①	18 ②	19 ①	20 ②
21 ③	22 ④	23 ③	24 ④
25 ②	26 ①	27 ④	28 ③
29 ②	30 ①	31 ③	32 ②
33 ③	34 ④	35 ①	

01 다음 중 이학적(물리적) 소독법에 속하는 것은?
① 건열소독
② 크레졸소독
③ 석탄산소독
④ 승홍수소독

해 물리적 소독법이란 화학제품을 사용하지 않은 것으로 건열멸균법, 습열멸균법, 방사선살균법 등이 있다.

02 다음 중 살균 효과가 가장 높은 소독 방법은?
① 염소소독
② 일광소독
③ 고압증기멸균
④ 저온소독

해 고압증기멸균법은 120℃에서 20분간 가열하는 방식으로 소독방법 중 완전멸균으로 가장 빠르고 효과적이다.

03 소독용 과산화수소(H_2O_2) 수용액의 적당한 농도는?
① 2.5~3.5%
② 3.5~5.0%
③ 5.0~6.0%
④ 6.5~7.5%

해 소독용 과산화수소 수용액은 3%가 적당하며 구내염, 입안세척 및 상처소독, 지혈제로 사용된다.

04 이·미용 작업 시 시술자의 손 소독 방법으로 가장 거리가 먼 것은?
① 시술 전 70% 농도의 알코올을 적신 솜으로 깨끗이 씻는다.
② 락스액에 충분히 담갔다가 깨끗이 헹군다.
③ 세척액을 넣은 미온수와 솔을 이용하여 깨끗하게 닦는다.
④ 흐르는 물에 비누로 깨끗이 씻는다.

해 락스는 피부 자극을 유발하기 때문에 손 소독 방법으로는 적합하지 않다.

05 세균의 단백질 변성과 응고작용에 의한 기전을 이용 하여 살균하고자 할 때 주로 이용하는 방법은?
① 희석
② 냉각
③ 여과
④ 가열

06 이·미용실의 기구(가위, 레이저) 소독으로 가장 적합한 소독제는?
① 50%의 페놀액
② 5% 크레졸비누액
③ 100~200배 희석 역성비누
④ 70~80%의 알코올

07 살균작용의 기전 중 산화에 의하지 않는 소독제는?
① 오존
② 과망간산칼륨
③ 알코올
④ 과산화수소

08 소독과 멸균에 관련된 용어 해설 중 틀린 것은?
① 살균 : 생활력을 가지고 있는 미생물을 여러 가지 물리, 화학적 작용에 의해 급속히 죽이는 것을 말한다.
② 방부 : 병원성 미생물의 발육과 그 작용을 제거하거나 정지시켜서 음식물의 부패나 발효를 방지 하는 것을 말한다.
③ 소독 : 사람에게 유해한 미생물을 파괴시켜 감염의 위험성을 제거하는 비교적 강한 살균작용으로 세균의 포자까지 멸하는 것을 말한다.
④ 멸균 : 병원성 또는 비병원성 미생물 및 포자를 가진 것을 전부 사멸 또는 제거하는 것을 말한다.

해 소독은 병원성 미생물의 생활력을 죽이거나 제거할 수 있지만 세균의 포자까지는 사멸하지 못한다.

09 이상적인 소독제의 구비조건과 거리가 먼 것은?
① 독성이 적으면서 사용자에게도 자극성이 없어야 한다.
② 원액 혹은 희석된 상태에서 화학적으로는 불안정 된 것이라야 한다.
③ 빨리 효과를 내고 살균 소요시간이 짧을수록 좋다.
④ 생물학적 작용을 충분히 발휘할 수 있어야 한다.

10 소독약 10mL를 용액(물) 40mL에 혼합시키면 몇%의 수용액이 되는가?
① 20%
② 10%
③ 30%
④ 3%

해

- 공식

$$\frac{\text{소독약 원액 질량}}{\text{수용액 총 질량(소독약 원액+물)}} \times 100 = \text{수용액 농도}$$

위의 공식을 대입해보면

$$\frac{10}{50} \times 100 = \text{수용액 농도}$$

이렇게 계산할 수 있다.
따라서 20%의 수용액이 만들어진다.

11 건열멸균법에 대한 설명 중 틀린 것은?
① 드라이 오븐(dry oven)을 사용한다.
② 110~130℃에서 1시간 내에 실시한다.
③ 유리제품이나 주사기 등에 적합하다.
④ 젖은 손으로 조작하지 않는다.

12 이·미용업소에서 종업원의 손을 소독할 때 가장 보편적이고 적당한 것은?
① 역성비누
② 승홍수
③ 과산화수소
④ 석탄수

13 살균력이 좋고 자극성이 적어 상처소독에 많이 사용되는 것은?
① 승홍수
② 포르말린
③ 락스
④ 과산화수소

14 다음 중 음료수의 소독방법으로 가장 적당한 방법은?
① 일광소독
② 자외선등 사용
③ 염소소독
④ 증기소독

15 소독작용에 영향을 미치는 요인에 대한 설명으로 틀린 것은?
① 접속시간이 길수록 소독 효과가 크다.
② 온도가 높을수록 소독 효과가 크다.
③ 유기물질이 많을수록 소독 효과가 크다.
④ 농도가 높을수록 소독 효과가 크다.

16 석탄산(페놀)에 대한 설명으로 틀린 것은?
① 가격이 저렴하지만 사용 범위가 작다.
② 살균력 지표로 이용된다.
③ 안정성이 강하고 화학변화가 적다.
④ 오래 보관할 수 있다.

해 석탄산은 값이 저렴하고 사용범위가 넓다.

17 병원성 미생물을 완전히 제거한 상태를 무엇이라 하는가?
① 멸균
② 소독
③ 살균
④ 방부

해 병원성 미생물을 완전히 제거한 무균상태를 멸균이라고 한다.

18 소독에 영향을 미치는 인자로 가장 거리가 먼 것은?
① 온도
② 색상
③ 수분
④ 시간

해 해설 : 소독약의 색상은 소독에 영향을 미치지 않는다.

19 다음 중 건열 멸균법이 아닌 것은?
① 자비소독법
② 화염멸균법
③ 건열멸균법
④ 소각법

해 자비소독법은 100℃의 끓는 물에서 20~30분 간 가열하는 것으로 습열멸균법에 해당한다.

20 다음 중 크레졸에 대한 설명으로 옳지 않은 것은?
① 석탄산 대비 2배의 소독력
② 피부에 자극이 강하다.
③ 이·미용실의 실내소독에 주로 사용
④ 병원균과 포자, 결핵균에 효과가 있다.

21 손 소독과 주사할 때 피부소독 등에 사용되는 에틸알코올은 어느 정도의 농도에서 가장 많이 사용되는가?
① 30%이하
② 40~50%
③ 70~80%
④ 90~100%

22 이·미용업소에서의 일반적인 수건 소독법으로 가장 적합한 것은?
① 석탄산 소독
② 적외선 소독
③ 크레졸 소독
④ 자비 소독

23 소독제의 살균력을 비교할 때 기준이 되는 소독약은?
① 알코올
② 요오드
③ 석탄산
④ 승홍수

해 석탄산(페놀)은 안정성이 강하고 화학변화가 적어 살균력 지표로 이용된다.

24 소독약의 구비조건으로 틀린 것은?
① 살균력이 강해야 한다.
② 살균하고자 하는 대상물을 손상시키지 않아야 한다.
③ 인체에 해가 없으며 취급이 간편해야 한다.
④ 값이 비싸고 위험성이 없어야 한다.

해설 : 소독약은 값이 싸고 위험성이 없어야 한다.

25 3%의 크레졸 비누액 900ml를 만드는 방법으로 옳은 것은?
① 크레졸 원액 270ml에 물 630ml를 가한다.
② 크레졸 원액 27ml에 물 873ml를 가한다.
③ 크레졸 원액 300ml에 물 600ml를 가한다.
④ 크레졸 원액 200ml에 물 700ml를 가한다.

해
- 공식

$$\frac{소독약\ 원액\ 질량}{수용액\ 총\ 질량(소독약\ 원액 + 물)} \times 100 = 수용액\ 농도$$

위의 공식을 대입해보면

$$\frac{크레졸\ 원액\ 질량}{900} \times 100 = 3(수용액\ 농도)$$

이렇게 계산할 수 있다. 따라서 크레졸 원액 질량은 27ml가 되며 총 질량 900ml에서 크레졸 원액 27ml를 뺀 873ml가 물의 질량이 된다.

26 소독력이 강한 순서대로 나열된 것은?
① 멸균>살균>소독>방부
② 멸균>살균>방부>소독
③ 방부>소독>멸균>살균
④ 방부>멸균>소독>살균

27 소독제의 구비조건으로 거리가 먼 것은?
① 살균력이 강할 것
② 용해성이 높을 것
③ 안전성이 높을 것
④ 부식성이 강할 것

28 알코올을 소독의 미생물 세포에 대한 주된 작용은 무엇인가?
① 효소의 완전 파괴
② 균체의 완전융해
③ 단백질 형성
④ 할로겐 복합물 형성

29 고압증기멸균법에 대한 설명으로 올바른 것은?
① 100℃의 끓는 물에서 20~30분간 가열한다.
② 120℃에서 20분간 가열한다.
③ 우유나 포도주 같은 식품소독에 적합하다.
④ 대장균은 사멸되지 않는다.

해 저온살균은 우유나 포도주 같은 식품소독에 적합하며 대장균은 사멸되지 않는다.

30 다음은 어떤 멸균법에 대한 설명인가?

〈보기〉
멸균하고자 하는 물건에 약 260nm 정도의 빛을 30분간 쬐어 멸균하는 방법으로 바이러스, 세균의 아포 등에도 작용한다.

① 자외선 멸균법
② 방사선 멸균법
③ 초음파 멸균법
④ 고압증기 멸균법

31 공중위생관리법에 따른 위생관리기준으로 거리가 먼 것은?
① 1시간 평균치 일산화탄소는 250ppm 이하여야 한다.
② 1시간 평균치 이산화탄소는 1,000ppm 이하여야 한다.
③ 1시간 평균치 포름알데히드는 120$\mu g/㎥$ 이하여야 한다.
④ 24시간 평균 실내 미세 먼지 양이 150$\mu m/㎥$를 초과할 경우 실내공기 정화 시설을 교체해야 한다.

해 1시간 평균치 일산화탄소는 25ppm 이하여야 한다.

32 이·미용업 종사자의 위생관리로 적절하지 않은 것은?
① 깨끗한 유니폼 등의 복장을 착용한다.
② 감염성 질환자로 인정되는 고객은, 마스크 착용 후 시술을 한다.
③ 작업 시 손에 상처가 났을 경우 상처를 소독 후 응급처치를 한다.
④ 감염 예방을 위해 눈썹칼, 면봉, 화장솜 등의 일회용품은 사용 후 폐기한다.

해 감염성 질환자로 인정되는 고객에겐 작업을 금지한다.

33 이·미용업소에서 고객의 위생관리로 적절하지 않은 것은?

① 감염성 질환자로 인정되는 고객은 출입을 제한한다.
② 고객에게 사용된 면봉이나 화장솜은 재사용을 금한다.
③ 눈썹칼 등의 작업 시 출혈이 생겼을 경우 메이크업 베이스로 커버한다.
④ 감염성 질환자로 인정되는 고객에겐 작업을 금지한다.

해 눈썹칼 등의 작업 시 출혈이 생겼을 경우 상처를 소독 후 응급처치를 한다.

34 이·미용업소에서의 위생관리 기준에 대한 설명으로 옳지 않은 것은?

① 24시간 평균 실내 미세 먼지 양이 150㎍/㎥를 초과할 경우 실내 공기 정화 시설을 청소하여야 한다.
② 1시간 평균치 일산화탄소는 25ppm 이하여야 한다.
③ 1시간 평균치 이산화탄소는 1,000ppm이하여야 한다.
④ 1시간 평균치 포름알데히드는 20㎍/㎥이하여야 한다.

해 1시간 평균치 포름알데히드는 120㎍/㎥ 이하여야 한다.

35 토사물, 분뇨 등의 배설물 등의 소독 방법으로 옳지 않은 것은?

① 일광소독
② 소각법
③ 생석회
④ 석탄산

해 일광소독은 의류 및 침구류에 적합한 소독방법이다.

CHAPTER 11
미생물 총론

01. 미생물의 정의

너무 작아서 육안으로는 보이지 않는 0.1mm이하의 작은 생물체를 총칭하는 것

02. 미생물의 역사

(1) 미생물의 역사
① **자연 발생설** : 살아있는 생물체는 아무것도 없는 자연 상태에서 저절로 발생한다는 설로 그리스의 철학자 아리스토텔레스가 처음 주장했다.
② **생물 속생설** : 살아있는 생물체는 다른 생물체로부터만 발생할 수 있다는 설로 이탈리아의 의사 레디가 1668년 처음으로 생물 속생설에 관한 실험을 했다.

(2) 미생물의 발견
① 영국의 화학자 로버트 훅(1635-1703)이 세계최초로 미생물을 관찰하여 기록을 남김
② 네덜란드 과학자 레벤후크(1632-1723)가 현미경으로 미생물의 세포까지 좀 더 정밀하게 관찰

03. 미생물의 분류

(1) 병원성 미생물
질병의 원인이 되는 미생물로 몸속에서 병적인 반응을 일으키고 증식을 주도한다.

(2) 비병원성 미생물
몸속에서 병적인 반응을 일으키지 않는 미생물로 발효균, 유산균, 효모균 등이 있다.

04. 미생물의 증식

(1) 미생물 증식의 필요조건

영양소	미생물이 발육하기 위해서는 탄소와 질소원, 무기염류, 발육장소 등이 공급되어야 한다.
수분	• 미생물의 발육과 증식에 수분이 반드시 필요하며 수분이 없으면 증식이 불가능하다. • 대부분의 미생물과 세균들은 번식에 높은 습도를 필요로 한다. • 미생물 번식에 필요한 수분량은 보통 40%이상이다.
온도	병원균은 대부분 36~38℃에서 가장 활발하게 증식한다. • **저온균** : 15~20℃ • **중온균** : 20~40℃ • **고온균** : 50~65℃
산소	• **호기성 세균** : 산소가 반드시 필요한 균(백일해, 결핵균, 디프테리아 등) • **혐기성 세균** : 산소가 필요 없는 균(파상풍균, 보툴리누스균 등) • **통기성 세균** : 산소의 유무에 관계 없이 증식하는 균(대장균, 살모넬라균, 포도상구균 등)
pH(수소이온지수)	세균 증식에 가장 적합한 pH지수는 6.5~7.5(중성)이다.

CHAPTER 12
병원성 미생물

01. 병원성 미생물의 분류 및 특성

질병의 원인이 되는 미생물로 몸속에서 병적인 반응을 일으키고 증식을 주도한다. 특히 탄저균, 곰팡이균, 기종저균, 아포균, 파상풍균 등은 100℃에서도 살균되지 않는다.

바이러스	• 가장 작은 크기의 미생물 • 접촉이나 기침, 재채기에 의해서도 전염된다. • 수두, 인플루엔자, 홍역, 감기 등을 일으킨다. • DNA나 RNA의 단일분자 핵산만을 함유하고 있다.
진균	전염성이 강하며 무좀이나 습진 등의 피부병을 유발한다.
세균	• 모양에 따라 구균, 간균, 나선균으로 분류된다. 　- **구균** : 둥근 모양으로 생긴 세균 　- **간균** : 막대 모양으로 생긴 세균 　- **나선균** : S자 또는 나선 모양으로 생긴 세균 • 장티푸스, 콜레라, 결핵 등을 일으킨다.

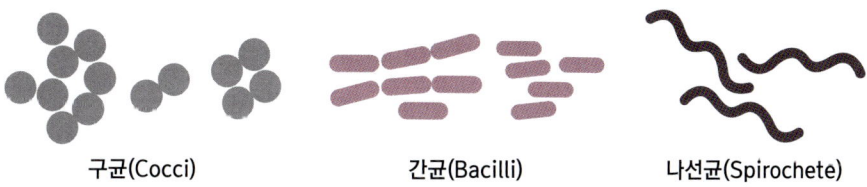

구균(Cocci)　　　간균(Bacilli)　　　나선균(Spirochete)

리케차	세균과 바이러스의 중간 크기로 벼룩, 진드기, 이 등이 가지고 있으며 발진티푸스를 일으킨다.

예상문제
미생물

정답			
01 ③	02 ②	03 ①	04 ④
05 ③	06 ③	07 ②	08 ④
09 ②	10 ①	11 ②	12 ③
13 ③	14 ①	15 ④	16 ①
17 ③	18 ②	19 ②	20 ②

01 일반적인 미생물의 번식에 가장 중요한 요소로만 나열된 것은?
① 온도 - 습도 - 시간
② 온도 - 습도 - 자외선
③ 온도 - 습도 - 영양분
④ 온도 - 적외선 - pH

해 미생물 증식의 필요조건으로는 영양분, 수분, 온도, 산소, pH 등이 있다.

02 미생물에 대한 설명으로 틀린 것은?
① 미생물 증식에는 영양소, 수분, 온도 등이 필요하다.
② 1mm 이하의 생물체를 총칭하는 것
③ 질병의 원인이 되는 미생물을 병원성 미생물이라고 한다.
④ 발효균, 유산균, 효모균 등을 비병원성 미생물이라고 한다.

해 미생물은 0.1mm 이하의 작은 생물체를 총칭하는 것이다.

03 질병의 원인이 되는 미생물로 몸속에서 병적인 반응을 일으키고 증식을 주도하는 것은?
① 병원성 미생물
② 비병원성 미생물
③ 유산균
④ 발효균

04 병원성 미생물이 가장 활발하게 증식되는 pH의 범위는?
① 0.5~1.5
② 2.5~3.5
③ 4.5~6.5
④ 6.5~7.5

해 세균 증식에 가장 적합한 pH 지수는 6.5~7.5(중성)이다.

05 미생물의 증식에 필요한 요소로 가장 거리가 먼 것은?
① 수분
② 영양소
③ 호르몬
④ 온도

06 세균 증식에 가장 적합한 수소이온지수는?
① pH 0.5~1.5
② pH 2.5~3.5
③ pH 6.5~7.5
④ pH 7.5~8.5

07. 이·미용 업소에서의 시술을 통해 감염될 수 있는 가능성이 가장 큰 질병은?

① 뇌염, 결핵
② 트라코마, 결핵
③ 피부병, 콜레라
④ 장티푸스, 세균성이질

해 트라코마는 환자가 사용한 세면기나 수건에 의해 감염되며 결핵은 호흡기를 통해 감염된다.

08. 이·미용업소에서 공기 중 비말 감염으로 가장 쉽게 옮겨질 수 있는 감염병은?

① 피부병
② 장티푸스
③ 뇌염
④ 인플루엔자

09. 다음 중 100℃에서도 살균되지 않는 균은 무엇인가?

① 결핵균
② 파상풍균
③ 장티푸스균
④ 대장균

해 탄저균, 곰팡이균, 아포균, 파상풍균 등은 100℃에서도 살균되지 않는다.

10. 둥근 모양으로 생긴 세균을 무엇이라 하는가?

① 구균
② 간균
③ 나선균
④ 대장균

해
- **구균** : 둥근 모양으로 생긴 세균
- **간균** : 막대 모양으로 생긴 세균
- **나선균** : S자 또는 나선 모양으로 생긴 세균

11. 다음 중 호기성 세균이 아닌 것은?

① 백일해
② 파상풍균
③ 결핵균
④ 티프테리아

해 파상풍균은 혐기성 세균이다.

12. 다음 중 혐기성 세균으로 알맞게 짝지어진 것은?

〈보기〉
㉠ 결핵균   ㉡ 보툴리누스균
㉢ 대장균   ㉣ 파상풍균

① ㉠, ㉢
② ㉠, ㉡
③ ㉡, ㉣
④ ㉠, ㉡, ㉣

해 혐기성 세균은 산소가 필요 없는 균으로 파상풍균, 보툴리누스균 등이 있다.

13. 막대 모양으로 생긴 세균을 무엇이라 하는가?

① 나선균
② 구균
③ 간균
④ 대장균

해 막대 모양으로 생긴 세균은 간균이라고 한다.

14 다음 중 산소가 없어야만 증식을 하는 균은?
① 파상풍균
② 백일해
③ 결핵균
④ 디프테리아

해 혐기성 세균은 산소가 필요 없는 균으로 파상풍균, 보툴리누스균 등이 있다.

15 다음 중 바이러스에 의한 질병이 아닌 것은?
① 인플루엔자
② 홍역
③ 수두
④ 콜레라

해 콜레라는 세균에 의한 질병이다.

16 세균과 바이러스의 중간 크기로 벼룩, 진드기 등이 가지고 있으며 발진티푸스를 일으키는 병원성 미생물은?
① 리케차
② 장티푸스
③ 콜레라
④ 결핵

17 병원성 세균 중 공기의 건조에 견디는 힘이 가장 강한 것은?
① 대장균
② 장티푸스균
③ 결핵균
④ 콜레라균

해 결핵균은 긴 막대기 모양의 간균으로 주로 지방 성분으로 구성된 세포벽에 둘러 쌓여 있는데 이 세포벽이 보호막 역할을 해서 건조한 상태에서도 살아남을 수 있다.

18 S자 또는 나선 모양으로 생긴 세균은?
① 간균
② 나선균
③ 대장균
④ 구균

19 가장 작은 크기의 미생물로 수두, 인플루엔자, 홍역, 감기 등을 일으키는 것은?
① 진균
② 바이러스
③ 세균
④ 리케차

해 바이러스는 가장 작은 크기의 미생물로 접촉이나 기침, 재채기에 의해서도 전염된다.

20 다음 중 미생물의 종류가 아닌 것은?
① 곰팡이
② 벼룩
③ 효모
④ 세균

CHAPTER 13
공중위생관리법의 목적 및 정의

01. 목적 및 정의

(1) 공중위생관리법의 정의

공중이 이용하는 영업과 시설의 위생관리 등에 관한 사항을 규정한 법률(1999. 2. 8, 법률 5839호)

(2) 미용업의 정의

① "미용업"이라 함은 손님의 얼굴, 머리, 피부 및 손톱·발톱 등을 손질하여 손님의 외모를 아름답게 꾸미는 영업을 말한다.

② **화장·분장 미용업** : 얼굴 등 신체의 화장, 분장 및 의료기기나 의약품을 사용하지 아니하는 눈썹손질을 하는 영업을 말한다.

(3) 공중위생관리법의 목적

공중이 이용하는 영업의 위생관리 등에 관한 사항을 규정함으로써 위생수준을 향상시켜 국민의 건강증진에 기여함을 목적으로 한다.

(4) 공중위생영업의 범위

"공중위생영업"이라 함은 다수인을 대상으로 위생관리서비스를 제공하는 영업으로서 숙박업·목욕장업·이용업·미용업·세탁업·건물위생관리업을 말한다.

CHAPTER 14
영업의 신고 및 폐업

01. 영업의 신고 및 폐업신고

(1) 영업신고
① 공중위생영업을 하고자 하는 자는 보건복지가족부령이 정하는 시설을 갖추고 시장·군수·구청장에게 신고해야함
② 신고를 받은 시장·군수·구청장은 즉시 영업신고 등을 교부하고 신고관리대장을 작성·관리해야함
③ **영업신고 시 제출서류** : 영업시설 및 설비개요서, 교육필증, 면허증원본
④ 미용업을 하는 사람이 영업신고를 하지 않은 경우 1년 이하의 징역 또는 1천만원 이하의 벌금(공중위생관리법 제20조 제1항 제1호)

(2) 폐업신고
① 공중위생영업을 신고한 자는 폐업한 날로부터 20일 이내 시장·군수·구청장에게 신고하여야 한다.
② 영업정지 등의 기간 중에는 폐업신고를 할 수 없다.

(3) 변경신고
보건복지부령이 정하는 다음과 같은 경우에는 변경신고를 해야 한다. 규정에 의한 변경신고를 하지 않은 경우 6월 이하의 징역 또는 500만원 이하의 벌금에 처한다.
① 영업소의 명칭 또는 상호
② 영업소 소재지 변경
③ 신고한 영업장 면적의 3분의 1 이상의 증감
④ 대표자의 성명 또는 생년월일
⑤ 미용업 업종 간 변경

02. 영업의 승계

(1) 영업의 승계
① 이·미용업에서는 면허를 소지한 자만이 승계할 수 있다.
② 공중위생업자의 지위를 승계한 자는 1월 이내에 보건복지가족부령이 정하는바에 따라 시장·군수·구청장에게 신고하여야 한다.

(2) 영업을 승계할 수 있는 경우(면허 소지자에 한함)
① 공중위생영업 신고자가 영업을 자진 양도하거나 사망할 경우
② 법인의 합병 시 양수인 또는 상속인
③ 민사집행법에 의한 경매나 파산법에 의한 압류재산의 매각 등 이에 준하는 절차에 따라 관련 시설을 인수한 자

(3) 영업 승계 시 제출 서류
① 승계자는 1월 이내에 시장·군수·구청장에게 서류로 신고하여야 한다.
② **제출서류**: 영업자 지위 승계신고서, 상속인 증명서류
③ 행정정보의 공동이용을 통한 확인에 동의하지 않을 경우 구비서류에 가족관계증명원도 첨부해야 하며 양도계약서는 반드시 원본을 제출한다.

CHAPTER 15
영업자 준수사항

01. 위생관리

(1) 위생관리 의무

메이크업 미용업자는 그 이용자에게 건강상 위해요인이 발생하지 않도록 영업관련 시설 및 설비를 위생적이고 안전하게 관리해야 한다(규제「공중위생관리법」제4조제1항·제4항).

(2) 위생관리 준수사항

공중위생영업자가 준수하여야 할 위생관리 기준은 보건복지가족부령으로 정한다.

구분	위생관리 준수사항
이용업자	• 이용기구 중 소독을 한 기구와 소독을 하지 아니한 기구는 각각 다른 용기에 넣어 보관하여야 한다. • 1회용 면도날은 손님 1인에 한하여 사용하여야 한다. • 영업장 안의 조명도는 75룩스 이상이 되도록 유지하여야 한다.
미용업자	• 점빼기, 귓볼뚫기, 쌍꺼풀수술, 문신, 박피술, 그 밖에 이와 유사한 의료행위를 하여서는 안 된다. • 피부미용을 위하여 약사법 규정에 의한 의약품 또는 의료용구를 사용하여서는 안 된다. • 미용기구 중 소독을 한 기구와 소독을 하지 아니한 기구는 각각 다른 용기에 넣어 보관하여야 한다. • 1회용 면도날은 손님 1인에 한하여 사용하여야 한다. • 업소 내에 미용업신고증, 개설자의 면허증 원본 및 미용 요금표를 게시하여야 한다. • 영업장 안의 조명도는 75룩스 이상이 되도록 유지하여야 한다.

(3) 이·미용기구의 소독 기준 및 방법

① 일반기준

소독종류	소독방법
자외선소독	1㎠당 85㎼ 이상의 자외선을 20분 이상 쬐어준다.
건열멸균소독	섭씨 100℃ 이상의 건조한 열에 20분 이상 쐬어준다.
증기소독	섭씨 100℃ 이상의 습한 열에 20분 이상 쐬어준다
열탕소독	섭씨 100℃ 이상의 물속에 10분 이상 끓여준다.
석탄산수소독	석탄산수(석탄산 3%, 물 97%의 수용액을 말한다)에 10분 이상 담가둔다.
크레졸소독	크레졸수(크레졸 3%, 물 97%의 수용액을 말한다)에 10분 이상 담가둔다.
에탄올소독	에탄올수용액(에탄올이 70%인 수용액)에 10분 이상 담가두거나 에탄올수용액을 머금은 면 또는 거즈로 기구의 표면을 닦아준다.

② 개별기준

이용기구 및 미용기구의 종류·재질 및 용도에 따른 구체적인 소독기준 및 방법은 보건복지부장관이 정하여 고시한다.

CHAPTER 16
이·미용사의 면허

01. 면허발급 및 취소

(1) 미용사 면허를 받을 수 있는 사람

① 전문대학 또는 이와 같은 수준 이상의 학력이 있다고 교육부장관이 인정하는 학교에서 미용에 관한 학과를 졸업한 사람
② 「학점인정 등에 관한 법률」 제8조에 따라 대학 또는 전문대학을 졸업한 사람과 같은 수준 이상의 학력이 있는 것으로 인정되어 미용에 관한 학위를 취득한 사람
③ 고등학교 또는 이와 같은 수준의 학력이 있다고 교육부장관이 인정하는 학교에서 미용에 관한 학과를 졸업한 사람
④ 교육부장관이 인정하는 고등기술학교에서 1년 이상 미용에 관한 소정의 과정을 이수한 사람
⑤ 「국가기술자격법」에 따른 미용사의 자격을 취득한 사람

(2) 미용사 면허를 받을 수 없는 사람

① 피성년후견인(질병, 장애, 노령, 그 밖의 사유로 인한 정신적 제약으로 사무를 처리할 능력이 지속적으로 결여된 사람으로서 가정법원으로부터 성년후견개시의 심판을 받은 사람)
② 정신보건법에 따른 정신질환자(다만, 전문의가 미용사로서 적합하다고 인정하는 사람은 제외)
③ 공중의 위생에 영향을 미칠 수 있는 감염병 환자로서 보건복지부령이 정하는 자
④ 마약, 대마 또는 향정신성의약품의 중독자
⑤ 공중위생관리법 제7조 제1항 제2호, 제4호, 제6호 또는 제7호의 사유로 면허가 취소된 후 1년이 경과되지 않은 사람

(3) 면허 신청

미용사가 되려는 사람은 다음의 서류를 첨부하여 시장·군수·구청장에게 미용사 면허를 받아야 한다.
① 미용사 면허신청서 1부(전자문서로 된 신청서를 포함)

② 정신질환자가 아님을 증명하는 최근 6개월 이내의 의사의 진단서 1부(단, 전문의가 미용사로서 적합하다고 인정하는 사람의 경우에는 이를 증명할 수 있는 전문의의 진단서 1부)
③ 결핵(비감염성인 경우는 제외)환자 및 마약, 대마 또는 향정신성의약품의 중독자가 아님을 증명하는 최근 6개월 이내의 의사의 진단서 1부
④ 신청 전 6개월 이내에 모자 등을 쓰지 않고 촬영한 천연색 상반신 정면사진(가로 3.5센티미터, 세로 4.5센티미터) 1장 또는 전자적 파일 형태의 사진

⑤ 다음의 경우 각각의 증명서

구분	제출서류
• 고등학교, 전문대학 또는 이와 같은 수준 이상의 학력이 있다고 교육부장관이 인정하는 학교에서 미용에 관한 학과를 졸업한 사람 • 「학점인정 등에 관한 법률」에 따라 대학 또는 전문대학을 졸업한 사람과 같은 수준 이상의 학력이 있는 것으로 인정되어 미용에 관한 학위를 취득한 사람	졸업증명서 또는 학위증명서 1부
교육부장관이 인정하는 고등기술학교에서 1년 이상 미용에 관한 소정의 과정을 이수한 사람	이수증명서 1부

(4) 면허증의 재교부

① 면허증의 기재사항이 변경되었을 경우
② 면허증이 분실 또는 훼손되었을 경우
③ **면허증 재교부 신청 시 필요서류** : 면허증원본(기재사항이 변경, 헐어 못쓰게 된 경우), 신청서, 최근 6개월 이내에 찍은 탈모 정면 3×4cm 상반신 사진 1매

(5) 면허 취소

시장·군수·구청장은 이용사 또는 미용사가 다음 각호의 1에 해당하는 때에는 그 면허를 취소하거나 6월 이내의 기간을 정하여 그 면허의 정지를 명할 수 있다. 다만, 제1호, 제2호, 제4호, 제6호 또는 제7호에 해당하는 경우에는 그 면허를 취소하여야 한다.
① 피성년후견인, 정신보건법에 따른 정신질환자, 공중의 위생에 영향을 미칠 수 있는 감염병환자로서 보건복지부령이 정하는 자, 마약이나 대마 또는 향정신성의약품의 중독자
② 면허증을 다른 사람에게 대여한 때
③ 국가기술자격법에 따라 자격이 취소된 때

④ 국가기술자격법에 따라 자격정지 처분을 받은 때(국가기술자격법에 따른 자격정지 처분 기간에 한정한다)
⑤ 이중으로 면허를 취득한 때(나중에 발급받은 면허를 말한다)
⑥ 면허정지 처분을 받고도 그 정지 기간 중에 업무를 한 때
⑦ 성매매알선 등 행위의 처벌에 관한 법률이나 풍속영업의 규제에 관한 법률을 위반하여 관계 행정기관의 장으로부터 그 사실을 통보받은 때

(6) 면허 정지

시장·군수·구청장의 전결사항으로 6월 이내의 면허정지를 명할 수 있다.
① 법규를 위반한 때
② 면허증을 타인에게 대여한 때

(7) 면허증의 반납

면허취소, 면허정지 명령을 받은 자는 지체 없이 시장·군수·구청장에게 이를 반납하여야 한다.

02. 면허 수수료

수수료는 지방자치단체의 수입증지 또는 정보통신망을 이용한 전자화폐·전자결제 등의 방법으로 시장·군수·구청장에게 납부해야 한다(「공중위생관리법」 제19조의2 및 「공중위생관리법 시행령」 제10조의2).
① 미용사 면허를 신규로 신청하는 경우 : 5,500원
② 미용사 면허를 재교부 받고자 하는 경우 : 3,000원

CHAPTER 17
이·미용사의 업무

01. 이·미용사의 업무

이·미용사의 업무 범위에 관하여 필요한 사항은 보건복지가족부령으로 정하며 이·미용 업무는 영업장 외의 곳에서 행할 수 없다(단, 보건복지가족부령이 정하는 사유는 예외로 한다).

(1) 이용사의 업무 범위
이발, 아이론, 면도, 머리피부손질, 머리카락 염색 및 머리감기

(2) 미용사의 업무 범위

분야	업무범위
미용업(메이크업)	얼굴 등 신체의 화장 및 분장 및 눈썹 손질(의료기기나 의약품을 사용하지 않음)
미용업(일반)	파마·머리카락 자르기·머리카락 모양내기·머리피부 손질·머리카락 염색·머리감기·의료기기나 의약품을 사용하지 않는 눈썹 손질
미용업(피부)	의료기기나 의약품을 사용하지 않는 피부 상태 분석·피부 관리·제모(除毛)·눈썹 손질
미용업(손톱·발톱)	손톱과 발톱을 손질·화장(化粧)

CHAPTER 18
행정지도감독

01. 영업소 출입검사

특별시장·광역시장·도지사 또는 시장·군수·구청장은 공중위생관리상 필요하다고 인정하는 때에는 공중위생영업자에 대하여 필요한 보고를 하게 하거나 소속공무원으로 하여금 영업소·사무소 등에 출입하여 공중위생영업자의 위생관리의무이행 등에 대하여 검사하게 하거나 필요에 따라 공중위생영업 장부나 서류를 열람하게 할 수 있다.

02. 영업제한

시·도지사는 공익상 또는 선량한 풍속을 유지하기 위하여 필요하다고 인정하는 때에는 공중위생영업자 및 종사원에 대하여 영업시간 및 영업행위에 관한 필요한 제한을 할 수 있다.

03. 영업소 폐쇄

(1) 폐쇄 명령

① 제1항

시장·군수·구청장은 공중위생영업자가 다음 각 호의 어느 하나에 해당하면 6월 이내의 기간을 정하여 영업의 정지 또는 일부 시설의 사용중지를 명하거나 영업소 폐쇄 등을 명할 수 있다.

(ㄱ) 영업신고를 하지 아니하거나 시설과 설비기준을 위반한 경우

(ㄴ) 변경신고를 하지 아니한 경우

(ㄷ) 지위승계신고를 하지 아니한 경우

(ㄹ) 공중위생영업자의 위생관리의무 등을 지키지 아니한 경우

(ㅁ) 영업소 외의 장소에서 이용 또는 미용 업무를 한 경우

(ㅂ) 공중위생관리법 제9조에 따른 보고를 하지 아니하거나 거짓으로 보고한 경우 또는 관계 공무원의 출입, 검사 또는 공중위생영업 장부 또는 서류의 열람을 거부·방해하거나 기피한 경우

(ㅅ) 공중위생관리법 제10조에 따른 개선 명령을 이행하지 아니한 경우
(ㅇ) 「성매매알선 등 행위의 처벌에 관한 법률」, 「풍속영업의 규제에 관한 법률」, 「청소년 보호법」, 「아동·청소년의 성보호에 관한 법률」 또는 「의료법」을 위반하여 관계 행정기관의 장으로부터 그 사실을 통보받은 경우

② 제2항
시장·군수·구청장은 제1항에 따른 영업정지처분을 받고도 그 영업정지 기간에 영업을 한 경우에는 영업소 폐쇄를 명할 수 있다.

③ 제3항
시장·군수·구청장은 다음 각 호의 어느 하나에 해당하는 경우에는 영업소 폐쇄를 명할 수 있다.
(ㄱ) 공중위생영업자가 정당한 사유 없이 6개월 이상 계속 휴업하는 경우
(ㄴ) 공중위생영업자가 「부가가치세법」 제8조에 따라 관할 세무서장에게 폐업신고를 하거나 관할 세무서장이 사업자 등록을 말소한 경우

(2) 폐쇄를 하기위한 조치
시장·군수·구청장은 공중위생영업자가 제1항의 규정에 의한 영업소폐쇄명령을 받고도 계속하여 영업을 하는 때에는 관계공무원으로 하여금 당해 영업소를 폐쇄하기 위하여 다음과 같은 조치를 하게 할 수 있다.
① 당해 영업소의 간판 기타 영업표지물의 제거
② 당해 영업소가 위법한 영업소임을 알리는 게시물 등의 부착
③ 영업을 위하여 필수불가결한 기구 또는 시설물을 사용할 수 없게 하는 봉인

(3) 영업소 폐쇄에 대한 봉인 해제
시장·군수·구청장은 제5항 제3호에 따른 봉인을 한 후 봉인을 계속할 필요가 없다고 인정되는 때와 영업자 등이나 그 대리인이 당해 영업소를 폐쇄할 것을 약속하는 때 및 정당한 사유를 들어 봉인의 해제를 요청하는 때에는 그 봉인을 해제할 수 있다.

04. 공중위생감시원

(1) 공중위생감시원
① 관계공무원의 업무를 행하게 하기 위하여 특별시·광역시·도 및 시·군·구(자치구에 한한다)에 공중위생감시원을 둔다.
② 제1항의 규정에 의한 공중위생감시원의 자격·임명·업무범위 기타 필요한 사항은 대통령령으로 정한다.

(2) 공중위생감시원 자격
① 공중위생 감시원의 자격과 임명·업무의 범위 등에 대한 사항은 대통령령으로 정한다.
② 위생사 또는 환경기사 2급 이상의 자격증이 있는 사람, 외국에서 위생사 또는 환경기사 면허를 받은 사람, 대학에서 화학·화공학·환경공학 또는 위생학 분야를 전공하고 졸업한 사람 또는 법령에 따라 이와 같은 수준 이상의 학력이 있다고 인정되는 사람, 1년 이상 공중위생 행정에 종사한 경력이 있는 사람

(3) 공중위생감시원의 업무
① 시설 및 설비의 확인
② 공중위생영업 관련 시설 및 설비의 위생상태 확인·검사, 공중위생영업자의 위생관리의무 및 영업자 준수사항 이행 여부의 확인
③ 위생지도 및 개선명령 이행 여부의 확인
④ 공중위생영업소의 영업의 정지, 일부 시설의 사용중지 또는 영업소 폐쇄명령 이행 여부의 확인
⑤ 위생교육 이행 여부 확인

(4) 명예 공중위생감시원

① 시·도지사는 공중위생의 관리를 위한 지도·계몽 등을 행하게 하기 위하여 명예공중위생감시원을 둘 수 있다.

② 명예 공중위생감시원은 공중위생에 대한 관심과 지식이 있는 자, 소비자단체 또는 공중위생관련 협회나 단체의 소속 직원 중에서 단체장이 추천하는 자

③ 명예공중위생감시원의 자격 및 위촉방법, 업무 범위 등에 관하여 필요한 사항은 대통령령으로 정한다.

CHAPTER 19
업소 위생등급

01. 위생평가

① 시·도지사는 공중위생영업소의 위생관리수준을 향상시키기 위하여 위생서비스평가계획을 수립하여 시장·군수·구청장에게 통보하여야 한다.
② 시장·군수·구청장은 평가계획에 따라 관할지역별 세부평가계획을 수립한 후 공중위생영업소의 위생서비스수준을 평가하여야 한다.
③ 시장·군수·구청장은 위생서비스평가의 전문성을 높이기 위하여 필요하다고 인정하는 경우에는 관련 전문기관 및 단체로 하여금 위생서비스평가를 실시하게 할 수 있다.
④ 위생서비스평가의 주기·방법, 위생관리등급의 기준 기타 평가에 관하여 필요한 사항은 보건복지부령으로 정한다.
⑤ 평가주기는 2년마다 실시한다.

02. 위생등급

(1) 위생관리 등급

구분	등급
최우수 업소	녹색 등급
우수 업소	황색 등급
일반관리대상 업소	백색 등급

(2) 위생관리 등급 공표

① 시장·군수·구청장은 보건복지부령이 정하는 바에 의하여 위생서비스평가의 결과에 따른 위생관리등급을 해당 공중위생영업자에게 통보하고 이를 공표하여야 한다.

② 공중위생영업자는 시장·군수·구청장으로부터 통보받은 위생관리등급의 표지를 영업소의 명칭과 함께 영업소의 출입구에 부착할 수 있다.

③ 시·도지사 또는 시장·군수·구청장은 위생서비스평가의 결과 위생서비스의 수준이 우수하다고 인정되는 영업소에 대하여 포상을 실시할 수 있다.

④ 시·도지사 또는 시장·군수·구청장은 위생서비스평가의 결과에 따른 위생관리등급별로 영업소에 대한 위생감시를 실시하여야 한다. 이 경우 영업소에 대한 출입·검사와 위생감시의 실시주기 및 횟수 등 위생관리등급별 위생 감시 기준은 보건복지부령으로 정한다.

CHAPTER 20
보수교육

01. 영업자 위생교육

(1) 위생교육(공중위생관리법 제17조)
① 공중위생영업자는 매년 3시간의 위생교육을 받아야 한다.
② 신고를 하고자 하는 자는 미리 위생교육을 받아야 한다. 다만, 부득이한 사유로 미리교육을 받을 수 없는 경우에는 영업개시 후 보건복지부령이 정하는 기간 안에 위생교육을 받을 수 있다.

> ✓ TIP!
> 다음 각호의 어느 하나에 해당하는 자는 영업신고를 한 후 6개월이내에 위생교육을 받을 수 있다.
>   1. 천재지변, 본인의 질병, 사고, 업무상 국외출장 등의 사유로 교육을 받을 수 없는 경우
>   2. 교육을 실시하는 단체의 사정 등으로 미리교육을 받기 불가능한 경우

③ 위생교육을 받아야 하는 자 중 영업에 직접 종사하지 아니하거나 2 이상의 장소에서 영업을 하는 자는 종업원 중 영업장별로 공중위생에 관한 책임자를 지정하고 그 책임자로 하여금 위생교육을 받게 하여야 한다.
④ 위생교육은 보건복지부장관이 허가한 단체 또는 제16조에 따른 단체가 실시할 수 있다.
⑤ 위임받은 단체나 기관은 교재를 대상자에게 제공하여야 하며 교육결과를 1월 이내에 관할 시장·군수·구청장에게 보고하여야 한다.
⑥ 교육 참석이 어렵다고 인정되는 곳(도서, 벽지)에 사는 영업자는 교재를 숙지, 활용함으로써 대신할 수 있다.
⑦ 공중위생관리법 제17조 제1항의 규정에 위반하여, 위생교육을 받지 아니한 자는 200만원 이하의 과태료에 처한다.

(2) 위생교육 내용
①공중위생관리법 및 관련 법규
②소양교육
③기술교육

02. 위생교육기관

위생교육 기관은 보건복지부장관이 허가한 단체 또는 공중위생관리법 제16조(공중위생 영업자단체의 설립)에 따른 단체가 실시할 수 있다.

CHAPTER 21
벌칙·법령·법규사항

01. 위반자에 대한 벌칙, 과징금

(1) 벌칙

1년 이하의 징역 또는 1천만원 이하의 벌금	• 영업신고를 하지 않은 자 • 영업정지명령 또는 일부 시설의 사용중지명령을 받고도 그 기간중에 영업을 하거나 그 시설을 사용한 자 • 영업소 폐쇄명령을 받고도 계속하여 영업을 한 자
6월 이하의 징역 또는 500만원 이하의 벌금	• 변경신고를 하지 않은 자 • 공중위생영업자의 지위를 승계한 뒤 변경신고를 하지 않은 자 • 건전한 영업질서를 위하여 공중위생영업자가 준수하여야 할 사항을 준수하지 않은 자
300만원 이하의 벌금	• 면허의 취소 또는 정지 중에 이용업 또는 미용업을 한 사람 • 면허 없이 이용업 또는 미용업을 개설하거나 그 업무에 종사한 사람

(2) 과징금 처분

① 시장·군수·구청장은 제11조 제1항의 규정에 의한 영업정지가 이용자에게 심한 불편을 주거나 그 밖에 공익을 해할 우려가 있는 경우에는 영업정지 처분에 갈음하여 3천만원 이하의 과징금을 부과할 수 있다. 다만, 「성매매알선 등 행위의 처벌에 관한 법률」, 「아동·청소년의 성보호에 관한 법률」, 「풍속영업의 규제에 관한 법률」 제3조 각호의 1 또는 이에 상응하는 위반행위로 인하여 처분을 받게 되는 경우를 제외한다.

② 제1항의 규정에 의한 과징금을 부과하는 위반행위의 종별·정도 등에 따른 과징금의 금액 등에 관하여 필요한 사항은 대통령령으로 정한다.

③ 시장·군수·구청장은 제1항의 규정에 의한 과징금을 납부하여야 할 자가 납부기한까지 이를 납부하지 아니한 경우에는 대통령령으로 정하는 바에 따라 제1항에 따른 과징금 부과처분을 취소하고 제11조제1항에 따른 영업정지 처분을 하거나 「지방세외수입금의 징수 등에 관한 법률」에 따라 이를 징수한다.

④ 제1항 및 제3항의 규정에 의하여 시장·군수·구청장이 부과·징수한 과징금은 당해 시·군·구에 귀속된다.

⑤ 시장·군수·구청장은 과징금의 징수를 위하여 필요한 경우에는 다음 각 호의 사항을 기재한 문서로 관할 세무관서의 장에게 과세정보의 제공을 요청할 수 있다.

(ㄱ) 납세자의 인적사항

(ㄴ) 사용목적

(ㄷ) 과징금 부과기준이 되는 매출금액

(3) 과징금의 부과 및 납부

① 시장·군수·구청장은 법 제11조의2의 규정에 따라 과징금을 부과하고자 할 때에는 그 위반행위의 종별과 해당 과징금의 금액 등을 명시하여 이를 납부할 것을 서면으로 통지하여야 한다.

② 제1항의 규정에 따라 통지를 받은 자는 통지를 받은 날부터 20일 이내에 과징금을 시장·군수·구청장이 정하는 수납기관에 납부하여야 한다. 다만, 천재·지변 그 밖에 부득이한 사유로 인하여 그 기간내에 과징금을 납부할 수 없는 때에는 그 사유가 없어진 날부터 7일 이내에 납부하여야 한다.

③ 제2항의 규정에 따라 과징금의 납부를 받은 수납기관은 영수증을 납부자에게 교부하여야 한다.

④ 과징금의 수납기관은 제2항의 규정에 따라 과징금을 수납한 때에는 지체없이 그 사실을 시장·군수·구청장에게 통보하여야 한다.

⑤ 과징금은 이를 분할하여 납부할 수 없다.

⑥ 과징금의 징수절차는 보건복지부령으로 정한다.

(4) 과징금의 산정기준 (2019.4.9. 개정)

① 영업정지 1개월은 30일을 기준으로 한다.

② 위반행위의 종별에 따른 과징금의 금액은 영업정지 기간에 다목에 따라 산정한 영업정지 1일당 과징금의 금액을 곱하여 얻은 금액으로 한다. 다만, 과징금 산정금액이 1억원을 넘는 경우에는 1억원으로 한다.

③ 1일당 과징금의 금액은 위반행위를 한 공중위생영업자의 연간 총매출액을 기준으로 산출한다.

④ 연간 총매출액은 처분일이 속한 연도의 전년도의 1년간 총매출액을 기준으로 한다. 다만, 신규사업·휴업 등에 따라 1년간 총매출액을 산출할 수 없거나 1년간 매출액을 기준으로 하는 것이 현저히 불합리하다고 인정되는 경우에는 분기별·월별 또는 일별 매출액을 기준으로 연간 총매출액을 환산하여 산출한다.

02. 과태료, 양벌규정

(1) 과태료

① 300만원 이하의 과태료
 (ㄱ) 규정에 의한 보고를 하지 아니하거나 관계공무원의 출입·검사 기타 조치를 거부·방해 또는 기피한 자
 (ㄴ) 규정에 의한 개선명령에 위반한 자

② 200만원 이하의 과태료
 (ㄱ) 미용업소의 위생관리 의무를 지키지 않은 자
 (ㄴ) 영업소 외의 장소에서 이용 또는 미용 업무를 행한 자
 (ㄷ) 위생교육을 받지 않은 자

(2) 양벌규정

법인의 대표자나 법인 또는 개인의 대리인, 사용인, 그 밖의 종업원이 그 법인 또는 개인의 업무에 관하여 제20조의 위반행위를 하면 그 행위자를 벌하는 외에 그 법인 또는 개인에게도 해당 조문의 벌금형을 과(科)한다. 다만, 법인 또는 개인이 그 위반행위를 방지하기 위하여 해당 업무에 관하여 상당한 주의와 감독을 게을리하지 않은 경우에는 벌금형을 과하지 않는다.

03. 행정처분

위반행위	행정처분기준				관련법규
	1차 위반	2차 위반	3차 위반	4차위반	
법이나 명령을 위반했을 경우					
① 영업신고를 하지 않은 경우	영업장 폐쇄명령	-	-	-	공중관리법 제11조 제1항 제1호
② 시설 및 설비기준을 위반한 경우	개선명령	영업정지 15일	영업정지 1월	영업장 폐쇄명령	
③ 신고를 하지 않고 영업소의 소재지를 변경한 경우	영업장 폐쇄명령	-	-	-	공중관리법 제11조 제1항 제2호
④ 신고를 하지 않고 영업소의 명칭 및 상호 또는 영업장 면적의 3분의 1이상 변경한 경우	개선명령	영업정지 15일	영업정지 1월	영업장 폐쇄명령	
⑤ 영업자의 지위 승계 후 1월 이내 지위승계 신고를 하지 않은 경우	경고	영업정지 10일	영업정지 1개월	영업장 폐쇄명령	공중관리법 제11조 제1항 제3호
⑥ 소독한 기구와 소독하지 않은 기구를 각각 다른 용기에 넣어 보관하지 않거나 1회용 면도칼을 2인 이상의 손님에게 사용한 경우	경고	영업정지 5일	영업정지 10일	영업장 폐쇄명령	공중관리법 제11조 제1항 제4호
⑦ 피부미용을 위하여 「약사법」에따른 의약품 또는「의료기기법」에 따른 의료기기를 사용한 경우	영업정지 2월	영업정지 3월	영업장 폐쇄명령	-	
⑧ 점빼기·귓볼뚫기·쌍꺼풀수술·문신·박피술 그 밖에 유사한 의료행위를 한 경우	영업정지 2월	영업정지 3월	영업장 폐쇄명령	-	
⑨ 미용업 신고증 및 면허증 원본을 게시하지 않거나 업소 내 조명도를 준수하지 않은 경우	경고 또는 개선명령	영업정지 5일	영업정지 10일	영업장 폐쇄명령	
⑩ 영업소 외의 장소에서 업무를 행한 경우	영업정지 1월	영업정지 2월	영업장 폐쇄명령	-	공중관리법 제11조 제1항 제5호
⑪ 시·도지사 또는 시장·군수·구청장의 개선명령을 이행하지 않은 경우	경고	영업정지 10일	영업정지 1월	영업장 폐쇄명령	공중관리법 제11조 제1항 제7호

위반행위	행정처분기준				관련법규
	1차 위반	2차 위반	3차 위반	4차위반	
⑫ 시·도지사 또는 시장·군수·구청장이 필요하다고 판단 시 요청한 보고를 하지 않거나 거짓으로 보고한 때 또는 관계공무원의 출입·검사를 거부·기피하거나 방해한 경우	영업정지 10일	영업정지 20일	영업정지 1월	영업장 폐쇄명령	공중관리법 제11조 제1항 제6호
⑬ 영업정지처분을 받고 그 영업 정지기간 중 영업한 경우	영업장 폐쇄명령	-	-	-	공중관리법 제11조 제2항
⑭ 공중위생영업자가 정당한 사유 없이 6개월 이상 계속 휴업하는 경우	영업장 폐쇄명령	-	-	-	공중관리법 제11조 제3항 제1호
⑮ 공중위생영업자가 「부가가치세법」 제8조에 따라 관할 세무서장에게 폐업신고를 하거나 관할 세무서장이 사업자 등록을 말소한 경우	영업장 폐쇄명령	-	-	-	공중관리법 제11조 제3항 제2호
면허에 관한 규정을 위반했을 경우					
① 「국가기술자격법」에 따라 자격이 취소된 경우	면허취소	-	-	-	공중관리법 제7조 제1항
② 「국가기술자격법」에 따라 자격정지처분을 받은 경우	면허정지	-	-	-	
③ 이중으로 면허를 취득한 경우	면허취소	-	-	-	
④ 면허정지처분을 받고도 그 정지 기간 중에 업무를 한 경우	면허취소	-	-	-	
⑤ 정신질환자, 감염병환자, 마약류의 약물중독자 등 미용사 면허를 발급받을 수 없는 경우에 해당하게 된 경우	면허취소	-	-	-	
⑥ 면허증을 타인에게 대여한 경우	면허정지 3월	면허정지 6월	면허취소	-	

CHAPTER 21 | 벌칙·법령·법규사항

위반행위		행정처분기준				관련법규
		1차 위반	2차 위반	3차 위반	4차위반	
「성매매알선 등 행위의 처벌에 관한 법률」,「풍속영업의 규제에 관한 법률」을 위반하여 관계 행정기관의 장으로부터 그 사실을 통보받은 경우						
① 손님에게 성매매알선 등 행위 또는 음한 행위를 하게하거나 이를 알선 또는 제공한 경우	영업소	영업정지 3월	영업장 폐쇄명령	-	-	공중관리법 제11조 제1항 제8호
	미용사	면허정지 3월	면허취소	-	-	
② 손님에게 도박 그 밖에 사행행위를 하게 한 경우		영업정지 1월	영업정지 2월	영업장 폐쇄명령	-	
③ 음란한 물건을 관람·열람하게 하거나 진열 또는 보관한 경우		경고	영업정지 15일	영업정지 1월	-	
④ 무자격 안마사로 하여금 안마행위를 하게 할 경우		영업정지 1월	영업정지 2월	영업장 폐쇄명령	-	

예상문제
벌칙·법령·법규사항

정답

01 ①	02 ②	03 ①	04 ③
05 ④	06 ①	07 ②	08 ③
09 ①	10 ④	11 ④	12 ②
13 ②	14 ③	15 ②	16 ④
17 ①	18 ②	19 ③	20 ①
21 ④	22 ④	23 ②	24 ④
25 ②	26 ①	27 ③	28 ①
29 ④	30 ④	31 ③	32 ②
33 ④	34 ③	35 ①	36 ④
37 ②	38 ②	39 ③	40 ④

01 이·미용 업소의 조명은 얼마 이상이어야 하는가?
① 75룩스
② 100룩스
③ 125룩스
④ 175룩스

해 이·미용업소의 조명도는 75룩스 이상이 되도록 유지하여야 한다.

02 공중이 이용하는 영업과 시설의 위생관리 등에 관한 사항을 규정한 법률을 무엇이라 하는가?
① 미용관리법
② 공중위생관리법
③ 공중영업관리법
④ 공중관리법

03 면허증을 다른 사람에게 대여한 때의 2차 위반 행정처분 기준은?
① 면허정지 6월
② 영업정지 6월
③ 면허정지 3월
④ 영업정지 3월

해 1차위반-면허정지3월, 2차위반-면허정지6월, 3차위반-면허취소이다.

04 이·미용업 영업자가 시설 및 설비기준을 위반한 경우 1차 위반에 대한 행정처분 기준은?
① 경고
② 영업정지5일
③ 개선명령
④ 면허취소

해 1차위반-개선명령, 2차위반-영업정지15일, 3차위반-영업정지1월, 4차위반-영업장폐쇄명령

05 공중위생영업에 해당하지 <u>않는</u> 것은?
① 미용업
② 세탁업
③ 목욕장업
④ 위생관리업

해 "공중위생영업"이라 함은 다수인을 대상으로 위생관리서비스를 제공하는 영업으로서 숙박업·목욕장업·이용업·미용업·세탁업·건물위생관리업을 말한다.

06 공중위생감시원의 업무에 해당하지 않는 것은?
① 세금납부 걱정 여부의 확인에 관한사항
② 위생지도 및 개선명령 이행 여부의 확인에 관한사항
③ 공중위생영업자 준수사항 이행 여부의 확인에 관한사항
④ 공중위생영업 신고 시 시설 및 설비의 확인에 관한사항

07 이·미용사의 면허를 받을 수 없는 자는?
① 국가기술자격법에 의한 이·미용사의 자격을 취득한 자
② 교육부장관이 인정하는 고등기술학교에서 6개월 과정의 이용 또는 미용에 관한 소정의 과정을 이수한 자
③ 교육부장관이 인정하는 이·미용 고등학교에서 이용 또는 미용에 관한 학과를 졸업한 자
④ 전문대학에서 이용 또는 미용에 관한 학과를 졸업한 자

해 이·미용사의 면허를 받을 수 있는 사람은, 교육부장관이 인정하는 고등기술학교에서 1년 이상 미용에 관한 소정의 과정을 이수한 사람이다.

08 법에 따라 이·미용업 영업소 안에 게시하여야 하는 게시물에 해당하지 않는 것은?
① 이·미용업 신고증
② 요금표
③ 이·미용사 국가기술자격증
④ 개설자의 면허증 원본

해 업소 내에 미용업신고증, 개설자의 면허증 원본 및 미용요금표를 게시하여야 한다.

09 영업정지처분을 받고 그 영업정지기간 중 영업을 한 때 1차 위반 시 행정처분 기준은?
① 영업장 폐쇄명령
② 경고 또는 개선명령
③ 영업정지 1월
④ 영업정지 6월

10 공중위생영업자가 정당한 사유 없이 6개월 이상 계속 휴업하는 경우 행정처분은?
① 영업정지 1월
② 영업정지 3월
③ 영업정지 6월
④ 영업장 폐쇄명령

11 공중위생관리법에관한 내용중 옳지 않은 것은?
① 공중위생영업"이라 함은 다수인을 대상으로 위생관리서비스를 제공하는 영업으로서 숙박업, 목욕장업, 이용업, 미용업, 세탁업, 위생관리용영업을 말한다.
② "숙박업"이라 함은 손님이 잠을 자고 머물 수 있도록 시설 및 설비 등의 서비스를 제공하는 영업을 말한다.
③ "위생관리용역업"이라 함은 공중이 이용하는 건축물, 시설물 등의 청결유지와 실내공기정화를 위한 청소 등을 대행하는 영업을 말한다.
④ "미용업"이라 함은 손님의 머리카락 또는 수염을 깎거나 다듬는 등의 방법으로 손님의 용모를 단정하게 하는 영업을 말한다.

해 "미용업"이라 함은 손님의 얼굴, 머리, 피부 및 손톱·발톱 등을 손질하여 손님의 외모를 아름답게 꾸미는 영업을 말한다.

12 공중위생영업자는 매년 몇 시간의 위생교육을 받아야 하는가?
① 2시간
② 3시간
③ 6시간
④ 30시간

13 공중위생관리법상의 규정에 위반하여 위생교육을 받지 아니한 때 부과되는 과태료의 기준은?
① 300만원 이하
② 200만 원 이하
③ 400만원 이하
④ 500만원 이하

14 이·미용사의 면허가 취소되거나 면허의 정지명령을 받은 자는 누구에게 면허증을 반납하여야 하는가?
① 시·도지사
② 보건복지부장관
③ 시장·군수·구청장
④ 보건소장

해 면허취소, 면허정지명령을 받은 자는 지체 없이 시장·군수·구청장에게 이를 반납하여야 한다.

15 이·미용업자의 위생관리 기준에 대한 내용 중 옳지 않은 것은?
① 의료행위를 하지 않을 것
② 요금표 외의 요금을 받지 않을 것
③ 1회용 면도날은 손님 1인에 한하여 사용할 것
④ 의료용구를 사용하지 않을 것

16 위생서비스 평가 결과 위생서비스의 수준이 우수하다고 인정되는 영업소에 대하여 포상을 실시할 수 있는 자에 해당하지 않는 것은?
① 군수
② 시·도지사
③ 구청장
④ 보건소장

해 시·도지사 또는 시장·군수·구청장은 위생서비스평가의 결과 위생서비스의 수준이 우수하다고 인정되는 영업소에 대하여 포상을 실시할 수 있다.

17 개선을 명할 수 있는 경우에 해당 하지 않는 사람은?
① 공중위생영업자의 지위를 승계한 자로서 이에 관한 신고를 하지 아니한 자
② 위생관리의무 등을 위반한 공중위생영업자
③ 공중위생영업의 종류별 시설 및 설비기준을 위반한 공중위생영업자
④ 위생관리의무를 위반한 공중위생시설의 소유자 등

해 시장·군수·구청장은 공중위생영업자가 지위승계신고를 하지 아니한 경우 6월 이내의 기간을 정하여 영업의 정지 또는 일부 시설의 사용중지를 명하거나 영업소 폐쇄 등을 명할 수 있다.

18 고객에게 도박 그 밖에 사행 행위를 하게 한 경우에 대한 1차 위반 시 행정처분기준은?
① 영업장 폐쇄명령
② 영업정지 1월
③ 영업정지 2월
④ 영업정지 3월

해 1차위반 - 영업정지1월, 2차위반 - 영업정지2월, 3차위반 - 영업장 폐쇄명령

19 공중위생영업의 승계에 대한 설명으로 **틀린** 것은?
① 공중위생영업자가 그 공중위생영업을 양도하거나 사망한 때 또는 법인의 합병이 있는 때에는 그 양수인·상속인 또는 합병 후 존속하는 법인이나 합병에 의하여 설립되는 법인은 그 공중위생 영업자의 지위를 승계한다.
② 이용업 또는 미용업의 경우에는 규정에 의한 면허를 소지한 자에 한하여 공중위생영업자의 지위를 승계할 수 있다.
③ 공중위생영업자의 지위를 승계한 자는 1월 이내에 보건복지부령이 정하는 바에 따라 보건복지부장관에게 신고하여야 한다.
④ 민사집행법에 의한 경매, 채무자 회생 및 파산에 관한 법률에 의한 환가나 국제징수법·관세법 또는 지방세기본법에 의한 압류재산의 매각, 그 밖에 이에 준하는 절차에 따라 공중위생영업 관련시설 및 설비의 전부를 인수한 자는 이 법에 의한 그 공중위생영업자의 지위를 승계한다.

20 공중위생영업에 해당하지 <u>않는</u> 것은?
① 식당 조리업
② 세탁업
③ 이·미용업
④ 숙박업

21 다음 중 이·미용업의 시설 및 설비기준으로 옳은 것은?
① 응접장소와 작업장소를 구획하는 경우에는 커튼, 칸막이 기타 이와 유사한 장애물의 설치가 가능하며 외부에서 내부를 확인할 수 없어야 한다.
② 탈의실, 욕실, 욕조 및 샤워기를 설치하여야 한다.
③ 영업소 안에는 별실, 기타 이와 유사한 시설을 설치할 수 있다.
④ 소독기, 자외선 살균기 등의 소독장비를 갖추어야 한다.

22 공중위생관리법의 궁극적 목적과 거리가 먼 것은?
① 공중위생영업소의 위생관리
② 공중위생영업 종사자의 건강관리
③ 공중위생영업의 위상 향상
④ 위생수준을 향상시켜 국민의 건강증진에 기여

해 공중위생영업 종사지의 건강관리는 공중위생관리법의 궁극적 목적과 관련이 없다.

23 이·미용업자는 신고한 영업장 면적이 얼만큼의 증감이 있을 경우 변경신고를 해야 하는가?
① 절반
② 3분의1
③ 4분의1
④ 5분의1

24 이·미용업의 상속으로 인한 영업자 지위 승계 신고 시 구비서류가 아닌 것은?
① 상속자임을 증명하는 서류
② 영업자 지위승계 신고서
③ 가족관계증명서
④ 양도계약서 사본
해 양도계약서 사본은 영업양도일 경우 필요하다.

25 다음 중 이·미용업자가 변경신고를 해야 하는 경우로 맞게 짝지어진 것은?

〈보기〉
㉠ 영업장 면적의 1/3 이상 증감
㉡ 영업자의 재산 변동사항
㉢ 영업소 소재지
㉣ 영업소의 상호

① ㉠, ㉡
② ㉠, ㉢, ㉣
③ ㉠, ㉡, ㉣
④ ㉠, ㉡, ㉢, ㉣

해 변경신고사항
① 영업소의 명칭 또는 상호
② 영업소 소재지 변경
③ 신고한 영업장 면적의 3분의 1 이상의 증감
④ 대표자의 성명 또는 생년월일
⑤ 미용업 업종 간 변경

26 공중위생영업을 신고한 자는 폐업한 날로부터 몇일 이내에 시장·군수·구청장에게 신고하여야 하는가?
① 20일 이내
② 30일 이내
③ 60 이내
④ 1년 이내
해 공중위생영업을 신고한 자는 폐업한 날로부터 20일 이내 시장·군수·구청장에게 신고하여야 하며 영업정지 등의 기간 중에는 폐업신고를 할 수 없다.

27 공중위생관리법상 이·미용 기구의 소독기준 및 방법으로 틀린 것은?
① 증기소독 : 섭씨 100℃ 이상의 습한 열에 20분 이상 쐬어준다.
② 석탄산수소독 : 석탄산수(석탄산 3%, 물 97%의 수용액)에 10분 이상 담가둔다.
③ 건열멸균소독 : 섭씨 100℃ 이상의 건조한 열에 10분 이상 쐬어준다.
④ 열탕소독 : 섭씨 100℃ 이상의 물속에 10분 이상 끓여준다.

28 공중위생감시원의 업무가 아닌 것은?
① 영업자의 재산상태
② 위생지도 및 개선명령 이행여부의 확인
③ 시설 및 설비의 확인
④ 위생교육 이행여부 확인

29 면허의 정지명령을 받은 자가 반납한 면허증은 정지기간 동안 누가 보관하는가?
① 보건복지부장관
② 관할 경찰서장
③ 관할 시·도지사
④ 관할 시장·군수·구청장

30 다음 중 청문의 대상이 아닌 때는?
① 영업소폐쇄명령의 처분을 하고자 하는 때
② 면허취소 처분을 하고자 하는 때
③ 면허정지 처분을 하고자 하는 때
④ 벌금으로 처벌하고자 하는 때

해 제12조(청문) 보건복지부장관 또는 시장·군수·구청장은 다음 각 호의 어느 하나에 해당하는 처분을 하려면 청문을 하여야 한다.
1. 제3조제3항에 따른 신고사항의 직권 말소
2. 제7조에 따른 이용사와 미용사의 면허취소 또는 면허정지
3. 제7조의2에 따른 위생사의 면허취소
4. 제11조에 따른 영업정지명령, 일부 시설의 사용중지 명령 또는 영업소 폐쇄명령

31 공중위생영업소 위생관리 등급 중 최우수 업소에 내려지는 등급은 무엇인가?
① 백색등급
② 황색등급
③ 녹색등급
④ 청색등급

해

구분	등급
최우수 업소	녹색 등급
우수 업소	황색 등급
일반관리대상 업소	백색 등급

32 공중위생감시원 자격으로 적합하지 않은 것은?
① 위생사 또는 환경기사 2급 이상의 자격증이 있는 사람
② 6개월 이상 공중위생 행정에 종사한 경력이 있는 사람
③ 외국에서 위생사 또는 환경기사 면허를 받은 사람
④ 대학에서 화학·화공학·환경공학 또는 위생학 분야를 전공하고 졸업한 사람

해 공중위생감시원 자격을 갖추기 위해선 1년 이상 공중위생 행정에 종사한 경력이 있어야 한다.

33 6월 이하의 징역 또는 500만원 이하의 벌금에 해당하는 경우는?
① 영업신고를 하지 않은 자
② 영업정지명령 또는 일부 시설의 사용중지 명령을 받고도 그 기간 중에 영업을 하거나 그 시설을 사용한 자
③ 영업소 폐쇄명령을 받고도 계속하여 영업을 한 자
④ 공중위생영업자의 지위를 승계한 뒤 변경신고를 하지 않은 자

해 6월 이하의 징역 또는 500만원 이하의 벌금
① 변경신고를 하지 않은 자
② 공중위생영업자의 지위를 승계한 뒤 변경신고를 하지 않은 자
③ 건전한 영업질서를 위하여 공중위생영업자가 준수하여야 할 사항을 준수하지 않은자

34 1년 이하의 징역 또는 1천만원 이하의 벌금에 해당하는 경우는?
① 변경신고를 하지 않은 자
② 공중위생영업자의 지위를 승계한 뒤 변경신고를 하지 않은 자
③ 영업신고를 하지 않은 자
④ 건전한 영업질서를 위하여 공중위생영업자가 준수하여야 할 사항을 준수하지 않은 자

해 1년 이하의 징역 또는 1천만원 이하의 벌금
① 영업신고를 하지 않은 자
② 영업정지명령 또는 일부 시설의 사용중지명령을 받고도 그 기간중에 영업을 하거나 그 시설을 사용한 자
③ 영업소 폐쇄명령을 받고도 계속하여 영업을 한 자

35 위생서비스 수준의 평가에 관한 설명 중 옳은 것은?
① 평가의 전문성을 높이기 위해 관련 전문기관 및 단체로 하여금 평가를 실시하게 할 수 있다.
② 위생서비스평가의 주기·방법, 위생관리등급의 기준 기타 평가에 관하여 필요한 사항은 대통령령으로 정한다.
③ 평가주기는 5년마다 실시한다.
④ 위생관리등급은 5개 등급으로 나뉜다.

해 ② 위생서비스평가의 주기·방법, 위생관리등급의 기준 기타 평가에 관하여 필요한 사항은 보건복지부령으로 정한다.
③ 평가주기는 2년마다 실시한다.
④ 위생관리등급은 3개 등급으로 나뉜다.

36 다음 중 위생교육 대상자가 아닌 것은?
① 공중위생영업자
② 공중위생영업의 신고를 하려고 하는 자
③ 공중위생영업을 승계한 자
④ 면허증 취득 예정자

37 1회용 면도날을 2인 이상의 손님에게 사용한 때 1차 위반 시 행정처분 기준은?
① 영업장 폐쇄명령
② 경고
③ 영업정지 5일
④ 영업정지 10일

해 • 1차위반 - 경고
• 2차위반 - 영업정지5일
• 3차위반 - 영업정지10일
• 4차위반 - 영업장 폐쇄명령

38 행정처분 대상자 중 중요처분 대상자에게는 청문을 실시할 수가 있는데 그 대상이 아닌 것은?
① 면허정지 및 면허취소
② 미용사 자격증 취소
③ 영업정지
④ 영업소 폐쇄명령

39 이·미용 업자가 면허증을 영업소 내에 게시하지 않아 개선명령을 받았으나 이를 위반한 경우 법적조치는?
① 100만원 이하의 벌금
② 200만원 이하의 벌금
③ 300만원 이하의 과태료
④ 영업장 폐쇄명령

40 영업소에서 무자격 안마사로 하여금 손님에게 안마행위를 하게 할 경우 1차 위반 시 행정처분은?

① 영업장 폐쇄명령
② 영업정지 7일
③ 영업정지 15일
④ 영업정지 1월

해 • 1차위반 - 영업정지 1월
　• 2차위반 - 영업정지 2월
　• 3차위반 - 영업장폐쇄명령

PART III
:화장품학

CHAPTER 1
화장품학 개론

01. 화장품의 정의

(1) 화장품의 정의

인체를 청결·미화하여 매력을 더하고 용모를 밝게 변화시키거나 피부·모발의 건강을 유지 또는 증진하기 위하여 인체에 바르고 문지르거나 뿌리는 등의 방법으로 사용되는 물품

(2) 기능성 화장품

① 피부의 미백에 도움을 주는 제품
② 피부의 주름 개선에 도움을 주는 제품
③ 피부를 곱게 태워주거나 자외선으로부터 피부를 보호하는데 도움을 주는 제품
④ 모발의 색상 변화·제거 또는 영양공급에 도움을 주는 제품
⑤ 피부나 모발의 기능 약화로 인한 건조함, 갈라짐, 빠짐, 각질화 등을 방지하거나 개선하는데 도움을 주는 제품

(3) 화장품과 의약품의 차이점

구분	화장품	의약품
대상	정상인	환자
목적	청결·미화	질병의 치료
기간	장기(지속적 사용)	일정기간(치료 시까지)
사용 범위	전신	특정 부위
부작용	없어야 함	있을 수 있음

02. 화장품의 분류

분류	기능	주요 제품
기초 화장품	세안, 피부 정돈, 피부 보호	클렌징 오일, 클렌징 폼, 클렌징 워터, 화장수, 에센스, 로션, 마스크, 영양크림
메이크업 화장품	베이스 메이크업	메이크업 베이스, 파운데이션, 파우더
	포인트 메이크업	아이라이너, 마스카라, 아이섀도, 립스틱, 블러셔
모발 화장품	두피 또는 모발의 오염물 제거, 모발 형태 고정, 모발 손상의 예방, 손상된 모발 회복, 염색, 탈색	샴푸, 린스, 헤어오일, 헤어크림, 헤어로션, 포마드, 헤어스프레이, 헤어젤, 트리트먼트, 헤어팩, 영구 염모제, 반영구 염모제
바디 화장품	신체의 이물질 제거, 관리 및 보호, 자외선으로부터 피부보호, 액취방지, 체취제거	비누, 바디샴푸, 바디솔트, 바디스크럽, 바디로션, 바디크림, 선탠오일, 데오드란트
네일 화장품	네일보호, 미용	각피제거제, 베이스코트, 네일 에나멜, 에나멜 리무버, 탑코트
방향 화장품	악취제거 및 향취부여	퍼퓸, 오데퍼퓸, 오데뚜왈렛, 오데코롱, 샤워코롱

CHAPTER 2
화장품 제조

01. 화장품의 원료

(1) 수용성 원료

수용성 원료는 화장품에 사용되는 핵심 원료로 물에 녹는 수용성 물질이다.

물	• 화장수, 로션, 크림 등의 기초 성분으로 피부를 촉촉하게 하는 작용을 함 • **정제수** : 세균에 오염된 물, 칼슘, 마그네슘 등의 세균과 금속이온이 제거된 물 • **증류수** : 물을 가열하여 수증기가 된 물 분자를 냉각기에 이동시켜 만든 물 • **탈이온수** : 이온수에 용해되어 있는 질소, 칼슘, 마그네슘, 카드뮴, 납, 수은 등의 잔여 이온을 모두 제거한 물
에탄올	• 에틸알코올이라고 하며 휘발성이 있어 피부에 청량감과 가벼운 수렴효과를 줌 • 배합량이 높아지면 살균과 소독작용이 나타남 • 향수, 화장수 등에 많이 사용됨

(2) 유성 원료

유성 원료는 물에 용해되지 않고 오일에 녹는 성분을 말한다.

구분	종류	특징
천연오일	식물성 (올리브 오일, 피마자 오일, 아보카도 오일, 아몬드오일, 살구씨오일 호호바오일, 로즈힙 오일 등)	• 식물의 꽃, 잎, 열매, 껍질, 뿌리에서 추출 • 피부 흡수가 늦은 편 • 피부 친화성이 좋음
	동물성 (라놀린, 밍크오일, 난황오일, 스쿠알란 등)	• 동물의 피하조직이나 장기에서 추출 • 알러지 유발 가능성 있음 • 피부 친화성이 좋음 • 피부 흡수가 빠른 편

구분	종류	특징
왁스	식물성	• 카르나우바 왁스 - 카르나우바 야자잎에서 추출 - 광택이 우수해 립스틱, 크림, 탈모, 왁스 등에 사용됨 • 칸데릴라 왁스 - 칸데릴라 줄기에서 추출 - 립스틱에 주로 사용됨
	동물성	• 밀납 - 벌집에서 추출 - 크림, 로션, 파운데이션, 아이섀도, 탈모 왁스 등에 사용됨 - 유연한 촉감을 부여함 • 라놀린 - 양모에서 추출 - 피부 친화성, 부착성, 윤택성이 높음 - 크림, 립스틱, 모발 화장품 등에 사용됨
합성 유성원료	광물성	• 석유에서 추출하며 산패, 변질의 우려가 없고 유성감이 높음 • 유동파라핀(미네랄 오일), 실리콘 오일, 바세린 등
	고급 알코올	• 천연유지에서 추출한 것과 석유화학제품에서 추출한 것이 있음 • 세틸알코올, 스테아릴 알코올 등
	고급 지방산	스테아르산, 팔미트산, 라우르산, 미리스트산, 올레인산
	에스테르	• 산과 알코올을 합성하여 얻음 • 부틸스테아레이트, 이소프로필 미리스테이트, 이소프로필 팔미테이트

(3) 보습제

건조를 막아 피부를 촉촉하게 하는 물질로 수분의 흡수 능력이 강하고 피부와 친화성이 좋아야한다.

종류	특성
다가 알코올 (폴리올)	글리세린(글리세롤), 부틸렌글리콜, 프로필렌글리콜, 솔비톨
★ 천연보습인자 (N.M.F)	구성성분 : 아미노산, 펩타이드, 젖산, 락틱산, 우레아, 요소, 암모니아, 글루코사민 등
고분자 보습제	가수분해 콜라겐, 히아루론산 등

(4) 방부제

① **기능**: 화장품의 변질 예방

② **종류**: 파라옥시향산메틸, 이미디아졸리디닐 우레아, 페녹시에탄올, 이소치아졸리논 등

(5) 색소

종류		특징
염료	수용성 염료	물에 녹는 염료
	유용성 염료	오일에 녹는 염료
안료	무기 안료	• 내열성 및 내광성 우수 • 빛, 산, 알칼리에 강함 • 색상은 화려하지 않지만 커버력이 우수 • 페이스 파우더나 파운데이션에 주로 사용
	유기 안료	• 물, 오일에 용해되지 않는 유색 분말 • 빛, 산, 알칼리에 약함 • 색상이 선명하고 풍부함 • 립스틱이나 색조화장품에 사용됨
	레이크	• 물에 용해가 힘든 염료를 칼슘 등의 염으로 불용화한 불용성 색소 • 립스틱, 브러시, 네일 에나멜에 안료와 함께 사용됨

(6) 향료

종류		특성
천연향료	동물성	• 자극과 독성이 없어 피부에 안전함 • 가격이 비싸다. • 사향, 영묘향, 용연향, 해리향 등
	식물성	• 자극과 독성이 있어 알레르기가 생길 수 있음 • 가격이 싸고 종류가 많음 • 꽃, 과실, 종자, 목재, 줄기, 껍질 등에서 추출
합성향료		탄화수소류, 알코올류, 알데히드류, 케톤류, 에스터류, 락톤, 페놀, 옥사이드, 아세탈 등으로 냄새를 분류
조합향료		천연향료나 합성향료를 목적에 따라 조합한 향료

(7) 산화방지제

① 항산화제라고도 하며 화장품 성분이 산화되는 것을 방지한다.
② 종류 : 부틸히드록시툴루엔(BHT), 부틸히드록시아니솔(BHA), 레시틴, 비타민E(토코페롤) 등

(8) 계면활성제

두 가지 이상의 물질의 경계면이 잘 섞이도록 도와주는 물질을 말한다.

종류	특징
양이온성	• 소독작용 및 살균작용 우수 • 사용 : 린스, 트리트먼트 등
음이온성	• 세정 및 기포 형성 작용 우수 • 사용 : 샴푸, 비누, 클렌징폼 등
비이온성	• 피부에 대한 자극이 적음(낮은 독성) • 사용 : 클렌징크림의 세정제, 크림의 유화제 등
양쪽성	• 양이온과 음이온을 동시에 가짐 • 세정작용 및 살균작용 우수 • 사용 : 베이비 샴푸 및 세정제

✓ **피부자극** : 양이온성 > 음이온성 > 양쪽성 > 비이온성

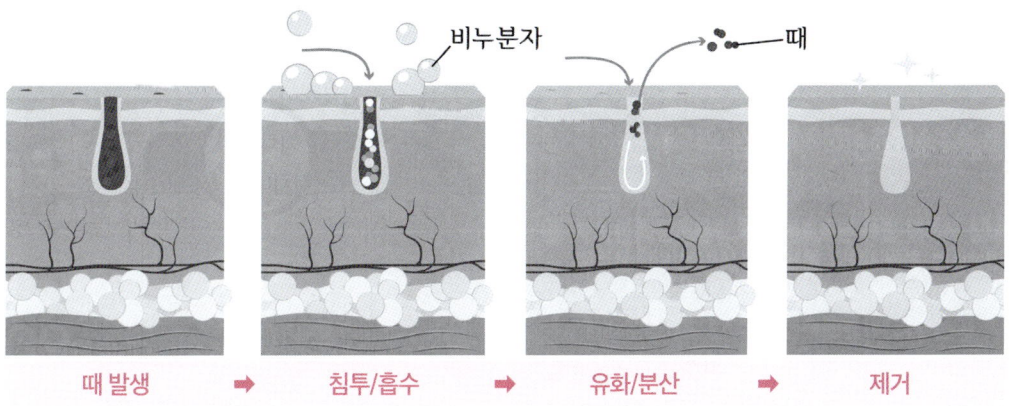

계면활성제의 작용원리

02. 화장품의 기술

(1) 가용화 제품
① 물에 녹지 않는 소량의 오일성분이 계면활성제에 의해 투명하게 용해된 제품
② **종류**: 화장수, 향수, 에센스, 포마드, 네일 에나멜 등

(2) 분산 제품
① 물 또는 오일 성분이 계면활성제에 의해 균일하게 혼합된 제품
② **종류**: 립스틱, 마스카라, 아이라이너, 파운데이션 등

(3) 유화 제품
물과 오일 성분이 계면활성제에 의해 우윳빛으로 불투명하게 섞인 상태의 제품

W/O타입(Water in Oil)	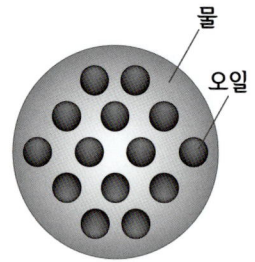	• 유분이 많아 흡수가 느리며 사용감이 무겁고 지속성이 높음 • 종류: 영양크림, 헤어크림, 클렌징크림, 선크림 등
O/W타입(Oil in Water)	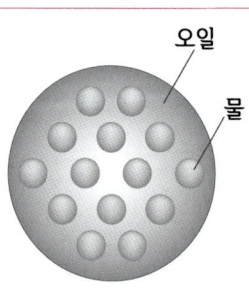	• 흡수가 빠르며 사용감이 산뜻하고 가벼우며 지속성이 낮음 • 종류: 보습로션, 선탠로션

03. 화장품의 특성

(1) 포장에 기재해야 할 내용
① 화장품 명칭
② 화장품 성분
③ 내용물의 용량 및 중량
④ 사용기한 및 개봉 후 사용 기간
⑤ 제조 판매업자 및 제조업자의 상호 및 주소
⑥ 주의사항
⑦ 가격

(2) 화장품 사용 시 주의사항
① 다음과 같은 이상이 있는 경우 사용을 중지해야 하며 계속 사용하면 증상이 악화됨
  (ㄱ) 사용 중 붉은 반점, 부어오름, 가려움증, 자극 등의 이상이 있는 경우
  (ㄴ) 적용 부위가 직사광선에 의하여 위와 같은 이상이 있는 경우
② 상처가 있는 부위, 습진 및 피부염 등의 이상이 있는 부위에는 사용을 하지 말 것
③ **화장품 보관 및 취급 시 주의 사항**
  (ㄱ) 사용 후에는 반드시 마개를 닫아둘 것
  (ㄴ) 유아나 소아의 손이 닿지 않는 곳에 보관할 것
  (ㄷ) 고온 또는 저온의 장소 및 직사광선이 닿는 곳에는 보관하지 말 것

(3) 화장품의 4대 특성

안전성	피부에 어떠한 자극이나 독성, 알레르기 등이 없어야 한다.
안정성	보관에 따른 변질, 변색, 변취, 미생물의 오염 등이 없어야 한다.
사용성	피부친화성, 촉촉함, 부드러움 등 사용감이 좋아야 한다.
유효성	보습효과, 노화 억제, 자외선 차단, 미백효과, 세정작용 등 목적에 적합한 기능이 충분히 있어야 한다.

CHAPTER 3
화장품의 종류와 기능

01. 기초화장품

(1) 기능

피부세정, 피부정돈, 피부보호

(2) 종류

종류	설명
클렌징 제품	얼굴에 있는 화장품의 잔여물 및 노폐물 제거
화장수	피부보습, pH조절, 피부의 잔여물 제거 • **유연화장수** : 보습 + 유연감 • **수렴화장수** : 보습 + 수렴(모공수축 및 피지분비 억제효과로 지성피부에 적합)
에센스	피부에 수분과 영양 공급
로션	• 피부에 수분 및 영양분 공급 • 보통 60~80%의 수분과 30%이하의 유분 함유
크림	피부에 유효성분을 침투시키고 외부환경으로부터 피부를 보호
팩 / 마스크	• 피부에 피막을 형성하여 일시적으로 수분 증발 억제 • 유효성분의 침투를 용이하게 함 • 노폐물 및 각질 제거

(3) 팩 제거 방법에 따른 분류

종류	작용
필 오프 타입	• 팩이 건조된 후 형성된 투명한 피막을 떼어내는 타입 • 팩이 건조되는 동안 피부에 긴장감을 주어 탄력을 부여하며 떼어낼 때 오염물질과 각화된 각질을 제거
워시 오프 타입	• 물로 닦아내는 타입
티슈 오프 타입	• 티슈로 닦아내는 타입
시트 타입	• 시트를 얼굴 위에 올려놓았다가 사용 후 제거하는 타입

02. 메이크업 화장품

(1) 베이스 메이크업

종류	작용	
메이크업 베이스	• 피부톤을 균일하게 정돈 • 파운데이션의 밀착력을 증가시킴 • 색소 침착 방지	
	피부 색상에 맞는 메이크업 베이스 색상	
	녹색	붉은 피부(홍조)
	보라	노란 피부
	핑크	창백한 피부
	파랑	기미, 주근깨 등 잡티 있는 피부
파운데이션	• 피부색을 균일하게 정돈 • 피부 결점(기미, 주근깨 등) 커버와 피부 색상을 조절 • 자외선으로부터 피부를 보호 - O/W형 : 리퀴드 파운데이션 - W/O형 : 크림 파운데이션	
파우더	• 땀 및 피지를 흡수하여 번들거림을 잡아준다. • 화장을 오래 지속시킴 • 피부 톤 보정	

(2) 포인트 메이크업

종류	작용
아이라이너	눈의 윤곽을 또렷하게 하여 더욱 매력적으로 보이게 함
마스카라	속눈썹을 길고 짙어 보이게 함
아이섀도	눈꺼풀의 입체감과 눈매 표정을 연출하여 단점보완 및 개성표현
립스틱	입술 건조 방지와 색채감을 주어 입술을 아름답게 표현
블러셔	얼굴의 윤곽 수정과 입체감을 주어 더욱 건강한 혈색을 부여

03. 바디(body)관리 화장품

(1) 바디 화장품

종류	사용 부위	기능 및 특징	제품
세정제	전신	• 피부 표면의 더러움 제거 • 청결유지	비누, 입욕제, 바디 클렌저
각질 제거제	전신	노화 각질을 부드럽게 제거	바디스크럽 바디솔트
바디 트리트먼트	전신	바디 세정 후 피부 표면을 보호, 보습	바디로션, 바디오일, 바디크림, 핸드로션, 핸드크림, 풋크림
슬리밍 제품	신체 특정 부위	• 피부를 매끄럽게 하고 혈액 순환을 도와 노폐물 배출을 도움 • 셀룰라이트가 생기기 쉬운 복부, 엉덩이, 허벅지 등의 관리	마사지 크림, 지방분해 크림, 바스트 크림
체취 방지제	겨드랑이	몸 냄새 예방 또는 냄새의 원인이 되는 땀 분비 억제	데오도란트로션, 데오도란트스틱, 데오도란트스프레이
자외선 태닝 제품	전신	균일하고 아름다운 갈색 피부의 생성과 유지	선탠오일, 선탠 젤, 선탠로션

(2) 모발 화장품

구분	종류
세발용	샴푸, 린스
정발제	헤어오일, 헤어크림, 헤어로션, 포마드, 헤어무스, 헤어스프레이, 헤어 젤
트리트먼트	헤어트리트먼트 크림, 헤어 팩
염모제	영구 염모제, 반영구 염모제, 일시 염모제

04. 방향화장품

(1) 농도에 따른 분류

유형	부향률(농도)	지속시간	특징 및 용도
퍼퓸	15~30%	6~7시간	• 향기가 풍부하고 가격이 비쌈 • 향기를 오래 지속시키고 싶을 때 사용
오데 퍼퓸	9~14%	5~6시간	향의 강도나 지속력은 퍼퓸보다 약하지만 경제적임
오데 토일렛	6~9%	3~5시간	일반적으로 가장 많이 사용하는 것으로 퍼퓸의 지속성과 오데 코롱의 가벼운 느낌을 겸비한다.
오데 코롱	3~5%	1~2시간	향수를 처음 접하는 사람에게 적합함
샤워 코롱	1~3%	1시간	샤워 후 가볍게 뿌리는 것으로 향의 강도와 지속력이 가장 약하다.

(2) 발산 속도에 따른 분류

단계	특징
탑노트	향수의 첫 느낌. 휘발성이 강해 바로 향을 맡을 수 있음
미들노트	알코올이 날아간 다음 나타나는 향. 변화된 중간 향
베이스노트	마지막까지 은은하게 유지되는 향. 휘발성이 낮음

(3) 향수의 구비 조건
① 향에 특징이 있을 것
② 향의 확산성이 좋을 것
③ 향의 조화가 적절할 것
④ 향의 지속성이 강할 것

(4) 향수의 부향률 순서 (원액의 비율)
★
퍼퓸 > 오데퍼퓸 > 오데토일렛 > 오데코롱 > 샤워코롱

05. 에센셜(아로마) 오일 및 캐리어 오일

(1) 사용 시 주의사항
① 서늘하고 어두운 곳에 보관할 것
② 갈색 유리병에 넣어 냉암소에 보관할 것
③ 사용 후 뚜껑을 닫아 보관할 것
④ 개봉한 정유는 1년 이내에 사용할 것
⑤ 원액을 사용하지 말고 반드시 희석하여 사용할 것
⑥ 사용하기 전에 안정성 테스트를 할 것(패치 테스트)

(2) 에센셜 오일의 기능
① 면역력 강화
② 심신안정, 항스트레스
③ 근육의 긴장과 이완작용
④ 소염, 염증작용
⑤ 순환기 계통의 정상화
⑥ 피부미용

(3) 에센셜 오일의 활용법

마사지법	마사지나 터치 시 침투한 정유의 유효한 성분이 신체와 감정상태에 영향을 줌
습포법	정유를 떨어뜨린 온수나 냉수에 수건을 담궈 적신 후 통증부위에 붙여 찜질하는 방법
얼굴 증기욕	더운 물에 정유를 섞은 후 발산되는 정유를 얼굴에 쬐어 피부로 흡수하는 방법
흡입법	티슈, 손수건 등에 정유를 묻혀 3~5분 냄새를 맡는 방법
입욕법	• 전신욕, 반신욕, 좌욕, 족욕, 수욕 등의 방법 • 더운 물에 정유를 떨어트려 섞은 후 15~20분 욕조에 몸을 담근다. • 아로마테라피의 효과를 가장 극대화하는 방법

(4) 에센셜 오일의 종류

종류	특징 및 효능
라벤더	• 스트레스 완화 및 심리적 안정에 효과적 • 살균, 세포재생, 진정 등의 효과 • 여드름성 피부 및 습진 등에 효과
쟈스민	• 정서적 안정에 효과적 • 피지조절, 항우울, 분만 촉진에 효과적 • 민감하고 건조한 피부에 효과적
티트리	여드름성 피부, 습진에 효과적
제라늄	스트레스 완화 및 피지분비 조절기능
로즈마리	• 정신피로회복 및 두통완화 효과 • 기억력 개선, 근육통 완화, 두피 및 피부 보호 등의 효과
레몬그라스	살균작용이 있어 여드름이나 무좀 등에 효과적
오렌지	여드름이나 주름억제에 효과적
유칼립투스	• 항염증작용 및 항균작용 • 감기, 천식 등의 호흡기 질환에 효과적
카모마일	풍부한 항산화 성분으로 건선, 여드름, 아토피 등에 효과적

(5) 캐리어오일

캐리어 오일은 식물의 씨와 과육에서 추출한 식물성 오일로 피부에 잘 흡수되고 에센셜 오일을 희석하는데 사용한다.

종류	특징 및 효능
호호바오일	• 모든 피부에 적합 • 피지와 지방산의 조성이 비슷하여 피부 친화성과 흡수가 좋음 • 쉽게 산화되지 않아 보존 안정성이 높음 • 노폐물의 배출을 용이하게 하여 지성피부, 여드름피부, 습진에 효과적
달맞이유	• 항알러지 효과가 있어 아토피성 피부염에 좋음 • 항혈전과 항염증 작용이 있다. • 공기 중 쉽게 산화되어 밀봉 보관이 필요 • 여드름, 습진 치료에 효과적

종류	특징 및 효능
아몬드 오일	• 모든 피부에 적합 • 비타민 A와 E 풍부 • 유연작용이 좋아 크림, 마사지 오일로 사용 • 가려움증, 건성피부에 효과적
살구씨 오일	• 끈적임이 적고 유연성이 좋음 • 가벼운 사용감 • 가려움증, 습진에 효과적 • 건조피부, 노화피부, 민감성피부에 적합
아보카도 오일	• 모든 피부에 적합 • 비타민A, B, E 풍부 • 비만관리, 민감성피부의 진정, 노화피부에 효과적
피마자 오일	• 아주까리기름 이라고도 함 • 왁스의 대체품이나 계면활성제 원료로 쓰임
올리브 오일	• 자외선을 20%정도 차단함 • 선탠오일로 사용하고 유연효과가 있음
포도씨 오일	• 비타민 E 풍부 • 피부염증 완화 효과 • 아토피성 피부염 및 여드름성 피부에 효과적

06. 기능성 화장품

(1) 기능성 화장품의 정의

미백, 주름개선, 자외선차단 등의 특정 기능이 강화된 화장품

(2) 미백 화장품

피부를 하얗고 깨끗하게 만드는 성분이 들어가 있는 화장품으로 피부의 멜라닌 생성을 억제하고 자외선에 의한 색소 침착 등을 완화시킨다.

> ✓ TIP! 미백성분
> ★ 비타민C, 알부틴, 코직산, 감초, 닥나무 추출물, AHA, 하이드로퀴논

CHAPTER 3 | 화장품의 종류와 기능

(3) 주름개선 화장품

콜라겐과 엘라스틴 합성을 촉진해 피부에 탄력을 주어 주름을 완화 또는 개선하는 기능을 가진 화장품

✓ **TIP! 주름개선 성분**
  레티놀, 아데노신, 비타민E(펩타이드) 등

(4) 자외선 차단 화장품

자외선을 흡수 또는 차단시켜 자외선으로부터 피부를 보호하기위해 사용하는 화장품

구분	자외선 흡수제	자외선 산란제
작용 원리	흡수 — 유기자차(화학적차단제) 피부 속으로 자외선을 흡수, 화학 반응하여 열로 배출	반사 — 무기자차(물리적차단제) 피부 표면에 보호막을 형성해 자외선을 튕겨냄
특징	• 화학적 흡수작용 • 발랐을 때 투명하다. • **장점** : 촉촉하고 산뜻하며 메이크업이 밀리지 않음 • **단점** : 흡수제이기 때문에 피부 트러블 가능성이 높음	• 물리적 산란작용 • 백탁현상 • **장점** : 자외선 차단율이 높으며 피부 트러블 가능성이 적음 • **단점** : 메이크업이 밀린다.
성분	옥틸메톡시 신나메이트, 옥탈디메틸파바, 살리실레이트, 옥시벤존, 아보벤존, 벤조페논	이산화티탄, 산화아연(징크 옥사이드), 티타늄디옥사이드, 카오린

(5) 자외선 차단지수(SPF, Sun Protection Factor)

$$자외선\ 차단지수 = \frac{자외선\ 차단\ 제품을\ 사용했을\ 때의\ 최소홍반량(MED)}{자외선\ 차단\ 제품을\ 사용하지\ 않았을\ 때의\ 최소홍반량(MED)}$$

① UV-B 방어효과를 나타내는 지수
② 수치가 높을수록 자외선 차단지수가 높음을 뜻함
③ 일상생활 및 간단한 야외활동 시엔 SPF20~30이 적당
④ 해양 스포츠 및 스키 등 장시간의 야외활동 시엔 SPF30~50이 적당
⑤ 차단지수가 높을수록 피부에 대한 자극도 커지기 때문에 민감성 피부는 주의하여 사용해야 한다.

(6) UV-A 차단지수(Protection Factor of UV-A)
① 자외선 차단제품을 사용했을 때와 사용하지 않았을 때의 최소 흑화량의 비율
② UV-A차단 등급에 따라 PA+, PA++, PA+++, PA++++ 등 4단계로 구분
③ +기호가 많을수록 자외선A 차단효과가 큼
④ PA+(2~4시간), PA++(4~8시간), PA+++(8~16시간), PA++++(16시간 이상)

예상문제
화장품의 종류와 기능

정답

01 ①	02 ②	03 ①	04 ③
05 ④	06 ②	07 ②	08 ⑤
09 ①	10 ④	11 ③	12 ①
13 ③	14 ①	15 ④	16 ①
17 ②	18 ①	19 ③	20 ①
21 ④	22 ②	23 ④	24 ③
25 ①	26 ①	27 ④	28 ①
29 ③	30 ②		

01 화장수에 대한 설명으로 옳지 않은 것은?
① 유연화장수는 모공을 수축시켜 피부결을 섬세하게 정리해 준다.
② 유연화장수는 건성 또는 노화피부에 효과적으로 사용된다.
③ 수렴화장수는 아스트린젠트라고 불린다.
④ 수렴화장수는 지성, 복합성 피부에 효과적으로 사용된다.

해 모공을 수축시키고 피지분비 억제 효과가 있는 것은 수렴화장수이다.

02 화장품에 대한 설명으로 틀린 것은?
① 전신에 사용 가능하다.
② 부작용이 있을 수 있다.
③ 장기간 사용 가능하다.
④ 청결과 미화를 목적으로 한다.

해 부작용이 있을 수 있는 것은 의약품이다.

03 기능성 화장품에 대한 설명으로 틀린 것은?
① 피부에 약리학적 효과를 주는 제품
② 피부의 주름개선에 도움을 주는 제품
③ 피부를 곱게 태워주는 제품
④ 피부의 미백에 도움을 주는 제품

해 피부에 약리학적 효과를 주는 것은 의약품이다.

04 화장품과 의약품에 대한 설명으로 옳은 것은?
① 화장품은 특정 부위에만 사용 가능하다.
② 화장품의 사용 목적은 질병의 치료이다.
③ 의약품의 부작용은 어느 정도까지는 인정이 된다.
④ 의약품은 장기간 사용 가능하다.

해

구분	화장품	의약품
대상	정상인	환자
목적	청결·미화	질병의 치료
기간	장기(지속적 사용)	일정기간(치료 시까지)
사용 범위	전신	특정 부위
부작용	없어야 함	있을 수 있음

05 화장품의 분류에 관한 설명 중 틀린 것은?
① 오데퍼퓸은 방향화장품에 속한다.
② 선탠오일은 바디화장품에 속한다.
③ 클렌징 오일은 기초화장품에 속한다.
④ 샴푸는 기초화장품에 속한다.

해 샴푸, 린스, 헤어오일 등은 모발화장품에 속한다.

06 아줄렌(Azulene)은 어디에서 얻어지는가?
① 카모마일
② 아르니카
③ 로얄젤리
④ 호호바오일

07 향수에 대한 설명으로 옳은 것은?
① 오데퍼퓸 : 농도 30% 이상으로 향기를 오래 지속시키고 싶을 때 사용
② 퍼퓸 : 농도 15~30%로 향기가 풍부하고 가격이 비쌈
③ 오데 토일렛 : 농도 1~3%로 향의 강도와 지속력이 가장 약하다.
④ 오데 코롱 : 농도 10~15%로 향의 강도나 지속력은 퍼퓸보다 약하지만 경제적임

08 향수의 구비조건으로 옳지 않은 것은?
① 향에 특징이 있을 것
② 향의 확산성이 좋을 것
③ 용기가 아름다울 것
④ 향의 조화가 적절할 것

09 향수의 부향률 순서가 올바르게 나열된 것은?
① 퍼퓸 > 오데퍼퓸 > 오데토일렛 > 오데코롱 > 샤워코롱
② 오데퍼퓸 > 퍼퓸 > 오데토일렛 > 오데코롱 > 샤워코롱
③ 퍼퓸 > 오데퍼퓸 > 오데토일렛 > 샤워코롱 > 오데코롱
④ 오데퍼퓸 > 퍼퓸 > 오데토일렛 > 샤워코롱 > 오데코롱

해 향수의 부향률(원액의 비율)은 퍼퓸 > 오데퍼퓸 > 오데토일렛 > 오데코롱 > 샤워코롱 순서이다.

10 화장품의 4대 요건에 속하지 않는 것은?
① 유효성
② 안전성
③ 안정성
④ 치유성

해 화장품의 4대 특성은 안전성, 안정성, 사용성, 유효성이다.

11 화장품의 특성 중 보관에 따른 변질, 변색, 변취, 미생물의 오염 등이 없어야 하는 것을 의미하는 것은 무엇인가?
① 유효성
② 안전성
③ 안정성
④ 사용성

해

안전성	피부에 어떠한 자극이나 독성, 알레르기 등이 없어야 한다.
안정성	보관에 따른 변질, 변색, 변취, 미생물의 오염 등이 없어야 한다.

12 다음 중 화장수의 역할이 아닌 것은?
① 피부 노폐물의 분비를 촉진시킨다.
② 피부의 수렴작용을 한다.
③ 각질층에 수분을 공급한다.
④ 피부의 pH 균형을 유지시킨다.

13 자외선 차단 성분의 기능이 아닌 것은?
① 일광화상 방지
② 노화 방지
③ 미백 작용
④ 과색소 방지

14 세정제에 대한 설명으로 옳지 않은 것은?
① 세정제는 피지선에서 분비되는 피지와 피부장벽의 구성요소인 지질성분을 제거하기 위하여 사용된다.
② 피부노화를 일으키는 활성산소로부터 피부를 보호하기 위해 비타민C, 비타민E를 사용한 기능성 세정제를 사용할 수도 있다.
③ 대부분의 비누는 알칼리성의 성질을 가지고 있어서 피부의 산, 염기 균형에 영향을 미치게 된다.
④ 가능한 한 피부의 생리적 균형에 영향을 미치지 않는 제품을 사용하는 것이 바람직하다.

15 바디샴푸가 갖추어야 할 이상적인 성질과 거리가 먼 것은?
① 피부에 대한 높은 안정성
② 풍부한 거품과 거품의 지속성
③ 적절한 세정력
④ 각질의 제거 능력

해 각질 제거 능력은 팩/마스크가 갖추어야 할 성질이다.

16 천연보습인자(N.M.F)에 속하지 않는 것은?
① 글리세린
② 아미노산
③ 젖산
④ 아미노산

해 글리세린은 폴리올(다가 알코올)에 속한다.

17 에센셜 오일의 보관 방법에 관한 내용으로 틀린 것은?
① 통풍이 잘되는 곳에 보관해야 한다.
② 투명하고 공기가 통할 수 있는 용기에 보관하여야 한다.
③ 직사광선을 피하는 것이 좋다.
④ 뚜껑을 닫아 보관해야 한다.

해 에센셜 오일은 갈색 유리병에 넣어 냉암소에 보관해야 한다.

18 기능성화장품에 사용되는 원료와 그 기능의 연결이 틀린 것은?
① DHA(dihydroxy acetone) - 자외선 차단
② AHA(Alpha - hydroxy acid) - 각질 제거
③ 비타민C - 미백효과
④ 레티노이드(retinoid) - 콜라겐과 엘라스틴의 회복을 촉진

해 자외선 차단제품의 주 성분으로는 옥틸 메톡시 신나메이트, 파바(PABA), 아보벤존, 디옥시벤존, 이산화티탄, 산화아연(징크 옥사이드), 티타늄디옥사이드 등이 있다.

19 세정작용 및 기포형성 작용이 우수해 샴푸, 비누, 클렌징폼 등에 주로 사용되는 것은?
① 비이온성 계면활성제
② 양이온성 계면활성제
③ 음이온성 계면활성제
④ 양쪽성 계면활성제

해

종류	특징
양이온성	• 소독작용 및 살균작용 우수 • 사용 : 린스, 트리트먼트 등
음이온성	• 세정 및 기포형성 작용 우수 • 사용 : 샴푸, 비누, 클렌징폼 등
비이온성	• 피부에 대한 자극이 적음(낮은 독성) • 사용 : 클렌징크림의 세정제, 크림의 유화제 등
양쪽성	• 양이온과 음이온을 동시에 가짐 • 세정작용 및 살균작용 우수 • 사용 : 베이비 샴푸 및 세정제

20 다음 중 보습제가 갖춰야 할 조건으로 옳은 것은?
① 다른 성분과의 혼용성이 좋을 것
② 응고점이 높을 것
③ 휘발성이 있을 것
④ 환경의 변화에 따라 쉽게 영향을 받을 것

해 보습제는 응고점이 낮아야 하며 휘발성이 없어야 한다. 또한 환경의 변화에 따라 쉽게 영향을 받지 않아야 한다.

21 팩의 제거 방법에 따른 분류가 아닌 것은?
① 티슈오프타입
② 필오프 타입
③ 워시오프 타입
④ 석고 마스크 타입

해

팩의 제거 방법에 따른 분류	
필오프 타입	팩이 건조된 후 형성된 투명한 피막을 떼어내는 타입
워시오프 타입	물로 닦아내는 타입
티슈오프 타입	티슈로 닦아내는 타입
시트 타입	시트를 얼굴 위에 올려놓았다가 사용 후 제거하는 타입

22 메이크업화장품 중 O/W형 유화타입으로 피부색을 균일하게 정돈할 때 사용하는 것은?
① 크림 파운데이션
② 리퀴드 파운데이션
③ 스틱 파운데이션
④ 트윈 케이크

해 • O/W형 - 리퀴드 파운데이션
• W/O형 - 크림 파운데이션

23 다음 보기에서 설명하는 것은?

> 비타민A 유도체로 콜라겐 생성을 촉진, 케라티로 사이트의 증식촉진, 표피의 두께증가, 히아루론산 생성을 촉진하여 피부 주름을 개선시키고 탄력을 증대시키는 성분이다

① 코엔자임Q10
② 알부틴
③ 세라마이드
④ 레티놀

해 주름 개선 성분에는 레티놀, 아데노신, 비타민E(펩타이드) 등이 있다.

24 손을 대상으로 하는 제품 중 알콜을 주베이스로 하며 청결 및 소독을 주된 목적으로 하는 제품은?

① 핸드워시(hand wash)
② 비누(soap)
③ 새니타이저(sanitizer)
④ 핸드크림(hand cream)

25 무기 안료에 대한 설명으로 틀린 것은?

① 빛, 산, 알칼리에 약하다.
② 내열성 및 내광성 우수하다.
③ 색상은 화려하지 않지만 커버력이 우수하다.
④ 페이스 파우더나 파운데이션에 주로 사용된다.

해 무기안료는 빛, 산, 알카리에 강하다.

26 계면활성제에 대한 설명으로 옳은 것은?

① 비이온성 계면활성제는 피부에 대한 안전성이 높고 유화력이 우수하여 에멀전의 유화제로 사용된다.
② 양이온성 계면활성제는 세정작용이 우수하여 비누, 샴푸 등에 사용 된다.
③ 계면활성제의 피부에 대한 자극은 양쪽성 > 양이온성 > 음이온성 > 비이온성의 순으로 감소한다.
④ 계면활성제는 일반적으로 둥근 머리모양의 소수성기와 막대꼬리모양의 친수성기를 가진다.

해

종류	특징
양이온성	• 소독작용 및 살균작용 우수 • 사용 : 린스, 트리트먼트 등
음이온성	• 세정 및 기포형성 작용 우수 • 사용 : 샴푸, 비누, 클렌징폼 등
비이온성	• 피부에 대한 자극이 적음(낮은 독성) • 사용 : 클렌징크림의 세정제, 크림의 유화제 등
양쪽성	• 양이온과 음이온을 동시에 가짐 • 세정작용 및 살균작용 우수 • 사용 : 베이비 샴푸 및 세정제

27 식물성 향료에 대한 설명으로 옳지 않은 것은?

① 꽃, 과실, 종자, 목재, 줄기 등에서 추출한다.
② 종류가 다양하다.
③ 가격이 싸다.
④ 자극과 독성이 없어 피부에 안전하다.

해 식물성 향료는 자극과 독성이 있어 알레르기가 생길 수 있다.

28 화장품의 포장에 기재해야 할 내용이 <u>아닌</u> 것은?
① 제조자의 이름
② 내용물의 용량 및 중량
③ 사용기한 및 개봉 후 사용기간
④ 제조 판매업자 및 제조업자의 상호 및 주소

해 화장품 포장에 기재해야 할 내용
　① 화장품 명칭
　② 화장품 성분
　③ 내용물의 용량 및 중량
　④ 사용기한 및 개봉 후 사용기간
　⑤ 제조 판매업자 및 제조업자의 상호 및 주소
　⑥ 주의사항
　⑦ 가격

29 SPF에 대한 설명으로 <u>틀린</u> 것은?
① 자외선 차단제를 바른 피부에 최소한의 홍반을 일어나게 하는데 필요한 자외선 양을 바르지 않는 피부에 최소한의 홍반을 일어나게 하는데 필요한 자외선 양으로 나눈 값이다.
② Sun Protection Factor의 약자로서 자외선 차단지수라 불리어진다.
③ 오존층으로부터 자외선이 차단되는 정보를 알아보기 위한 목적으로 이용된다.
④ 엄밀히 말하면 UV-B 방어효과를 나타내는 지수라고 볼 수 있다.

30 노폐물의 배출을 용이하게 하여 지성피부, 여드름피부, 습진에 효과적인 오일은?
① 아몬드 오일
② 호호바 오일
③ 아보카도 오일
④ 올리브 오일

해

아몬드 오일	비타민A가 풍부하며 가려움증, 건성피부에 효과적
아보카도 오일	비만관리, 민감성피부의 진정, 노화 피부에 효과적
올리브 오일	자외선을 20%정도 차단하며 선탠오일로 사용하고 유연효과가 있음

PART IV

: 시험에 자주 나오는
쪽집게 문제 100선

예상문제
쪽집게 문제100선

정답

01 ④	02 ④	03 ②	04 ①	05 ④
06 ②	07 ③	08 ④	09 ①	10 ②
11 ①	12 ①	13 ①	14 ③	15 ②
16 ②	17 ①	18 ②	19 ③	20 ③
21 ④	22 ③	23 ④	24 ④	25 ④
26 ④	27 ④	28 ③	29 ③	30 ④
31 ④	32 ①	33 ③	34 ①	35 ④
36 ②	37 ③	38 ②	39 ①	40 ③
41 ②	42 ②	43 ①	44 ②	45 ④
46 ④	47 ②	48 ②	49 ③	50 ②
51 ①	52 ④	53 ②	54 ①	55 ①
56 ④	57 ③	58 ②	59 ④	60 ③
61 ①	62 ①	63 ②	64 ③	65 ④
66 ②	67 ③	68 ②	69 ④	70 ①
71 ③	72 ④	73 ①	74 ②	75 ①
76 ③	77 ①	78 ①	79 ①	80 ①
81 ④	82 ①	83 ③	84 ①	85 ①
86 ①	87 ②	88 ②	89 ①	90 ②
91 ④	92 ②	93 ①	94 ③	95 ③
96 ②	97 ④	98 ①	99 ④	100 ③

01 우리나라 화장 용어 중 신부화장의 의미와 비슷한 것은?
① 담장
② 농장
③ 염장
④ 응장

해

담장	피부를 청결하게 하는 정도의 수수하고 엷은 화장(기초화장)
농장	담장보다 짙은 화장(색조화장)
염장	농장보다 진하고 요염한 색채를 표현한 화장

02 주술적, 종교적 행위로서 색상을 부여하거나 신에게 경배하기 위하여 얼굴과 몸을 꾸몄다는 메이크업의 기원설은?
① 미화설
② 신분표시설
③ 위장설
④ 종교설

해

미화설	타인에게 자신의 신체를 아름답게 보이거나 우월성을 표현하기 위해 메이크업을 했다는 학설
위장설	동물들의 위험으로부터 자신을 보호하기 위해 새의 깃털이나 식물로 위장하였다는 학설
신분 표시설	성별, 미혼, 기혼, 직업 등 지위에 따라 메이크업으로 차별성을 표현하였다는 학설

03 화장보다는 건강한 아름다움을 추구하였으며 헷타리아라고 하는 악기를 다루는 무희나 특정계급은 이집트의 화장술을 전수 받았다고 전해지는 시대는?

① 이집트 시대
② 그리스 시대
③ 바로크 시대
④ 로코코 시대

해 그리스
- 화장보다는 건강한 아름다움을 추구(여성의 메이크업을 금기시함)
- 헷타리아(Hetaira)라고 하는 악기를 다루는 무희나 특정계급은 이집트의 화장술을 전수받았으며 이를 더욱 체계화함
- 백납분을 사용하여 피부를 희게 표현하였고 화려한 머리치장이 유행했다.
- 검정색 콜(kohl)로 눈썹을 진하게 표현하고 입술과 볼을 붉게 표현
- 콜을 이용하여 눈의 위 아래에 아이라인을 강조해서 그림

04 남녀가 모두 가발을 즐겨 착용하고 종족과 계급을 표시 하기위해 얼굴에 착색을 하였던 시대는 어느 시대인가?

① 이집트 시대
② 로코코 시대
③ 르네상스 시대
④ 중세시대

05 1920~1930년대 메이크업을 유행시킨 여배우가 아닌 것은?

① 그레타 가르보
② 마를린 디트리히
③ 조안 크로포드
④ 마릴린 먼로

해 마릴린먼로는 1940~1950년대 여배우이다.

06 1950년대에 유행한 헤어스타일이 아닌 것은?

① 햅번 스타일
② 보브 스타일
③ 포니테일 스타일
④ 픽시 컷

해 보브스타일의 헤어스타일이 유행한 건 1920~1930년대이다.

07 신라의 미의식에 대한 설명이 아닌 것은?

① 영육일치사상으로 남녀 모두 깨끗한 몸과 단정한 옷차림 추구하였다.
② 일찍이 화장품이 발달되었다.
③ 화랑들은 화장을 하지 않았다.
④ 백색 피부를 선호하여 흰색 백분을 사용하였다.

해 남성(화랑)들도 여성들처럼 화장을 하고 장신구로 장식을 하였다.

08 우리나라 역사상 처음으로 화장을 장려한 시대는 언제인가?

① 근대
② 삼국시대
③ 조선시내
④ 고려시대

해 고려시대에는 우리나라 역사상 처음으로 나라에서 정책적으로 화장을 장려하였다.

09 부드러운 감촉으로 피부에 매끄럽게 잘 퍼져 피부에 생동감을 주는 파우더의 특성은?

① 신전성
② 부착성
③ 피복성
④ 착색성

해

피복성	기미나 주근깨 등을 감추어 피부의 색조를 조정하는 성질
부착성	피부에 장시간에 걸쳐 부착하는 성질
착색성	적절한 광택을 유지하며 자연스러운 피부의 색조를 조정하는 성질

10 다음〈보기〉는 얼굴형에 따른 수정 메이크업이다. 가장 적합한 얼굴형은?

〈보기〉
- 하이라이트 : 코가 길어 보이도록 이마에서 코 끝으로 길게 넣어준다.
- 셰이딩 : 양쪽볼과 턱선라인을 어둡게 해 얼굴이 갸름해 보이도록 한다.

① 긴형
② 둥근형
③ 각진형
④ 다이아몬드형

11 사각형 얼굴에 대한 메이크업 방법으로 옳지 않은 것은?

① 양 이마의 각진 부분에 하이라이트를 넣어준다.
② 눈썹은 둥근 아치 모양으로 그려준다.
③ 둥근 느낌이 드는 풍만한 입술로 표현해 준다.
④ 아이섀도는 아이홀 방향으로 곡선 느낌이 나도록 그라데이션을 표현한다.

해 각진 부분에 하이라이트를 넣을 경우 각진 부분이 더욱 도드라져 보인다.

12 파운데이션을 손가락이나 스펀지로 두들겨 바르는 기법은?

① 패팅 기법
② 블렌딩 기법
③ 슬라이딩 기법
④ 에어브러시 기법

해

패팅 기법	손가락이나 스펀지로 가볍게 톡톡 두드리는 기법으로 두껍게 많은 양을 바를 수 있어 잡티가 있는 부위를 커버할 때 사용
슬라이딩 기법	문지르듯 바르는 기법으로 얼굴 전체에 넓게 펴 바를 때 사용
블렌딩 기법	색이 다르거나 명암이 다른 색의 경계부분을 경계지지 않도록 연결시켜 칠하는 기법
에어브러시 기법	에어브러시 건을 사용하여 파운데이션을 안개상태로 내뿜어서 바르는 기법

13 눈썹산의 위치는 눈썹 전체 길이의 어느 지점에 놓이는가?

① 2/3
② 1/2
③ 2/4
④ 3/4

14 아이섀도에 있어서 돌출되어 보이도록 하기 위한 컬러로 가장 적합한 것은?
① 언더 컬러
② 액센트 컬러
③ 하이라이트 컬러
④ 베이스 컬러

15 인간이 색을 지각하기 위한 3요소가 아닌 것은?
① 물체
② 조도
③ 시각
④ 광원

해 색채 지각의 3요소는 빛(광원), 물체, 시각(눈)이다.

16 780nm에서 380nm의 파장 범위에 해당하는 것은?
① 자외선
② 가시광선
③ 적외선
④ 전파

해 가시광선의 파장 범위는 380~780nm(나노미터)이다.

17 가시광선 중 파장 범위가 가장 긴 색은?
① 빨강
② 노랑
③ 파랑
④ 보라

해 가시광선 중 보라의 파장이 가장 짧고 빨강의 파장이 가장 길다.

18 카메라와 인간의 눈 기능이 잘못 연결된 것은?
① 렌즈-수정체
② 렌즈-망막
③ 필름-망막
④ 본체-각막

해 렌즈는 인간의 수정체에 해당한다.

19 먼셀의 색 표기 중 5R 4/14에 대한 설명으로 맞는 것은?
① 색상 5R, 채도4, 명도 14의 색
② 채도 5R, 명도4, 색상 14의 색
③ 색상 5R, 명도4, 채도 14의 색
④ 명도 5R, 색상4, 채도 14의 색

해 먼셀의 색채 표기는 HV/C 이다.
(색상-Hue, 명도-Value, 채도-Chroma)

20 색의 3속성 중 색의 순수함 정도, 색채의 포화상태, 색채의 강약을 나타내는 성질은?
① 색상
② 명도
③ 채도
④ 농도

해 채도는 색의 순수한 정도, 색의 맑고 탁한 정도, 색채의 포화상태 등을 나타내는 말로서 선명하고 맑은 색일수록 '고채도', 흐리고 탁한 색일수록 '저채도'라고 한다.

21 감법 혼합에서의 3원색이 아닌 것은?

① 노랑 + 시안 = 초록
② 마젠타 + 노랑 = 빨강
③ 시안 + 마젠타 = 파랑
④ 시안 + 노랑 + 마젠타 = 흰색

해

가법혼색 (색광의 혼합)	감법혼색 (색료의 혼합)
파랑 + 초록 = 시안	노랑 + 마젠타 = 빨강
초록 + 빨강 = 노랑	마젠타 + 시안 = 파랑
파랑 + 빨강 = 마젠타	시안 + 노랑 = 초록
빨강 + 파랑 + 초록 = 흰색	노랑 + 시안 + 마젠타 = 검정

22 조명에 의해 물체색이 보이는 상태가 결정되는 광원의 성질을 무엇이라 하는가?

① 색순응
② 조건등색
③ 연색성
④ 색온도

해 연색성이란 조명이 물체의 색감에 영향을 미치는 현상으로서 같은 색의 물체라도 어떤 광원으로 조명해서 보느냐에 따라 그 색감이 달라진다

23 다음 중 심리적으로 마음이 가라앉는 침정감을 유도하는 색은?

① 난색 계열의 고채도 색
② 난색 계열의 저채도 색
③ 한색 계열의 고채도 색
④ 한색 계열의 저채도 색

해 난색은 흥분을 유발하며 한색은 안정감을 준다. 또한 명도와 채도가 높을수록 흥분을 유발한다.

24 명도 단계별로 색을 나열하면 명도가 높은 부분과 접하는 부분은 어둡게 보이고 명도가 낮은 부분과 접하는 부분은 밝게 보인다. 이것은 어떤 대비에 대한 설명인가?

① 명도대비
② 계시대비
③ 동시대비
④ 연변대비

해 연변대비는 어떤 두 색이 인접했을 때 저명도인 경계부분은 더 밝아보이고 고명도인 경계부분은 더 어두워 보이는 현상이다.

25 저드(D. Judd)의 색채조화의 원리에 해당하지 않는 것은?

① 질서의 원리
② 유사의 원리
③ 친근감의 원리
④ 연속성의 원리

해 저드의 색채조화의 4가지 원리는 질서(규칙)의 원리, 친근감의 원리, 유사성의 원리, 명료성의 원리이다.

26 실내 색채조화론의 대두로 "색채의 조화는 유사성의 조화와 대비에서 이루어진다"라고 주장한 사람은?

① 문, 스펜서
② 오스트발트
③ 파버 비렌
④ 슈브뢸

27 슈브륄이 주장한 색채조화론과 거리가 먼 것은?
① 인접색의 조화
② 반대색의 조화
③ 주조색의 조화
④ 채도의 조화

해 슈브륄의 색채조화론에는 유사조화, 대비조화, 등간격 3색의 조화, 보색조화, 주조색의 조화가 있다.

28 색의 삼속성에 따라 오메가 공간이라는 색입체를 만들고 색채조화의 정도를 정량적으로 설명한 색채조화론은?
① 비렌의 색채조화론
② 슈브륄의 색채조화론
③ 문, 스펜서의 색채조화론
④ 오스트발트의 색채조화론

해 오메가 공간이라는 색입체를 설정하여 색채조화의 정도를 정량적으로 설명한 사람은 문&스펜서이다.

29 광원 빛의 10~40%가 대상 물체에 직접 조사되고 나머지는 벽이나 천장에 반사되어 조사되는 방식으로 그늘짐이 부드러우며 눈부심도 적은 조명방식에 해당하는 것은?
① 전반확산 조명
② 직접조명
③ 반간접 조명
④ 반직접 조명

해

반간접 조명	• 광원의 10~40%만 대상체에 직접 비춰지고 나머지는 천장이나 벽에서 반사됨 • 대상체를 충분히 비추면서도 눈부심이 적다는 장점이 있음 • 장시간 정밀작업을 필요로 하는 곳이나 일반 가정에서 주로 사용됨

30 메이크업의 조건이 아닌 것은?
① 조화
② 대비
③ 대칭
④ 강조

해 메이크업의 조건에는 TPO, 조화, 대칭, 대비, 그라데이션이 있다.

31 낮 화장을 의미하며 단순한 외출을 할 때 가볍게 하는 보통화장은?
① 소셜 메이크업
② 페인트 메이크업
③ 컬러포인트 메이크업
④ 데이타임 메이크업

32 다음 중 표피층을 순서대로 나열한 것은?
① 각질층, 투명층, 과립층, 유극층, 기저층
② 각질층, 과립층, 투명층, 유극층, 기저층
③ 각질층, 유극층, 과립층, 투명층, 기저층
④ 각질층, 투명층, 유극층, 과립층, 기저층

해 피부의 표피는 바깥에서부터 각질층, 투명층, 과립층, 유극층, 기저층의 순서대로 구성되어있다.

33 표피 중에서 피부로부터 수분이 증발하는 것을 막는 층은?
① 각질층
② 기저층
③ 과립층
④ 유극층

해 과립층은 유극층과 투명층 사이에 존재하며 수분저지막을 통해 수분증발 및 과잉수분침투를 방지한다.

34 피부 표피층 중 가장 두꺼운 층으로 세포 표면에는 가시 모양의 돌기를 가지고 있는 것은?
① 유극층
② 과립층
③ 각질층
④ 기저층

해 유극층은 표피중 가장 두꺼운 층으로 케라틴의 성장과 세포분열에 관여하며 랑게르한스세포가 존재한다.

35 피부에 있어 색소세포가 가장 많이 존재하고 있는 층은?
① 표피의 각질층
② 표피의 기저층
③ 진피의 유두층
④ 진피의 망상층

해 기저층은 표피의 가장 아래에 위치하며 각질형성세포와 멜라닌(색소)형성세포가 존재한다.

36 진피에 함유되어 있는 성분으로 우수한 보습 능력을 지니어 피부관리 제품에도 많이 함유되어 있는 것은?
① 알코올
② 콜라겐
③ 판테놀
④ 글리세린

37 다음 중 진피의 구성세포는?
① 멜라닌 세포
② 랑게르한스 세포
③ 섬유아 세포
④ 머켈 세포

해 섬유아세포는 진피의 상층에 주로 분포하며 엘라스틴, 콜라겐 등의 단백질 성분을 합성한다.

38 털의 기질부(모기질)는 표피층 중에서 어느 부분에 해당하는가?
① 각질층
② 과립층
③ 유극층
④ 기저층

39 진피의 4/5를 차지할 정도로 가장 두꺼운 부분이며 옆으로 길고 섬세한 섬유가 그물 모양으로 구성되어 있는 층은?
① 망상층
② 유두층
③ 유두하층
④ 과립층

해

망상층	• 유두층 아래에 위치해 있으며 진피의 80%를 차지한다. • 콜라겐과 엘라스틴이 있어 피부 탄력을 유지한다. • 혈관과 신경이 존재한다. • 피하조직과 연결된다.

40 피부의 면역에 관한 설명으로 옳은 것은?
① 세포성 면역에는 보체, 항체 등이 있다.
② T림프구는 항원전달세포에 해당한다.
③ B림프구는 면역글로불린이라고 불리는 항체를 생성한다.
④ 표피에 존재하는 각질형성세포는 면역조절에 작용하지 않는다.

41 피부의 기능이 아닌 것은?
① 피부는 강력한 보호작용을 지니고 있다.
② 피부는 체온의 외부발산을 막고 외부온도 변화가 내부로 전해지는 작용을 한다.
③ 피부는 땀과 피지를 통해 노폐물을 분비, 배설한다.
④ 피부도 호흡한다.

42 피부가 느끼는 오감 중에서 가장 감각이 둔감한 것은?
① 냉각
② 온각
③ 통각
④ 압각
해 피부가 느끼는 오감 중 가장 예민한 감각은 통각이고 온각이 가장 둔감하다.

43 다음 중 외부로부터 충격이 있을 때 완충작용으로 피부를 보호하는 역할을 하는 것은?
① 피하지방과 모발
② 한선과 피지선
③ 모공과 모낭
④ 외피 각질층

44 피부 감각기관 중 피부에 가장 많이 분포되어 있는 것은?
① 온각점
② 통각점
③ 촉각점
④ 냉각점
해 피부에는 통각점이 가장 많이 분포되어 있으며 온각점이 가장 적게 분포되어 있다.

45 일반적으로 건강한 성인의 피부 표면의 pH는?
① 3.5~4.0
② 6.5~7.0
③ 7.0~7.5
④ 4.5~6.5
해 건강한 피부표면의 pH는 4.5~6.5이다.

46 다음 중 땀샘의 역할이 아닌 것은?
① 체온조절
② 노폐물 배출
③ 땀 분비
④ 피지 분지
해 땀샘은 체온조절, 피부습도 유지, 노폐물 배출 등의 기능을 담당한다.

47 모발의 성분은 주로 무엇으로 이루어지는가?
① 탄수화물
② 단백질
③ 지방
④ 칼슘
해 모발은 대부분의 성분이 단백질로 이루어져 있다.

48 건강한 모발의 pH 범위는?
① pH 3~4
② pH 4.5~5.5
③ pH 6.5~7.5
④ pH 8.5~9.5

해 건강한 모발의 pH는 4.5~5.50이며 하루에 0.2~0.5mm 자란다.

49 모발의 결합 중 수분에 의해 일시적으로 변형되며 드라이어의 열을 가하면 다시 재결합되어 형태가 만들어지는 결합은?
① S-S 결합
② 펩타이드 결합
③ 수소 결합
④ 염 결합

해 수소 결합이란 수분에 의해 일시적인 변형이 되는 결합으로서 모발에 수분이 있는 상태에서 핀을 꽂을 경우 모발이 마른 뒤 모양이 잡히는 현상 등이 이에 속한다.

50 모발의 케라틴 단백질은 pH에 따라 물에 대한 팽윤성이 변한다. 다음 중 가장 낮은 팽윤성을 나타내는 pH는?
① pH 1
② pH 4
③ pH 7
④ pH 9

해 모발은 수분을 흡수하면서 부피가 증가하는데 이 현상을 팽윤이라고 한다. pH4~5일 때 가장 낮은 팽윤성을 나타내며 pH 8~9일 때 급격히 증가한다.

51 세포의 분열 증식으로 모발이 만들어지는 곳은?
① 모모세포
② 모유두
③ 모구
④ 모소피

해 모모세포는 분열증식작용으로 새로운 머리카락을 만들고 성장시킨다.

52 모발의 성장이 멈추고 전체 모발의 14~15%를 차지하며 가벼운 물리적 자극에 의해 쉽게 탈모가 되는 단계는?
① 성장기
② 퇴화기
③ 모발주기
④ 휴지기

해 모발은 성장기와 퇴화기를 거쳐 2~3개월간의 휴지기에 들어서는데 이때는 가벼운 물리적 자극에도 탈모가 일어난다.

53 다음 중 모발의 성장단계를 옳게 나타낸 것은?
① 성장기-휴지기-퇴화기
② 성장기-퇴화기-휴지기
③ 퇴화기-성장기-발생기
④ 휴지기-발생기-퇴화기

해 모발은 성장기→퇴화기→휴지기의 단계를 반복한다.

54 건성 피부, 중성 피부, 지성 피부를 구분하는 가장 기본적인 피부유형 분석기준은?

① 피부의 조직상태
② 피지 분비 상태
③ 모공의 크기
④ 피부의 탄력도

해 피부는 피지분비상태에 따라서 건성, 중성, 지성, 복합성 등의 피부로 나뉜다.

55 다음 중 멜라닌 생성 저하 물질인 것은?

① 비타민C
② 콜라겐
③ 티로시나제
④ 엘라스틴

해 비타민C는 피부의 멜라닌 세포를 억제하여 미백에 도움을 준다.

56 비타민에 대한 설명 중 틀린 것은?

① 비타민A가 결핍되면 피부가 건조해지고 거칠어진다.
② 비타민C는 교원질 형성에 중요한 역할을 한다.
③ 레티노이드는 비타민A를 통칭하는 용어이다.
④ 비타민A는 많은 양이 피부에서 합성된다.

해 자외선에 의해 피부에서 합성되는 것은 비타민D이다.

57 혈액 속의 헤모글로빈의 주성분으로서 산소와 결합하는 것은?

① 인(P)
② 칼슘(Ca)
③ 철(Fe)
④ 무기질

해

| 철, 철분 (Fe) | 피부에서 가장 많이 함유하고 있는 무기질 중 하나로 적혈구 속 헤모글로빈에 함유되어 산소운반작용을 한다. 결핍 시 빈혈을 유발한다. |

58 갑상선 기능과 에너지 대사 조절에 관여하고 피부를 건강하게 해주어 모세혈관의 기능을 정상화 시키는 것은?

① 마그네슘
② 요오드
③ 철분
④ 나트륨

해 요오드는 갑상선 기능 및 에너지 대사 조절에 관여하고 피부의 건강, 모세혈관 기능 정상화에 영향을 준다.

59 다음 중 비타민과 그 결핍증과의 연결이 틀린 것은?

① 비타민B_2 - 구순염
② 비타민D - 구루병
③ 비타민A - 야맹증
④ 비타민C - 각기병

해 각기병은 비타민B_1 결핍 시 발생한다.

60 자외선B는 자외선 A보다 홍반 발생 능력이 몇 배 정도인가?
① 10배
② 100배
③ 1,000배
④ 10,000배

해 UV-B는 UV-A보다 1000배의 홍반 발생 능력이 있다.

61 다음 중 UV-A의 파장 범위는?
① 320~400nm
② 290~320nm
③ 200~290nm
④ 100~200nm

해 UV A의 파장 범위는 320~400㎚이다.

62 피부 노화 인자 중 외부인자가 아닌 것은?
① 나이
② 자외선
③ 산화
④ 건조

해 나이가 들면서 자연적으로 노화되는 현상은 내인성 노화이다.

63 다음 설명 중 기능성 화장품에 해당하지 않는 것은?
① 피부에 멜라닌 색소가 침착하는 것을 방지하여 기미, 주근깨 등의 생성을 억제함으로써 피부의 미백에 도움을 주는 기능을 가진 화장품
② 미백과 더불어 신체적으로 약리학적 영향을 줄 목적으로 사용하는 제품
③ 피부에 탄력을 주어 피부의 주름을 완화 또는 개선하는 기능을 가진 화장품
④ 피부를 곱게 태워주거나 자외선으로부터 피부를 보호하는데 도움을 주는 제품

해 피부에 약리학적 효과를 주는 것은 의약품이다.

64 다음 화장품 중 그 분류가 다른 것은?
① 화장수
② 클렌징 크림
③ 샴푸
④ 팩

65 화장품에 배합되는 에탄올의 역할이 아닌 것은?
① 청량감
② 수렴효과
③ 소독작용
④ 보습작용

66 세정작용과 기포 형성 작용이 우수하여 비누, 샴푸, 클렌징폼 등에 사주로 사용되는 것은?
① 양이온성 계면활성제
② 음이온성 계면활성제
③ 비이온성 계면활성제
④ 양쪽성 계면활성제

해

종류	특징
양이온성	• 소독작용 및 살균작용 우수 • 사용 : 린스, 트리트먼트 등
음이온성	• 세정 및 기포형성 작용 우수 • 사용 : 샴푸, 비누, 클렌징폼 등
비이온성	• 피부에 대한 자극이 적음(낮은 독성) • 사용 : 클렌징크림의 세제제, 크림의 유화제 등
양쪽성	• 양이온과 음이온을 동시에 가짐 • 세정작용 및 살균작용 우수 • 사용 : 베이비 샴푸 및 세정제

67 천연보습인자(NMF)에 속하지 않는 것은?
① 아미노산
② 암모니아
③ 글리세린
④ 젖산염

해 천연보습인자의 구성성분으로는 아미노산, 펩타이드, 젖산, 락틱산, 우레아, 요소, 암모니아, 글루코사민 등이 있다.

68 다음 중 보습제가 갖추어야 할 조건으로 옳은 것은?
① 응고점이 높을 것
② 다른 성분과의 혼용성이 좋을 것
③ 휘발성이 있을 것
④ 환경의 변화에 따라 쉽게 영향을 받을 것

69 화장품 성분 중에서 양모에서 정제한 것은?
① 감마-오리자놀
② 밍크오일
③ 플라센타
④ 라놀린

해 라놀린은 양모에서 추출한 것으로 피부 친화성과 윤택성이 높아 크림이나 립스틱 등에 사용된다.

70 다음 중 물에 오일 성분이 혼합 되어 있는 유화상태는?
① O/W 에멀전
② W/O 에멀전
③ W/S 에멀전
④ W/O/W 에멀전

해

W/O타입 (Water in Oil)	• 유분이 많아 흡수가 느리며 사용감이 무겁고 지속성이 높음 • 종류 : 영양크림, 헤어크림, 클렌징크림, 선크림 등
O/W타입 (Oil in Water)	• 흡수가 빠르며 사용감이 산뜻하고 가벼우며 지속성이 낮음 • 종류 : 보습로션, 선탠로션

71. 화장품에서 요구되는 4대 품질 특성이 아닌것은?
① 안전성
② 안정성
③ 보습성
④ 사용성

해

안전성	피부에 어떠한 자극이나 독성, 알레르기 등이 없어야 한다.
안정성	보관에 따른 변질, 변색, 변취, 미생물의 오염 등이 없어야 한다.
사용성	피부친화성, 촉촉함, 부드러움 등 사용감이 좋아야 한다.
유효성	보습효과, 노화억제, 자외선 차단, 미백효과, 세정작용 등 목적에 적합한 기능이 충분히 있어야 한다.

72. 화장품을 만들 때 필요한 4대 조건은?
① 안정성, 방부성, 방향성, 유효성
② 발림성, 안정성, 방부성, 사용성
③ 발림성, 안정성, 방향성, 사용성
④ 안전성, 안정성, 사용성, 유효성

73. 다음 중 기초화장품의 필요성에 해당 되지 않는 것은?
① 피부세정
② 피부미백
③ 피부정돈
④ 피부보호

해 기초화장품의 사용 목적은 피부세정, 피부정돈, 피부보호이다.

74. 팩의 제거 방법에 따른 분류가 아닌 것은?
① 티슈오프 타입
② 석고 마스크 타입
③ 필오프 타입
④ 워시오프 타입

해

팩의 제거 방법에 따른 분류	
필오프 타입	팩이 건조된 후 형성된 투명한 피막을 떼어내는 타입
워시오프 타입	물로 닦아내는 타입
티슈오프 타입	티슈로 닦아내는 타입
시트 타입	시트를 얼굴 위에 올려놓았다가 사용 후 제거하는 타입

75. 메이크업 화장품 중에서 안료가 균일하게 분산 되어있는 형태로 대부분 O/W형 유화 타입이며 투명감 있게 마무리되므로 피부에 결점이 별로 없는 경우에 사용하는 것은?
① 트윈 케이크
② 스킨커버
③ 리퀴드 파운데이션
④ 크림 파운데이션

해 • O/W형 - 리퀴드 파운데이션
• W/O형 - 크림 파운데이션

76. 다음 중 향수의 부향률이 높은 것부터 순서대로 나열 된 것은?
① 퍼퓸 > 오데퍼퓸 > 오데코롱 > 오데토일렛
② 퍼퓸 > 오데토일렛 > 오데코롱 > 오데퍼퓸
③ 퍼퓸 > 오데퍼퓸 > 오데토일렛 > 오데코롱
④ 퍼퓸 > 오데코롱 > 오데퍼퓸 > 오데토일렛

해 향수의 부향률 순서(원액의 비율)
퍼퓸 > 오데퍼퓸 > 오데토일렛 > 오데코롱 > 샤워코롱

77 다음 중 여드름의 발생 가능성이 가장 적은 화장품 성분은?
① 호호바 오일
② 라놀린
③ 미네랄 오일
④ 이소프로필 팔미테이트

해 호호바 오일은 노폐물의 배출을 용이하게 하여 지성 피부, 여드름피부, 습진에 효과적이다.

78 출생률보다 사망률이 낮으며 14세 이하 인구가 65세 이상 인구의 2배를 초과하는 구성형은?
① 피라미드형
② 종형
③ 항아리형
④ 별형

해
- 별형 - 생산층 인구가 증가되는 형(도시형)
- 항아리형 - 평균수명이 높고 인구가 감소하는 형(선진국형)
- 종형 - 출생률과 사망률이 낮은 형(이상형)

79 일명 도시형, 유입형이라고도 하며 생산층 인구가 전체인구의 50% 이상이 되는 인구 구성의 유형은?
① 별형
② 항아리형
③ 농촌형
④ 종형

80 공중보건의 3대 요소에 속하지 않는 것은?
① 감염병 치료
② 수명 연장
③ 건강 증진
④ 질병 예방

해 공중보건의 주된 목적은 질병예방, 생명연장, 신체적·정신적 건강증진이다.

81 세계보건기구(WHO)에서 규정된 건강의 정의를 가장 적절하게 표현한 것은?
① 육체적으로 완전히 양호한 상태
② 정신적으로 완전히 양호한 상태
③ 질병이 없고 허약하지 않은 상태
④ 육체적, 정신적, 사회적 안녕이 완전한 상태

해 세계보건기구(WHO)에서 건강에 대해 다음과 같이 정의하였다. "건강이란 질병이 없거나 허약하지 않은 것만 말하는 것이 아니라 신체적·정신적·사회적으로 완전히 안녕한 상태에 놓여 있는 것"

82 한 국가나 지역사회 간의 보건수준을 비교하는데 사용되는 대표적인 3대 지표는?
① 영아사망률, 비례사망지수, 평균수명
② 영아사망률, 사인별 사망률, 평균수명
③ 유아사망률, 모성사망률, 비례사망지수
④ 유아사망률, 사인별 사망률, 영아사망률

해
- 한 국가나 지역사회 간의 보건수준을 비교하는데 사용되는 3대 지표 : 평균수명, 영아 사망률, 비례사망 지수
- 한 국가의 건강수준을 다른 국가들과 비교할 수 있는 3대 지표 : 평균수명, 비례사망지수, 조사망률

83 다음 질병 중 병원체가 바이러스인 것은?
① 장티푸스
② 쯔쯔가무시병
③ 폴리오
④ 발진열

해 폴리오는 소화기계 바이러스이다.

84 예방접종으로 획득되는 면역의 종류는?
① 인공능동면역
② 인공수동면역
③ 자연능동면역
④ 자연수동면역

해 인공능동면역은 예방접종에 의해 형성된 면역이다.

85 콜레라 예방접종은 어떤 면역 방법인가?
① 인공능동면역
② 인공수동면역
③ 자연능동면역
④ 자연수동면역

해 콜레라는 인공능동면역으로 사균 백신 접종을 통해 예방된다.

86 다음 중 예방법으로 생균백신을 사용하는 것은?
① 홍역
② 콜레라
③ 파상풍
④ 디프테리아

해

생균백신	홍역, 탄저, 광견병, 결핵, 황열, 폴리오, 두창
사균백신	장티푸스, 파라티푸스, 콜레라, 백일해, 일본뇌염, 폴리오
순화독소 (toxoid)	파상풍, 디프테리아

87 예방접종에 있어 생균 백신을 사용하는 것은?
① 파상풍
② 홍역
③ 디프테리아
④ 백일해

88 예방접종에 있어서 디피티(DPT)와 무관한 질병은?
① 파상풍
② 결핵
③ 디프테리아
④ 백일해

해 DPT 혹은 DTP는 디프테리아(diphtheria), 백일해(pertussis), 파상풍(tetanus)의 약자로서 DPT 백신은 인체의 면역반응을 이용하여 디프테리아, 백일해, 파상풍 균에 의한 감염을 예방한다.

89 법정 감염병 중 제1급 감염병인 것은?
① 콜레라
② 수두
③ 결핵
④ 에볼라바이러스병

90 제2급에 해당되는 법정 감염병은?
① 라싸열
② 풍진
③ 페스트
④ 신종인플루엔자

91 인수공통감염병에 해당 되는 것은?
① 홍역
② 한센병
③ 풍진
④ 공수병

해 인수공통 감염병의 종류로는 공수병(광견병), 장출혈성대장균감염증, 일본뇌염, 브루셀라증, 탄저, 조류인플루엔자 인체감염증, 중증급성호흡기증후군, 변종 크로이츠펠트-야콥병, 큐열, 결핵 등이 있다.

92 위생 해충인 파리에 의해서 전염될 수 있는 감염병이 아닌 것은?
① 장티푸스
② 발진열
③ 콜레라
④ 결핵

해 파리에 의해 전염될 수 있는 감염병은 장티푸스, 콜레라, 이질, 결핵 등이 있다.

93 감염병을 옮기는 매개곤충과 질병의 관계가 올바른 것은?
① 재귀열-이
② 말라리아-진드기
③ 일본뇌염-체체파리
④ 발진티푸스-모기

94 일반적으로 이·미용업소의 실내 쾌적 습도 범위로 가장 알맞은 것은?
① 10~20%
② 20~40%
③ 40~70%
④ 70~90%

해 이·미용 업소의 쾌적습도는 40~70%이며 쾌적온도는 18~21℃이다.

95 다음 중 이·미용업소의 실내온도로 가장 알맞은 것은?
① 10℃
② 14℃
③ 21℃
④ 26℃

96 세균성 식중독의 특성이 아닌 것은?
① 2차 감염률이 낮다.
② 잠복기가 길다.
③ 다량의 균이 발생한다.
④ 수인성 전파는 드물다.

해 세균성 식중독은 잠복기가 짧다.

97 공중보건학의 범위 중 보건 관리 분야에 속하지 않는 사업은?
① 보건 통계
② 사회보장제도
③ 보건 행정
④ 산업 보건

해

보건 관리	보건행정, 보건영양, 모자보건, 가족계획, 인구보건, 정신보건, 학교보건, 가족보건, 보건교육, 보건통계, 사회보장제도, 응급의료, 노인보건, 사고관리

98 이용업 및 미용업은 다음 중 어디에 속하는가?
① 공중위생영업
② 위생관련영업
③ 위생처리업
④ 위생관리용역업

해 공중위생영업에는 숙박업, 목욕장업, 이용업, 미용업, 세탁업, 위생관리용 영업이 있다.

99 공중위생관리법상 미용업의 정의로 가장 올바른 것은?
① 손님의 얼굴 등에 손질을 하여 손님의 용모를 아름답고 단정하게 하는 영업
② 손님의 머리를 손질하여 손님의 용모를 아름답고 단정하게 하는 영업
③ 손님의 머리카락을 다듬거나 하는 등의 방법으로 손님의 용모를 단정하게 하는 영업
④ 손님의 얼굴, 머리, 피부 등을 손질하여 손님의 외모를 아름답게 꾸미는 영업

해 "미용업"이라 함은 손님의 얼굴, 머리, 피부 및 손톱·발톱 등을 손질하여 손님의 외모를 아름답게 꾸미는 영업을 말한다.

100 공중위생관리법상 공중위생영업의 신고를 하고자 하는 경우 반드시 필요한 첨부서류가 아닌 것은?
① 영업시설 및 설비개요서
② 교육필증
③ 이·미용사 자격증
④ 면허증 원본

해 이·미용사 자격증은 필수 첨부서류 사항이 아니다.

PART V

:CBT 복원문제

11 다음 중 ( )안에 들어갈 내용으로 올바른 것은?

〈보기〉
사람이 볼 수 있는 ( )의 파장 범위는 ( ) nm이다.

① 적외선, 180~380
② 적외선, 380~780
③ 가시광선, 180~380
④ 가시광선, 380~780

해 사람이 볼 수 있는 가시광선의 파장 범위는 380~780nm 이다.

12 다음 중 먼셀의 색채 표기법으로 옳은 것은?
① H/V C
② H V/C
③ C/ H V
④ C H/V

해 먼셀의 색채 표기는 HV/C 이다.
(색상 - Hue, 명도 - Value, 채도 - Chroma)

13 부채꼴 모양의 브러시로 여분의 파우더 가루를 털어낼 때 사용하는 것은?
① 치크 브러시
② 팬 브러시
③ 스크류 브러시
④ 파우더 브러시

해 팬브러시는 부채꼴 모양의 브러시로 파우더나 아이섀도 가루의 여분을 털어낼 때 사용한다.

14 다음 중 메이크업의 조건이 아닌 것은?
① 조화
② 대비
③ 강조
④ T.P.O

해 메이크업의 조건에는 T.P.O, 조화, 대칭, 대비, 그러데이션이 있다.

15 멜라닌 세포가 주로 분포 되어 있는 피부층은?
① 각질층
② 기저층
③ 투명층
④ 과립층

해 기저층은 진피로부터 영양을 공급받고 각질세포를 형성하는 층으로 멜라닌 세포가 존재하여 피부색을 결정한다.

16 3대 영양소가 아닌 것은?
① 탄수화물
② 단백질
③ 지방
④ 비타민

17 다음 중 얼굴형에 따른 메이크업 방법으로 옳지 않은 것은?
① 삼각형 얼굴형 - 이마 양 끝과 턱 양 끝에 쉐이딩을 준다.
② 긴 얼굴형 - 얼굴이 더 길어 보이지 않도록 치크를 가로로 길게 발라준다.
③ 둥근 얼굴형 - 얼굴이 갸름해 보일 수 있도록 사선으로 치크를 하고 T존 부위와 턱 끝에 하이라이트를 넣어준다.
④ 역삼각형 얼굴형 - 이마의 양 끝부분에 쉐이딩을 넣어준다.
해 삼각형 얼굴은 이마가 좁고 턱은 넓은 형으로 턱 양 끝에 쉐이딩을 주고 이마의 양끝에 하이라이트를 주어 얼굴형을 커버한다.

18 피지선과 한선의 기능 저하로 인해 유·수분 밸런스가 정상적이지 않으며 피부가 얇아 잔주름이 쉽게 생기는 피부 타입은?
① 지성 피부
② 건성 피부
③ 민감성 피부
④ 복합성 피부

19 다음 중 비타민C가 인체에 미치는 영향이 아닌 것은?
① 피부의 멜라닌 세포를 억제시킨다.
② 피부에 광택을 주고 미백에 도움을 준다.
③ 호르몬 분비를 억제시킨다.
④ 결핍 시 각화증, 과민증상을 유발한다.
해 호르몬 분비를 억제시키는 것은 비타민E이다.

20 피부 면역에 대한 설명으로 옳지 않은 것은?
① T림프구는 항원전달세포에 해당한다.
② 림프구는 백혈구의 면역 기전으로 골수에서 유래되었다.
③ B림프구는 면역글로빈이라고도 불리며 바이러스와 세균을 죽이는 면역기능을 담당한다.
④ 항체는 항원에 대항하기 위해 혈액에서 형성된 당단백질이다.
해 T림프구는 혈액 내 림프구의 약 90%를 구성하며 항원을 직업 공격하여 면역반응을 일으킨다.

21 '면역글로빈'이라 불리는 단백질로 바이러스와 세균을 죽이는 면역기능을 담당하는 것은?
① 항체
② 면역
③ T림프구
④ B림프구
해 B림프구는 '면역글로빈'이라 불리는 단백질로 바이러스와 세균을 죽이는 면역기능을 담당한다. 또한, 형질세포로 분화되어 항체를 생산한다.

22 아포크린선의 설명으로 옳지 않은 것은?
① 사춘기 이후로 주로 발달한다.
② 겨드랑이, 유두, 성기, 배꼽 주변에 존재한다.
③ 아포크린선은 대한선이라고도 한다.
④ 백인이 흑인보다 많이 분비된다.
해 아포크린선(대한선)은 흑인 > 백인 > 동양인 순서로 많이 분비된다.

23 O/W형 유화타입의 제품으로 오일 함유량이 적어 피지분비가 많은 여름철에 주로 사용하는 파운데이션 타입은?
① 크림 파운데이션
② 리퀴드 파운데이션
③ 트웨이 케이크
④ 스틱 파운데이션

해 리퀴드 파운데이션은 O/W형이며 크림파운데이션은 W/O형이다.

24 발견 후 7일 이내에 관할 보건소에 신고해야 하는 감염병은?
① 제 1급 감염병
② 제 2급 감염병
③ 제 3급 감염병
④ 제 4급 감염병

해 제1급 감염병은 발견 즉시 신고해야 하며 2급, 3급 감염병은 24시간 이내에 신고해야 한다.

25 감염병의 분류 중 결핵, 수두, 홍역, 콜레라 등은 몇 급 감염병에 속하는가?
① 제 1급 감염병
② 제 2급 감염병
③ 제 3급 감염병
④ 제 4급 감염병

해 제2급 감염병은 전파 가능성을 고려하여 발생 또는 유행 시 24시간 이내에 신고하고 격리가 필요한 감염병이다. 결핵, 수두, 홍역, 콜레라, 장티푸스, 파라티푸스, 세균성이질, 장출혈성대장균감염증 등이 이에 속한다.

26 다음 중 인수공통 감염병인 것은?
① 광견병
② 콜레라
③ 디프테리아
④ 천연두

해 인수공통 감염병의 종류로는 공수병(광견병), 장출혈성대장균감염증, 일본뇌염, 브루셀라증, 탄저, 조류인플루엔자 인체감염증, 중증급성호흡기증후군, 변종 크로이츠펠트-야콥병, 큐열, 결핵 등이 있다.

27 감염병을 옮기는 매개 곤충과 감염병의 관계가 옳은 것은?
① 쥐-뎅기열
② 모기-흑사병
③ 벼룩-발진열
④ 파리-말라리아

28 감염병의 발생과정으로 옳은 것은?
① 병원체→병원소→전파→숙주의 감염
② 병원소→병원체→전파→숙주의 감염
③ 숙주의 감염→병원체→병원소→전파
④ 숙주의 감염→병원소→병원체→전파

해 감염병의 발생과정은 병원체→병원소→병원체탈출→병원체전파→새로운 숙주의 침입→숙주의 감염이다.

29 다음 중 가족계획에 포함되는 것으로 올바르게 짝지어진 것은?

〈보기〉
㉠ 출산기간 조절   ㉡ 출산간격 조절
㉢ 초산연령 조절   ㉣ 결혼연령 제한

① ㉠, ㉡
② ㉢, ㉣
③ ㉠, ㉡, ㉣
④ ㉠, ㉡, ㉢

해 가족계획의 내용으로는 초산연령 조절, 출산횟수 조절, 출산기간 조절, 출산간격 조절이 있다.

30 다음 중 기후의 3대 요소는?
① 기온, 복사량, 기류
② 기온, 기습, 일조량
③ 기류, 기압, 일조량
④ 기온, 기습, 기류

해 기후의 3대 요소는 기온, 기습, 기류(공기의 흐름)이다.

31 실내 공기오염의 지표로 주로 사용되는 것은?
① 아황산가스
② 일산화탄소
③ 이산화탄소
④ 질소

해 이산화탄소는 실내공기오염의 지표로서 탄산가스라고도 하며 호흡과 함께 배출된다. 또한 무색, 무자극, 무취로 맹독성이다.

32 다음 중 식중독에 대한 설명으로 옳지 않은 것은?
① 세균성 식중독은 원인에 따라 감염형과 독소형으로 분류된다.
② 살모넬라균은 발열 증상과 함께 치사율이 가장 높다.
③ 치즈, 우유 등을 잘못 보관하면 포도상구균이 발생할 수 있다.
④ 보툴리누스균은 신경마비증세, 호흡곤란 등의 현상을 일으킨다.

해 살모넬라균은 식중독 중 발열증상이 가장 심하긴 하나 치사율은 낮다.

33 석탄산 소독액에 대한 설명으로 옳지 않은 것은?
① 안정성이 강하고 화학변화가 적어 살균력 지표로 이용됨
② 승홍수의 약 1,000배의 살균력
③ 고온일수록 소독력이 증가
④ 값이 비싸서 사용범위가 제한적이다.

해 석탄산은 값이 저렴하고 사용범위가 넓다.

34 이·미용 업소에서 수건 소독 시 가장 많이 사용 사용되는 소독법은?
① 알코올 소독
② 석탄산 소독
③ 자비소독
④ 간헐멸균법

해 자비소독은 100℃의 끓는 물에서 20~30분간 가열하는 물리적 소독법으로 식기, 행주, 의류, 수건, 도자기, 스테인레스 용기 등의 소독에 적합하다.

35 군집독의 해결방법으로 가장 적합한 것은?
① 실내공기 환기
② 실내온도 높임
③ 실내습도 높임
④ 아황산가스 공급

해 군집독은 실내에 많은 인원이 밀집되어 있을 경우 실내공기의 오염으로 불쾌감, 두통, 구토, 현기증, 식욕저하 등의 증상이 나타나는 것이다.

36 환자와 접촉한 뒤 사용하는 손 소독 약품으로 옳지 않은 것은?
① 크레졸수
② 역성비누
③ 승홍수
④ 석탄산

해 석탄산은 독성이 있어서 인체에 사용 시 피부 점막에 자극과 마비를 줄 수 있다

37 상수 수질오염의 지표로 사용되는 것은?
① 이질균
② 대장균
③ 프랑크톤
④ BOD(생물화학적 산소요구량)

해 대장균은 음용수의 일반적인 오염 지표로 사용되며 BOD는 하수의 오염지표로 주로 사용된다.

38 실내에 많은 인원이 밀집되어 있을 때 실내 공기의 변화는?
① 기온상승-습도감소-이산화탄소증가
② 기온상승-습도증가-이산화탄소증가
③ 기온하강-습도증가-이산화탄소증가
④ 기온하강-습도감소-이산화탄소감소

해 밀폐된 공간에서 많은 인원이 밀집되어 있을 경우 기온, 습도, 이산화탄소 모두 증가한다.

39 화학적 소독법에 해당하는 것은 무엇인가?
① 고압증기멸균법
② 자비소독법
③ 석탄산 소독법
④ 간헐멸균법

해 화학적 소독법에는 알코올, 석탄산, 염소, 생석회, 승홍수, 크레졸, 포름알데히드, 역성비누, 과산화수소, 포르말린 등을 이용한 소독법이 있으며 물리적 소독법에는 고압증기 멸균법, 자비소독법, 간헐멸균법, 초음파 멸균법 등이 있다.

40 다음 중 자외선의 작용으로 옳지 않은 것은?
① 비타민 D형성
② 피부 색소 침착
③ 살균작용
④ 박테리아 멸균

해 자외선은 살균작용이 있긴 하지만 모든 균을 제거하는 멸균작용을 하지는 못한다.

41 소독용 과산화수소(H_2O_2) 수용액의 적당한 농도는?

① 0.5~1.5%
② 2.5~3.5%
③ 3.5~5.0%
④ 5.0~6.0%

해 소독용 과산화수소 수용액은 3%가 적당하며 구내염, 입안세척 및 상처소독, 지혈제로 사용된다.

42 소독약 10mL를 용액(물) 40mL에 혼합시키면 몇%의 수용액이 되는가?

① 4%
② 40%
③ 30%
④ 20%

해

- 공식

$$\frac{\text{소독약 원액 질량}}{\text{수용액 총 질량(소독약 원액+물)}} \times 100 = \text{수용액 농도}$$

위의 공식을 대입해보면 $\frac{10}{50} \times 100 =$ 수용액 농도

이렇게 계산할 수 있다. 따라서 20%의 수용액이 만들어진다.

43 미생물에 대한 설명으로 틀린 것은?

① 1mm 이하의 생물체를 총칭하는 것이다.
② 미생물 증식에는 영양소, 수분, 온도 등이 필요하다.
③ 질병의 원인이 되는 미생물을 병원성 미생물이라고 한다.
④ 발효균, 유산균, 효모균 등을 비병원성 미생물이라고 한다.

해 미생물은 0.1mm 이하의 작은 생물체를 총칭하는 것이다.

44 이·미용 업소에서의 시술을 통해 감염될 수 있는 가능성이 가장 큰 질병은?

① 뇌염, 결핵
② 피부병, 콜레라
③ 트라코마, 결핵
④ 장티푸스, 세균성이질

해 트라코마는 환자가 사용한 세면기나 수건에 의해 감염되며 결핵은 호흡기를 통해 감염된다.

45 공중위생관리법에 관한 내용 중 옳지 않은 것은?
① "미용업"이라 함은 손님의 머리카락 또는 수염을 깎거나 다듬는 등의 방법으로 손님의 용모를 단정하게 하는 영업을 말한다.
② "위생관리용역업"이라 함은 공중이 이용하는 건축물, 시설물 등의 청결유지와 실내공기정화를 위한 청소 등을 대행하는 영업을 말한다.
③ "숙박업"이라 함은 손님이 잠을 자고 머물 수 있도록 시설 및 설비 등의 서비스를 제공하는 영업을 말한다.
④ "공중위생영업"이라 함은 다수인을 대상으로 위생관리서비스를 제공하는 영업으로서 숙박업, 목욕장업, 이용업, 미용업, 세탁업, 위생관리용 영업을 말한다.
해 "미용업"이라 함은 손님의 얼굴, 머리, 피부 및 손톱·발톱 등을 손질하여 손님의 외모를 아름답게 꾸미는 영업을 말한다.

46 공중보건의 주된 목적이 아닌 것은?
① 건강증진
② 수명연장
③ 질병예방
④ 질병치료
해 공중보건의 주된 목적은 질병예방, 생명연장, 신체적·정신적 건강증진이다.

47 다음 중 보건수준을 나타내는 지표로 주로 사용되는 것은?
① 조사망률
② 영아사망률
③ 비례사망지수
④ 평균수명
해 영아사망률은 한 국가의 보건수준을 나타내는 지표로 생후 1년 미만의 영아 사망률을 뜻한다.

48 이·미용사의 면허가 취소되거나 면허의 정지명령을 받은 자는 누구에게 면허증을 반납하여야 하는가?
① 시·도지사
② 보건복지부장관
③ 시장·군수·구청장
④ 보건소장
해 면허취소, 면허정지 명령을 받은 자는 지체 없이 시장·군수·구청장에게 이를 반납하여야 한다.

49 공중위생관리법상의 규정에 위반하여 위생교육을 받지 아니한 때 부과되는 과태료의 기준은?
① 200만원 이하
② 300만원 이하
③ 400만원 이하
④ 500만원 이하

50 개선을 명할 수 있는 경우에 해당 하지 않는 사람은?

① 공중위생영업의 종류별 시설 및 설비기준을 위반한 공중위생영업자
② 위생관리의무 등을 위반한 공중위생영업자
③ 공중위생영업자의 지위를 승계한 자로서 이에 관한 신고를 하지 아니한 자
④ 위생관리의무를 위반한 공중위생시설의 소유자 등

해 시장·군수·구청장은 공중위생영업자가 지위승계신고를 하지 아니한 경우 6월 이내의 기간을 정하여 영업의 정지 또는 일부 시설의 사용중지를 명하거나 영업소 폐쇄 등을 명할 수 있다.

51 고객에게 도박 그 밖에 사행 행위를 하게 한 경우에 대한 1차 위반 시 행정처분기준은?

① 영업장 폐쇄명령
② 영업정지 1월
③ 영업정지 2월
④ 영업정지 3월

해 1차위반 - 영업정지1월, 2차위반 - 영업정지2월, 3차위반 - 영업장 폐쇄명령

52 공중위생영업의 승계에 대한 설명으로 틀린 것은?

① 공중위생영업자가 그 공중위생영업을 양도하거나 사망한 때 또는 법인의 합병이 있는 때에는 그 양수인·상속인 또는 합병 후 존속하는 법인이나 합병에 의하여 설립되는 법인은 그 공중위생 영업자의 지위를 승계한다.
② 이용업 또는 미용업의 경우에는 규정에 의한 면허를 소지한 자에 한하여 공중위생영업자의 지위를 승계할 수 있다.
③ 공중위생영업자의 지위를 승계한 자는 1월 이내에 보건복지부령이 정하는 바에 따라 보건복지부장관에게 신고하여야 한다.
④ 민사집행법에 의한 경매, 채무자 회생 및 파산에 관한 법률에 의한 환가나 국세징수법·관세법 또는 지방세기본법에 의한 압류재산의 매각, 그 밖에 이에 준하는 절차에 따라 공중위생영업 관련시설 및 설비의 전부를 인수한 자는 이 법에 의한 그 공중위생영업자의 지위를 승계한다.

53 공중위생영업을 신고한 자는 폐업한 날로부터 몇일 이내에 시장·군수·구청장에게 신고하여야 하는가?

① 20일 이내
② 30일 이내
③ 60 이내
④ 1년 이내

해 공중위생영업을 신고한 자는 폐업한 날로부터 20일 이내 시장·군수·구청장에게 신고하여야 하며 영업정지 등의 기간 중에는 폐업신고를 할 수 없다.

54 이·미용업의 상속으로 인한 영업자 지위 승계 신고 시 구비서류가 아닌 것은?
① 상속자임을 증명하는 서류
② 영업자 지위승계 신고서
③ 가족관계증명서
④ 양도계약서 사본

해 양도계약서 사본은 영업양도일 경우 필요하다.

55 화장품에 대한 설명으로 틀린 것은?
① 전신에 사용 가능하다.
② 부작용이 있을 수 있다.
③ 장기간 사용 가능하다.
④ 청결과 미화를 목적으로 한다.

해 부작용이 있을 수 있는 것은 의약품이다.

56 화장수에 대한 설명으로 옳지 않은 것은?
① 유연화장수는 모공을 수축시켜 피부결을 섬세하게 정리해 준다.
② 유연화장수는 건성 또는 노화피부에 효과적으로 사용된다.
③ 수렴화장수는 아스트린젠트라고 불린다.
④ 수렴화장수는 지성, 복합성 피부에 효과적으로 사용된다.

해 모공을 수축시키고 피지분비 억제 효과가 있는 것은 수렴화장수이다.

57 향수의 구비조건으로 옳지 않은 것은?
① 향에 특징이 있을 것
② 향의 확산성이 좋을 것
③ 용기가 아름다울 것
④ 향의 조화가 적절할 것

58 바디샴푸가 갖추어야 할 이상적인 성질과 거리가 먼 것은?
① 피부에 대한 높은 안정성
② 풍부한 거품과 거품의 지속성
③ 적절한 세정력
④ 각질의 제거 능력

해 각질 제거 능력은 팩/마스크가 갖추어야 할 성질이다.

59 팩의 제거 방법에 따른 분류가 아닌 것은?
① 티슈오프타입
② 필오프 타입
③ 워시오프 타입
④ 석고 마스크 타입

해

팩의 제거 방법에 따른 분류	
필오프 타입	팩이 건조된 후 형성된 투명한 피막을 떼어내는 타입
워시오프 타입	물로 닦아내는 타입
티슈오프 타입	티슈로 닦아내는 타입
시트 타입	시트를 얼굴 위에 올려놓았다가 사용 후 제거하는 타입

60 향수에 대한 설명으로 옳은 것은?
① 오데퍼퓸 : 농도 30% 이상으로 향기를 오래 지속시키고 싶을 때 사용
② 퍼퓸 : 농도 15~30%로 향기가 풍부하고 가격이 비쌈
③ 오데 토일렛 : 농도 1~3%로 향의 강도와 지속력이 가장 약하다.
④ 오데 코롱 : 농도 10~15%로 향의 강도나 지속력은 퍼퓸보다 약하지만 경제적임

제 2 회 CBT 복원문제

정답

01 ①	02 ②	03 ①	04 ③	05 ①
06 ②	07 ④	08 ③	09 ①	10 ②
11 ④	12 ④	13 ③	14 ②	15 ④
16 ③	17 ①	18 ③	19 ③	20 ④
21 ①	22 ②	23 ③	24 ④	25 ①
26 ④	27 ③	28 ④	29 ①	30 ④
31 ①	32 ③	33 ②	34 ①	35 ②
36 ①	37 ②	38 ③	39 ①	40 ④
41 ①	42 ②	43 ③	44 ②	45 ①
46 ①	47 ③	48 ③	49 ③	50 ②
51 ②	52 ①	53 ①	54 ④	55 ②
56 ①	57 ③	58 ④	59 ①	60 ②

01
메이크업의 기능 중 인간이 사회에서 갖는 직업이나 신분, 지위에 따라 메이크업을 달리해 차별성을 표시하는 것은 무엇인가?
① 사회적 기능
② 보호적 기능
③ 미적 기능
④ 심리적 기능

해

구분	기능
보호적 기능	먼지, 환경오염, 자외선, 온도 등의 변화로부터 피부를 보호하는 것
미적 기능	아름다워지고 싶은 인간의 본능을 충족시키기 위해 얼굴의 결점을 수정 보완하는 것
사회적 기능	인간이 사회에서 갖는 직업이나 신분, 지위에 따라 메이크업을 달리해 차별성을 표시
심리적 기능	외모를 아름답게 함으로써 자신감을 갖게 되고 이로써 긍정적 심리효과를 기대

02
우리나라 화장 용어 중 피부를 청결하게 하는 정도의 수수하고 엷은 화장은 무엇인가?
① 농장
② 담장
③ 염장
④ 성장

해

농장	담장보다 짙은 화장 (색조화장)
염장	농장보다 진하고 요염한 색채를 표현한 화장
성장	얼굴과 몸의 꾸밈을 남의 시선을 끌만큼 화려하게 표현한 것

03
신라시대 때 눈썹을 그리는 재료로 사용된 것은?
① 굴참나무
② 홍화
③ 쌀겨
④ 난초

해 신라시대에는 너도밤나무, 굴참나무 등의 나무재를 사용하여 눈썹화장을 하였다.

04 립스틱 위에 발라서 립스틱의 지속력을 높여주는 제품은 무엇인가?
① 립밤
② 립글로즈
③ 립코트
④ 립틴트

05 콜드크림의 보급이 시작되고 오드리햅번 등의 영화 스타의 영향으로 헤어와 화장스타일에 유행이 생겨난 것은 언제인가?
① 1950년대
② 1960년대
③ 1970년대
④ 1980년대

해 1950년대 - 전쟁 이후, 수입화장품 및 밀수화장품이 범람하였으며 오드리햅번 등의 영화 스타의 영향으로 헤어와 화장스타일에 유행이 생겨났다.

06 브러시의 보관 방법으로 틀린 것은?
① 타월로 물기를 제거한 뒤 그늘에 뉘어서 말린다.
② 드라이기의 뜨거운 바람으로 말린다.
③ 미지근한 물에 샴푸나 세척액을 풀어 가볍게 문지르듯 빨아준다.
④ 사용 후 보관 시에는, 마른티슈에 잔여물을 말끔히 털어낸 후 보관한다.

07 크고 둥근 눈매에 적합한 아이라인 메이크업 방법이 아닌 것은?
① 눈 앞머리와 눈꼬리만 살짝 그려준다.
② 속눈썹 점막을 채워 그려준다.
③ 너무 두껍지 않게 자연스럽게 표현해준다.
④ 중앙을 두껍게 그려준다.

해 중앙을 두껍게 그릴 경우 더 동그랗게 보일 수가 있기 때문에 눈 앞머리와 눈꼬리만 가볍게 살짝 그려준다.

08 메이크업의 4대 목적이 아닌 것은?
① 실용적 목적
② 표시적 목적
③ 심리적 목적
④ 본능적 목적

해 메이크업의 4대 목적은 본능적 목적, 실용적 목적, 신앙적 목적, 표시적 목적이다.

09 눈썹을 그리는 방법으로 옳지 않은 것은?
① 눈썹색상은 눈동자 색에 맞추어 그린다.
② 눈썹앞머리는 콧방울과 눈 앞꼬리의 수직선상에 위치하도록 그린다.
③ 눈썹꼬리는 콧방울과 눈꼬리를 45°로 잇는 선의 위치하도록 그린다.
④ 눈썹산의 위치는 눈썹길이 2/3 지점에 위치하도록 그린다.

해 눈썹 색상은 모발색상에 맞추어 그린다.

10 얼굴형에 따른 블러셔 메이크업 방법으로 옳지 않은 것은?
① 각진 얼굴형의 블러셔는 안쪽에서 바깥쪽으로 사선으로 터치해준다.
② 둥근 얼굴형의 블러셔는 애플존 위치에 둥글게 터치한다.
③ 긴 얼굴형의 블러셔는 가로 터치로 길게 발라 시선의 흐름을 끊어준다.
④ 계란형 얼굴의 블러셔는 연출하고자 하는 이미지에 따라 둥글게 바르거나 사선으로 바른다.

해 둥근 얼굴의 경우 귀 윗부분부터 입꼬리쪽으로 사선으로 길게 터치해 둥그런 얼굴이 갸름해 보일 수 있도록 한다.

11 다음 중 희고 창백한 얼굴에 적합한 메이크업베이스 색상은?
① 파랑
② 보라
③ 녹색
④ 핑크

해 녹색-붉은 피부, 보라-노란 피부, 파랑-기미나 잡티가 있는 피부

12 그리스 페인트 메이크업은 무엇을 뜻하는가?
① 내츄럴 메이크업
② 소셜 메이크업
③ 데이타임 메이크업
④ 무대 화장

해 그리스 페인트 메이크업은 페인트 메이크업, 무대용 메이크업, 스테이지 메이크업을 뜻한다.

13 파운데이션을 덜어낼 때 사용하는 도구는 무엇인가?
① 파레트
② 아이래쉬컬러
③ 스파츌라
④ 면봉

해 파운데이션을 덜어낼 때는 스파츌라를 사용한다.

14 가을 메이크업에 어울리는 컬러로 차분하고 우아한 이미지를 주는 색상은?
① 화이트, 블루, 실버, 블랙
② 펄 베이지, 브라운, 카키
③ 페일 핑크, 옐로우, 바이올렛
④ 화이트, 블랙, 레드, 골드 펄

해 가을에는 전반적으로 차분하고 톤다운이 된 베이지, 브라운, 카키 등의 색상을 사용해 차분하고 우아한 이미지를 연출하는 것이 좋다.

15 영상 메이크업 시 참고해야 할 사항이 아닌 것은?
① 육안으로 보는 것보다 평면적으로 보일 수 있다.
② 짙은 핑크는 붉게 표현될 수 있다.
③ 육안으로 보는 색보다 밝고 진하게 나온다.
④ 흰색 파운데이션을 사용한다.

해 영상 메이크업 시 흰색파운데이션은 적합하지 않다.

16 다음 중 베이스 메이크업 방법으로 옳지 않은 것은?
① 피부톤에 적합한 메이크업베이스 색상을 선택한다.
② 이마, 볼 부위를 시작으로 눈가, 코 등 좁은 부위 순서대로 펴 바른다.
③ 다크서클 커버를 위해 눈두덩이에는 많은 양의 파운데이션을 바른다.
④ 브러시나 스펀지 등의 도구를 사용하여 발라준다.

해 눈두덩이에는 너무 많은 양의 파운데이션이 올라갈 경우 아이메이크업이 번지기 쉬우므로 소량만 발라주며 다크서클을 커버할 때는 컨실러를 사용한다.

17 먼셀의 색채 표기법인 HV/C에서 C는 무엇의 약자인가?
① Communication
② Coordination
③ Color
④ Chroma

해 색상-Hue, 명도-Value, 채도-Chroma

18 색의 3속성 개념을 도입한 색상환에 의해 색의 조화를 대비조화와 유사조화로 나누고 등간격 3색에 의한 정량적 색채조화론을 제시한 사람은?
① 먼셀
② 슈브릴
③ 오스트발스
④ 저드

해 색의 조화를 대비조화와 유사조화로 나누고 등간격 3색에 의한 정량적 색채조화론을 제시한 사람은 슈브릴이다.

19 다음 중 인간이 색을 지각하기 위한 3요소가 아닌 것은?
① 물체
② 광원
③ 조도
④ 시각

해 색채 지각의 3요소는 빛(광원), 물체, 시각(눈)이다.

20 저드의 색채 조화론 중 자연경관과 같이 사람들에게 잘 알려져 친근감 있는 색은 조화롭다라는 것은 어떤 원리인가?
① 명료성의 원리
② 유사성의 원리
③ 질서의 원리
④ 친근감의 원리

해

질서(규칙)의 원리	• 규칙적으로 선택된 두 가지 이상의 색 사이에 색상, 명도, 채도 등 • 어떠한 요소가 규칙적인 질서가 있으면 조화롭다.
유사성의 원리	어떤 색의 배색도 공통적인 요소가 있으면 조화롭다.
명료성의 원리	두 가지 색 이상의 관계가 애매하지 않고 명쾌하면 조화롭다.

21 문&스펜서의 조화이론이 아닌 것은?

① 질서조화
② 유사조화
③ 대비조화
④ 동일조화

해

조화	동일조화 (같은 색의 조화)
	유사조화 (유사한 색의 조화)
	대비조화 (반대색의 조화)
부조화	제1부조화 (유사한 색의 부조화)
	제2부조화 (약간 다른 색의 부조화)
	눈부심 (극단적인반대색의 부조화)

22 피부 표면의 pH에 가장 큰 영향을 주는 것은 무엇인가?

① 호르몬의 분비
② 땀의 분비
③ 자외선의 흡수
④ 각질생성

해 건강한 피부표면의 pH는 4.5~6.5이며 온도, 습도, 계절 등에도 영향을 받지만 그 중 땀의 분비가 가장 많은 영향을 준다.

23 건강한 피부를 유지하기 위한 방법이 아닌 것은?

① 적당한 유수분을 유지해준다.
② 각질층을 주기적으로 제거해준다.
③ 구리빛 피부를 위해 일광욕을 매일해준다.
④ 충분한 수면과 영양을 취한다.

해 너무 잦은 일광욕은 광노화의 원인이 된다.

24 다음 중 간접조명에 대한 설명으로 틀린 것은?

① 병실, 침실 등의 휴식공간에 주로 사용됨
② 빛의 대부분을 반사시키기 때문에 비경제적
③ 눈부심이 없고 조도가 균일해서 온화한 분위기 연출 가능
④ 광원의 60~90%가 대상체에 직접 비춰지고 나머지는 천장이나 벽에서 반사됨

해 간접조명은 광원의 90~100%가 천장이나 벽을 통해 반사되어 퍼져나오는 방식이다.

25 감법혼색의 연결로 옳지 않은 것은?

① 노랑+시안+마젠타=흰색
② 노랑+마젠타=빨강
③ 마젠타+시안=파랑
④ 시안+노랑=초록

해 노랑+시안+마젠타=검정

26 조명의 밝기가 바뀌어도 물체의 색을 원래 색으로 동일하게 지각하는 현상은?

① 색지각 현상
② 색음현상
③ 색의 대비
④ 색의 항상성

해 조명이나 주위 환경에 의해 물체의 색이 변해도 이를 무시하고 물체를 원래 색으로 지각하는 인간의 착시 현상으로 이것을 바로 색의 항상성이라고 한다.

27 나이트 메이크업에 대한 설명으로 옳은 것은?
① 대체적으로 차분한 컬러를 사용한다.
② 모델의 피부상태 그대로 최대한 자연스러운 피부를 연출한다.
③ 광택이 있거나 펄이 들어간 제품을 사용하여 화려함을 강조한다.
④ 면접 메이크업으로도 응용할 수 있다.

해 나이트 메이크업은 펄이나 글로즈 제품을 사용하여 화려함을 강조해 좀 더 또렷한 이미지를 표현한다.

28 피지선에 대한 내용으로 옳지 않은 것은?
① pH 4.5~6.5의 약산성으로 하루에 약 1~2g의 피지를 분비한다.
② 진피의 망상층에 위치한다.
③ 에스트로겐은 피지의 분비를 억제한다.
④ 손바닥과 발바닥, 얼굴에 주로 존재한다.

해 피지선은 손바닥과 발바닥을 제외한 전신에 분포하며 주로 T존, 목, 가슴 등에 퍼져있다.

29 건성피부에 대한 설명으로 옳지 않은 것은?
① 각질층의 수분이 40%이하이다.
② 유·수분의 균형이 정상적이지 않다.
③ 피부결이 섬세해 보이고 모공이 작다.
④ 피부가 얇고 잔주름이 쉽게 생긴다.

해 건성피부는 각질층의 수분이 10% 이하이다.

30 화장품의 사용 목적에 따른 분류가 알맞게 짝지어진 것은?
① 메이크업화장품 - 색채부여 - 데오드란트
② 모발화장품 - 정발 - 블러셔
③ 방향화장품 - 악취제거 - 영구염모제
④ 기초화장품 - 세안 - 클렌징폼

해

메이크업화장품	파운데이션, 아이라이너, 마스카라 등
방향화장품	퍼퓸, 오데퍼퓸, 오데뚜왈렛 등
기초화장품	피부정돈 - 화장수, 에센스, 로션 등 세안 - 클렌징 오일, 클렌징 폼 등

31 노화피부에 대한 특징이 아닌 것은?
① 피지 분비가 왕성해 화장이 쉽게 지워진다.
② 진피층의 콜라겐과 엘라스틴의 저하로 탄력이 감소한다.
③ 잡티, 검버섯 등이 생긴다.
④ 피부결이 거칠어지고 주름이 많이 생긴다.

해 노화피부는 피지 분비가 줄어들어 피부가 건조하다.

32 파우더의 사용 목적으로 옳지 않은 것은?
① 유분기 제거
② 색조의 뭉침 방지
③ 잡티 제거
④ 메이크업의 지속력 유지

해 파우더는 파운데이션의 고정력을 높이고 얼굴의 유수분을 제거하지만 잡티커버의 기능은 없다.

33 화장품 성분 중 기초화장품이나 메이크업 화장품에 널리 사용되는 고형의 유성성분으로 화장품의 원료를 굳힐 때 사용하는 것은?
① 피마자유
② 왁스
③ 실리콘오일
④ 바세린

해 왁스는 기초화장품이나 메이크업화장품에 널리 사용되는 고형의 유성성분으로 화장품의 원료를 굳힐 때 사용된다.

34 다음 중 식물성 오일이 아닌 것은?
① 난황 오일
② 올리브 오일
③ 로즈힙 오일
④ 피마자 오일

해 난황오일은 동물성 오일로 동물의 피하조직이나 장기에서 추출한다.

35 미백화장품에 사용되는 원료가 아닌 것은?
① 알부틴
② 레티놀
③ 코직산
④ 비타민C

해 레티놀은 주름개선 화장품에 사용되는 원료이다.

36 SPF에 대한 설명으로 틀린 것은?
① 오존층으로부터 자외선이 차단되는 정보를 알아보기 위한 목적으로 이용된다.
② 엄밀히 말하면 UV-B 방어효과를 나타내는 지수라고 볼 수 있다.
③ Sun Protection Factor의 약자로써 자외선 차단지수라 불리어진다.
④ 자외선 차단제를 바른 피부에 최소한의 홍반을 일어나게 하는데 필요한 자외선 양을 바르지 않은 피부에 최소한의 홍반을 일어나게 하는데 필요한 자외선 양으로 나눈 값이다.

37 자외선 차단제품을 사용했을 때와 사용하지 않았을 때의 최소 흑화량의 비율을 무엇이라 하는가?
① UV-C 차단지수
② UV-B 차단지수
③ UV-A 차단지수
④ UV-D 차단지수

해 UV-A차단지수는 자외선 차단제품을 사용했을 때와 사용하지 않았을 때의 최소 흑화량의 비율로 UV-A차단 등급에 따라 PA+, PA++, PA+++, PA++++등 4단계로 구분된다.

38 신체의 중요한 에너지원으로서 장에서 과당 및 포도당으로 흡수되는 물질은 무엇인가?
① 지방
② 탄수화물
③ 단백질
④ 비타민

해 탄수화물은 장에서 포도당, 과당, 갈락토오스의 형태로 흡수되며 소화흡수율은 약 99%이다.

39 에센셜 오일의 기능이 아닌 것은?
① 성장판 자극
② 면역력 강화
③ 근육의 긴장과 이완작용
④ 순환기 계통의 정상화

40 캐리어 오일의 종류가 아닌 것은?
① 올리브 오일
② 아몬드 오일
③ 호호바 오일
④ 라벤더 오일

🗈 캐리어 오일은 식물의 씨와 과육에서 추출한 식물성 오일로서 피부에 잘 흡수되고 에센셜 오일을 희석하는데 사용된다. 캐리어 오일의 종류로는 호호바오일, 달맞이유, 아몬드오일, 살구씨오일, 아보카도오일, 피마자오일, 올리브오일, 포도씨오일 등이 있다.

41 주름개선 화장품에 사용되는 주성분으로 거리가 먼 것은?
① AHA
② 펩타이드
③ 아데노신
④ 레티놀

🗈 AHA는 미백화장품에 주로 사용되는 성분이다.

42 장티푸스, 파상풍, 결핵 등의 예방접종으로 얻어지는 면역은 무엇인가?
① 자연 능동면역
② 인공 능동면역
③ 자연 수동면역
④ 인공 수동면역

🗈

구분		뜻
능동면역	자연 능동면역	전염병 감염 후 형성된 면역
	인공 능동면역	예방접종에 의해 형성된 면역
수동면역	자연 수동면역	모체의 태반이나 출생 후 모유를 통해 항체를 받는 면역
	인공 수동면역	면역혈청주사(항독소 등의 인공제제)에 의해 얻어진 면역

43 다음 중 면역과 가장 거리가 먼 것은?
① 식세포
② 림프구
③ 머켈세포
④ 랑게르한스세포

🗈 머켈세포는 촉각을 감지하는 세포이며 랑게르한스세포는 백혈구의 일종으로 피부에서 항원을 잡아 가까운 림프절로 이동하여 림프구에게 항원을 제공하는 세포의 일종이다.

44 한나라의 건강수준을 다른 국가들과 비교할 수 있도록 세계보건기구가 제시한 지표는?
① 비례사망지수, 조사망률, 영아 사망률
② 평균수명, 비례사망지수, 조사망률
③ 국민소득, 의료시설, 평균수명
④ 평균수명, 영아 사망률, 비례사망 지수

해
- 한 국가나 지역사회 간의 보건수준을 비교하는데 사용되는 3대 지표 : 평균수명, 영아 사망률, 비례사망 지수
- 한 국가의 건강수준을 다른 국가들과 비교할 수 있는 3대 지표 : 평균수명, 비례사망지수, 조사망률

45 솔라닌이 원인이 되는 식중독과 관련 있는 것은?
① 감자
② 매실
③ 버섯
④ 복어

해

동물성	복어(테트로도톡신), 섭조개(삭시톡신), 굴(베네루핀)
식물성	독버섯(무스카린, 아마니타톡신), 감자(솔라닌), 독미나리(시큐톡신), 매실(아미그달린)

46 다음 중 제1급 감염병은 무엇인가?
① 디프테리아
② 결핵
③ 수두
④ 장티푸스

해 제1급 감염병은 치명률이 높거나 집단 발생 우려가 커서 발생 또는 유행 즉시 신고하고 음압격리가 필요한 감염병으로 디프테리아, 야토병, 에볼라바이러스병, 마버그열 등이 있다.

47 석탄산 계수가 2인 소독약 A를 석탄산 계수 4인 소독약 B와 같은 효과를 내려면 어떻게 조정하면 되는가?
① A를 B보다 2배 묽게 조정한다.
② A를 B보다 4배 묽게 조정한다.
③ A를 B보다 2배 짙게 조정한다.
④ A를 B보다 4배 짙게 조정한다.

해 **석탄산 계수** : 살균력을 나타내는 수치로서 값이 클수록 살균력이 강하다. 석탄산계수 3은 살균력이 석탄산의 3배라는 의미이다. 따라서, 소독약 A의 살균력은 석탄산의 2배이고 소독약 B의 살균력은 석탄산의 4배이므로 소독약 A를 B보다 2배 짙게 조정해야한다.

$$석탄산계수 = \frac{소독약의\ 희석배수}{석탄산의\ 희석배수}$$

48 감염병을 옮기는 질병과 그 매개 곤충을 올바르게 연결한 것은?
① 모기 - 발진티푸스
② 진드기 - 쯔쯔가무시증
③ 벼룩 - 말라리아
④ 바퀴벌레 - 일본뇌염

해

모기	말라리아, 일본뇌염, 뎅기열, 황열, 사상충
벼룩	발진열, 페스트, 흑사병, 재귀열
바퀴벌레	장티푸스, 콜레라, 이질

49 이·미용업소에서 공기 중 비말감염으로 쉽게 옮길 수 있는 감염병은 무엇인가?

① 장티푸스
② 뇌염
③ 인플루엔자
④ 식중독

해 재채기나 기침 등을 통해서 나오는 분비물이 타인의 코나 입으로 들어가면서 감염되는 것을 비말감염이라고 하는데 인플루엔자, 결핵, 디프테리아, 백일해 등이 이에 속한다.

50 이·미용 업소의 조명은 얼마 이상이어야 하는가?

① 35룩스
② 75룩스
③ 95룩스
④ 125룩스

해 이미용업소의 조명도는 75룩스 이상이 되도록 유지하여야 한다.

51 면허증을 다른 사람에게 대여한 때의 1차 위반 행정처분 기준은?

① 면허정지 1월
② 면허정지 3월
③ 면허정지 6월
④ 면허취소

해 1차위반 – 면허정지3월, 2차위반 – 면허정지6월, 3차위반 – 면허취소이다.

52 다음 중 이·미용 영업자가 변경신고를 해야 하는 사항을 모두 고른 것은?

〈보기〉
㉠ 영업소의 상호
㉡ 영업장 소재지 변경
㉢ 영업자의 재산변동사항
㉣ 미용업 업종 간 변경

① ㉠, ㉡
② ㉡, ㉣
③ ㉠, ㉡, ㉣
④ ㉠, ㉡, ㉢, ㉣

해 보건복지부령이 정하는 다음과 같은 경우에는 변경신고를 해야 한다. 규정에 의한 변경신고를 하지 않은 경우 6월 이하의 징역 또는 500만원 이하의 벌금에 처한다.
① 영업소의 명칭 또는 상호
② 영업소 소재지 변경
③ 신고한 영업장 면적의 3분의 1 이상의 증감
④ 대표자의 성명 또는 생년월일
⑤ 미용업 업종 간 변경

53 다음 중 이·미용사의 면허를 받을 수 없는 사람은?

① 외국의 유명 이·미용학원에서 2년 이상 교육을 받은 사람
② 교육부장관이 인정하는 고등기술학교에서 1년 이상 미용에 관한 소정의 과정을 이수한 사람
③ 고등학교에서 미용에 관한 학과를 졸업한 사람
④ 대학교에서 미용에 관한 학과를 졸업한 사람

해 미용사 면허를 받을 수 없는 사람
① 피성년후견인(질병, 장애, 노령, 그 밖의 사유로 인한 정신적 제약으로 사무를 처리할 능력이 지속적으로 결여 된 사람으로서 가정법원으로부터 성년후견개시의 심판을 받은 사람)
② 정신보건법에 따른 정신질환자(다만, 전문의가 미용사로서 적합하다고 인정하는 사람은 제외)
③ 공중의 위생에 영향을 미칠 수 있는 감염병환자로서 보건복지부령이 정하는 자
④ 마약, 대마 또는 향정신성의약품의 중독자
⑤ 공중위생관리법 제7조제1항제2호, 제4호, 제6호 또는 제7호의 사유로 면허가 취소된 후 1년이 경과되지 않은 사람

54 위생서비스 평가 결과 위생서비스의 수준이 우수하다고 인정되는 영업소에 대하여 포상을 실시할 수 있는 자에 해당하지 않는 것은?

① 군수
② 시·도지사
③ 구청장
④ 보건소장

해 시·도지사 또는 시장·군수·구청장은 위생서비스평가의 결과 위생서비스의 수준이 우수하다고 인정되는 영업소에 대하여 포상을 실시할 수 있다.

55 화장품 포장에 기재해야 할 내용을 모두 고른 것은?

〈보기〉
㉠ 화장품 명칭   ㉡ 화장품 성분
㉢ 제조업자의 상호   ㉣ 제조판매업자 주소

① ㉠, ㉡, ㉢
② ㉠, ㉡, ㉢, ㉣
③ ㉠, ㉡, ㉣
④ ㉠, ㉡

56 홍조가 심한 피부에 알맞은 메이크업 베이스 색상은?

① 녹색
② 보라
③ 핑크
④ 파랑

해

피부 색상에 맞는 메이크업 베이스 색상	
녹색	붉은 피부(홍조)
보라	노란 피부
핑크	창백한 피부
파랑	기미, 주근깨 등 잡티 있는 피부

57 눈에 입체감을 부여하고 눈매 표정을 연출하여 단점보완 및 개성표현을 도와주는 역할을 하는 것은?

① 마스카라
② 아이라이너
③ 아이섀도
④ 립글로즈

해

종류	작용
아이라이너	눈의 윤곽을 또렷하게 하여 더욱 매력적으로 보이게 함
마스카라	속눈썹을 길고 짙어 보이게 함
아이섀도	눈꺼풀의 입체감과 눈매 표정을 연출하여 단점보완 및 개성표현
립스틱	입술 건조 방지와 색채감을 주어 입술을 아름답게 표현
블러셔	얼굴의 윤곽 수정과 입체감을 주어 더욱 건강한 혈색을 부여

58 바디 트리트먼트의 종류가 아닌 것은?

① 풋크림
② 바디 크림
③ 바디 오일
④ 바디 클렌저

해 바디클렌저는 세정제의 종류에 속한다.

59 향수의 부향률 순서대로 알맞게 나열된 것은?

① 퍼퓸＞오데토일렛＞오데코롱＞샤워코롱
② 오데퍼퓸＞오데토일렛＞샤워코롱＞오데코롱
③ 퍼퓸＞오데퍼퓸＞샤워코롱＞오데코롱
④ 오데퍼퓸＞퍼퓸＞오데코롱＞샤워코롱

해 향수의 부향률 순서(원액의 비율)
퍼퓸＞오데퍼퓸＞오데토일렛＞오데코롱＞샤워코롱

60 에센셜 오일 중 스트레스 완화 및 심리적 안정에 효과적이며 살균, 세포재생, 진정 등의 효과를 지닌 것은?

① 오렌지 오일
② 라벤더 오일
③ 로즈마리 오일
④ 아몬드 오일

해

라벤더 오일	스트레스 완화 및 심리적 안정에 효과적 살균, 세포재생, 진정 등의 효과 여드름성 피부 및 습진 등에 효과

제 3 회
CBT 복원문제

정답

01 ④	02 ②	03 ①	04 ③	05 ④
06 ②	07 ③	08 ①	09 ①	10 ②
11 ④	12 ②	13 ③	14 ②	15 ④
16 ①	17 ③	18 ④	19 ③	20 ④
21 ①	22 ③	23 ④	24 ③	25 ④
26 ③	27 ①	28 ②	29 ①	30 ④
31 ④	32 ③	33 ②	34 ①	35 ②
36 ①	37 ③	38 ②	39 ①	40 ④
41 ①	42 ②	43 ③	44 ④	45 ①
46 ③	47 ②	48 ④	49 ③	50 ②
51 ②	52 ④	53 ①	54 ④	55 ②
56 ④	57 ③	58 ④	59 ①	60 ②

01 공중 보건학의 대상으로 가장 적합한 것은?
① 개인
② 의료인
③ 특성 질환의 환자
④ 지역주민 전체

02 요충에 대한 설명으로 옳은 것은?
① 심한 복통이 있다.
② 집단 감염이 잘된다.
③ 흡충류에 속한다.
④ 충란을 산란하는 곳에는 소양증이 없다.

해 요충
- 4~10세 어린이의 집단감염(동거자 유의)
- **경로**: 오염된 손, 음식을 통해 경구 감염되며 항문주위에 기생

03 다음 중 절족동물 매개 감염병이 아닌 것은?
① 탄저
② 말라리아
③ 유행성 출혈열
④ 페스트

해 절족동물 매개 감염병에는 페스트, 신증후성 출혈열(유행성 출혈열), 쯔쯔가무시병, 발진티푸스, 말라리아 등이 있다.

04 간디스토마의 제1 중간숙주는 무엇인가?
① 참붕어
② 잉어
③ 쇠우렁이
④ 피라미

해 간흡충 (간디스토마)
- **제1중간숙주**: 쇠우렁이
- **제2중간숙주**: 잉어, 참붕어, 피라미
- 경구침입 (민물고기 생식 금지)
- 간의 담관에 기생

05 다음 보기에서 설명하는 것은 어느 시대인가?

〈보기〉
- 화장보다는 건강한 아름다움을 추구
- 여성의 메이크업을 금기시함
- 백납분을 사용하여 피부를 희게 표현함

① 중세시대
② 이집트 시대
③ 로마 시대
④ 그리스 시대

해
그리스	• 화장보다는 건강한 아름다움을 추구 • 여성의 메이크업을 금기시함 • 백납분을 사용하여 피부를 희게 표현하고 검정색 콜(kohl)로 눈썹을 진하게 표현 • 입술과 볼을 붉게 표현하고 화려한 머리치장 유행

06 다음 중 일산화탄소에 대한 설명으로 옳지 않은 것은?

① 중독 시 중추신경계에 악영향을 미친다.
② 실내공기 오염의 대표적인 지표로 사용된다.
③ 무색, 무미, 무자극, 무취의 맹독성이다.
④ 불완전 연소 시 주로 발생

해 실내공기 오염의 대표적인 지표로 사용되는 것은 이산화탄소이다.

07 분해 시 발생하는 발생기 산소의 산화력을 사용해 탈취, 살균효과를 나타내는 소독제는?

① 승홍수
② 역성비누
③ 과산화수소
④ 크레졸

08 다음 중 이·미용업소의 실내온도로 가장 적합한 것은?

① 18~21℃
② 25~30℃
③ 10℃ 이하
④ 30℃ 이상

해 이·미용 업소의 실내온도는 18~21℃가 적당하다.

09 다음 중 세정효과가 가장 우수한 것은?

① 음이온성 계면활성제
② 양이온성 계면활성제
③ 비이온성 계면활성제
④ 양쪽성 계면활성제

해
종류	특징
양이온성	소독작용 및 살균작용 우수
음이온성	세정 및 기포형성 작용 우수
비이온성	피부에 대한 자극이 적음(낮은 독성)
양쪽성	양이온과 음이온을 동시에 가짐

10 다음 중 산화방지제의 종류가 아닌 것은?
① 레시틴
② 레티놀
③ 부틸히드록시툴루엔
④ 비타민E

해 산화방지제의 종류 - 부틸히드록시툴루엔(BHT), 부틸히드록시아니솔(BHA), 레시틴, 비타민E(토코페롤) 등

11 다음 중 자비소독 대상으로 적합하지 않은 것은?
① 금속성 제품
② 타월 및 의류
③ 유리제품
④ 고무제품

해 자비소독은 열탕소독법이라고도 하며 100℃의 끓는 물에서 20~30분 간 가열하는 방법이다. 식기, 행주, 의류, 수건, 도자기, 스테인레스 용기를 대상으로 한다.

12 역성비누액에 대한 설명으로 옳지 않은 것은?
① 물에 잘 녹으며 냄새와 자극이 적다.
② 손 소독, 기구의 세척 등에 사용된다.
③ 양이온성 계면활성제이다.
④ 소독력과 세정력이 강하다.

해 역성비누액은 소독력은 강하지만 세정력은 약하다.

13 바이러스에 대한 설명으로 옳지 않은 것은?
① 가장 작은 크기의 미생물이다.
② 살아있는 세포내에서 증식이 가능하다.
③ 유전자는 RNA와 DNA 모두로 구성되어 있다.
④ 크기가 작아 세균여과기를 통과한다.

해

바이러스	· 가장 작은 크기의 미생물 · 접촉이나 기침, 재채기에 의해서도 전염된다. · 수두, 인플루엔자, 홍역, 감기 등을 일으킨다. · DNA나 RNA의 단일분자 핵산만을 함유하고 있다.

14 에크린선에 대한 설명으로 옳지 않은 것은?
① 입술과 생식기를 제외한 전신에 분포되어 있다.
② 사춘기 이후에 주로 발달한다.
③ pH 3.8~5.6의 약산성인 맑은 액체를 분비한다.
④ 손바닥과 발바닥에 가장 많이 분포한다.

해 사춘기 이후에 주로 발달하는 것은 아포크린선이다.

15 기미를 악화시키는 원인으로 거리가 먼 것은?
① 내분비 이상
② 경구 피임약의 복용
③ 임신
④ 자외선 차단

해 자외선을 차단하면 기미의 진행을 어느 정도 예방 가능하다.

16 다음 중 세균 세포벽의 가장 외층을 둘러싸고 있는 물질로서 백혈구의 식균작용에 대항하여 세균의 세포를 보호하는 것은 무엇인가?
① 협막
② 편모
③ 아포
④ 섬모

해 세균 세포벽의 가장 외층을 둘러싸고 있는 물질을 협막이라고 한다. 협막은 백혈구의 살균작용에 대항하여 세포를 보호하는 역할을 한다.

17 모세혈관이 파손되어 코를 중심으로 양 볼에 나비 모양으로 붉어지는 증상의 피부질환은?
① 농가진
② 건선
③ 주사
④ 접촉성 피부염

해 주사는 얼굴의 중앙부위를 침범하는 만성 충혈성 질환으로 주로 코와 뺨 등 얼굴의 중간 부위에 발생하는데 붉어진 얼굴과 혈관 확장이 주 증상이며 간혹 구진(1cm 미만 크기의 솟아 오른 피부 병변), 농포(고름), 부종 등이 관찰되는 만성 질환이다.

18 B림프구의 특징으로 옳지 않은 것은?
① 골수에서 생성되며 비장과 림프절로 이동한다.
② '면역글로빈'이라 불리는 단백질이다.
③ 체액성 면역에 관여한다.
④ 세포사멸을 유도한다.

해 세포사멸을 유도하는 것은 T림프구이다.

19 식세포에 대한 설명으로 옳지 않은 것은?
① 면역계 활성에 필수적인 역할을 한다.
② 감염으로부터 몸을 보호한다.
③ 인체에 침입한 세균이나 바이러스를 뜻한다.
④ 해로운 외부입자, 세균, 죽은 세포 등을 잡아먹는 세포의 총칭

해 인체에 침입한 세균이나 바이러스를 뜻하는 것은 항원이다.

20 피부색에 대한 설명으로 옳은 것은?
① 고령층보다 젊은 층에 남성보다 여성에게 색소가 많다.
② 적외선은 멜라닌 생성에 큰 영향을 미친다.
③ 피부의 색은 건강상태와는 전혀 관련이 없다.
④ 피부의 황색은 카로틴에서 유래한다.

해 ① 젊은 층보다 고령층에 여성보다 남성에게 색소가 많다.
② 자외선은 멜라닌 생성에 큰 영향을 미친다.
③ 피부의 색은 건강상태와 관련이 있다.

21 광노화로 인한 피부 변화와 거리가 먼 것은?
① 피부 표면이 얇아진다.
② 모세혈관이 확장되고 주름이 늘어난다.
③ 불규칙한 색소 침착이 생긴다.
④ 피부가 건조해지고 거칠어진다.

해 광노화는 햇빛, 추위 등의 외부환경에 의한 노화현상으로 피부가 두꺼워지고 탄력이 저하된다.

22 영업정지 명령을 받고도 그 기간 중에 영업을 한 공중위생영업자에 대한 행정처분은?
① 300만원 이하의 벌금
② 6월 이하의 징역 또는 500만원 이하의 벌금
③ 1년 이하의 징역 또는 1천만원 이하의 벌금
④ 2년 이하의 징역 또는 2천만원 이하의 벌금

23 다음 중 괄호 안에 들어갈 말로 올바르게 짝지어진 것은?

〈보기〉
공중위생업자의 지위를 승계한 자는 (   )이내에 보건복지가족부령이 정하는바에 따라 (   )에게 신고하여야 한다.

① 1월, 시장·보건소장
② 2월, 시장·보건소장
③ 2월, 시장·군수·구청장
④ 1월, 시장·군수·구청장

해 공중위생업자의 지위를 승계한 자는 1월 이내에 보건복지가족부령이 정하는바에 따라 시장·군수·구청장에게 신고하여야 한다.

24 이·미용 업소의 폐쇄명령을 받고도 계속하여 영업을 하였을 경우 관계공무원이 취할 수 있는 조치가 아닌 것은?
① 당해 영업소의 간판 기타 영업표지물의 제거
② 당해 영업소가 위법한 영업소임을 알리는 게시물 등의 부착
③ 당해 영업소 대표의 재산 및 통장 압류
④ 영업을 위하여 필수불가결한 기구 또는 시설물을 사용할 수 없게 하는 봉인

해 시장·군수·구청장은 공중위생영업자가 제1항의 규정에 의한 영업소폐쇄명령을 받고도 계속하여 영업을 하는 때에는 관계공무원으로 하여금 당해 영업소를 폐쇄하기 위하여 다음과 같은 조치를 하게 할 수 있다.
① 당해 영업소의 간판 기타 영업표지물의 제거
② 당해 영업소가 위법한 영업소임을 알리는 게시물 등의 부착
③ 영업을 위하여 필수불가결한 기구 또는 시설물을 사용할 수 없게 하는 봉인

25 공중위생감시원의 업무가 아닌 것은?
① 시설 및 설비의 확인
② 영업자준수사항 이행여부의 확인
③ 위생지도 및 개선명령 이행여부의 확인
④ 영업소의 매출 및 대표자의 재산조사

해 공중위생감시원의 업무는 다음과 같다.
① 시설 및 설비의 확인
② 공중위생영업 관련 시설 및 설비의 위생상태 확인·검사, 공중위생영업자의 위생관리의무 및 영업자준수사항 이행여부의 확인
③ 위생지도 및 개선명령 이행여부의 확인
④ 공중위생영업소의 영업의 정지, 일부 시설의 사용중지 또는 영업소 폐쇄명령 이행여부의 확인
⑤ 위생교육 이행여부 확인

26 시장·군수·구청장이 영업정지가 이용자에게 심한 불편을 주거나 그 밖에 공익을 해할 우려가 있는 경우에는 영업정지 처분에 갈음하여 얼마의 과징금을 부과할 수 있는가?
① 1천만원 이하
② 2천만원 이하
③ 3천만원 이하
④ 4천만원 이하

해 시장·군수·구청장은 제11조 제1항의 규정에 의한 영업정지가 이용자에게 심한 불편을 주거나 그 밖에 공익을 해할 우려가 있는 경우에는 영업정지 처분에 갈음하여 3천만원 이하의 과징금을 부과할 수 있다.

27 공중위생영업자의 지위를 승계한 뒤 변경신고를 하지 않은 자에게 내려지는 벌칙은?
① 6월 이하의 징역 또는 500만원 이하의 벌금
② 3월 이하의 징역 또는 300만원 이하의 벌금
③ 300만원 이하의 벌금
④ 600만원 이하의 벌금

해

6월 이하의 징역 또는 500만원 이하의 벌금	① 변경신고를 하지 않은 자 ② 공중위생영업자의 지위를 승계한 뒤 변경신고를 하지 않은 자 ③ 건전한 영업질서를 위하여 공중위생영업자가 준수하여야 할 사항을 준수하지 않은 자

28 비누에 대한 설명으로 옳지 않은 것은?
① 좋은 비누는 거품이 풍성하고 잘 헹구어져야 한다.
② 비누의 세정작용은 비누 수용액이 오염과 피부 사이에 침투하여 부착을 약화시켜 떨어지기 쉽게 하는 것이다.
③ 메디케이티드 비누는 소염제를 배합한 것으로 면도 상처 및 여드름, 피부 거칠음을 방지해주는 효과가 있다.
④ pH가 중성인 비누는 세정작용뿐만 아니라 살균 및 소독효과도 뛰어나다.

해 pH가 중성인 비누는 세정작용은 좋지만 살균 및 소독효과를 가지진 않는다.

29 미백화장품의 기능으로 틀린 것은?
① 티로시나아제를 활성화하여 도파 산화 억제
② 자외선 차단 성분이 자외선 흡수 방지
③ 각질세포의 탈락을 유도하여 멜라닌 색소 제거
④ 비타민C, 알부틴, 코직산, 감초 등의 성분 함유

해 티로시나이제의 활성을 억제함으로써 멜라닌 생성을 억제하고 미백작용을 한다.

30 자외선 차단 성분 중 자외선을 흡수시켜 소멸시키는 성분이 아닌 것은?
① 벤조페논
② 신나메이트
③ 디옥시벤존
④ 이산화타이타늄(이산화티탄)

해 이산화타이타늄(이산화티탄)은 자외선을 반사시키는 산란제에 해당한다.

31 자외선 차단지수(SPF)에 대한 설명으로 옳지 않은 것은?

① 일상생활에서는 SPF20~30 정도가 적당하다.
② 해양 스포츠 등의 야외활동 시엔 SPF50이 적당하다.
③ 수치가 높을수록 자외선 차단지수가 높음을 뜻함
④ 자외선 차단제품을 사용했을 때와 사용하지 않았을 때의 최소 흑화량의 비율을 뜻한다.

해 자외선 차단제품을 사용했을 때와 사용하지 않았을 때의 최소 흑화량의 비율을 뜻하는 것은 UV-A 차단지수로서 UV-A차단 등급에 따라 PA+, PA++, PA+++, PA++++ 등 4단계로 구분하여 표기한다.

32 다음 중 캐리어 오일이 아닌 것은?

① 아보카도 오일
② 아몬드 오일
③ 티트리 오일
④ 호호바 오일

해 캐리어 오일은 에센셜 오일을 희석하는데 주로 사용하며 호호바 오일, 달맞이유, 아몬드 오일, 살구씨 오일, 아보카도 오일 등이 있다.

33 아주까리기름이라고도 하며 왁스의 대체품이나 계면활성제 원료로 쓰이는 것은?

① 아보카도 오일
② 피마자 오일
③ 포도씨 오일
④ 올리브 오일

해 피마자 오일은 아주까리기름이라고도 하며 왁스의 대체품이나 계면활성제 원료로 쓰인다.

34 다음 중 여드름 관리에 효과적인 화장품 성분으로 알맞게 짝지어진 것은?

〈보기〉
㉠ 유황   ㉡ 티트리
㉢ 코직산 ㉣ 하이드로퀴논

① ㉠, ㉡
② ㉠, ㉢
③ ㉡, ㉣
④ ㉡, ㉢, ㉣

해 코직산과 하이드로퀴논은 미백 기능을 하는 성분이다.

35 기초화장품에 대한 설명으로 옳지 않은 것은?

① 화장수의 기본기능으로는 피부보습, pH조절 등이 있다.
② 메이크업베이스, 파운데이션 등이 해당된다.
③ 기초화장품에서 중요한 것은 각질층을 충분히 보습시키는 것이다.
④ 기초화장품의 기능으로는 피부세정, 피부정돈, 피부보호이다.

해 메이크업베이스, 파운데이션 등은 메이크업 화장품에 속한다.

36 메이크업 도구의 세척방법으로 바르게 연결된 것은?

① 립브러시 - 브러시 클리너 또는 클렌징 크림으로 세척한다.
② 아이섀도 브러시 - 클렌징 크림 또는 클렌징 오일로 세척한다.
③ 라텍스 스펀지 - 뜨거운 물로 세척해 살균효과를 높인다.
④ 파우더 브러시 - 미지근한 물에 세척한 뒤 드라이어로 말려준다.

해 브러시는 미지근한 물에 샴푸나 세척액을 풀어 가볍게 문지르듯 빨아준 뒤 모양이 흐트러지지 않게 뉘어서 그늘에서 말려준다. 단, 립브러시의 경우 유분기가 묻어있기 때문에 클렌징 크림으로 1차 세척을 해준다.

37 긴 얼굴형의 화장법으로 알맞은 것은?

① T존에 하이라이트를 길게 넣어준다.
② 이마 양 옆과 양쪽 턱선에 쉐이딩을 넣어준다.
③ 블러셔는 가로로 길게 칠해준다.
④ 턱 끝에 하이라이트 처리를 한다.

해 긴 얼굴형의 메이크업 방법
① 이마와 턱 끝 쪽에 쉐이딩을 주어 얼굴 길이가 짧아 보일 수 있도록 수정한다.
② 양 볼에 가로로 치크를 발라 길어 보이는 얼굴형을 커버한다.
③ 수평형의 일자눈썹 및 아이섀도를 가로기법으로 표현해 얼굴이 짧아 보이도록 한다.

38 먼셀의 색상환표에서 가장 먼 거리를 두고 서로 마주 보는 관계의 색을 의미하는 것은?

① 기본색
② 보색
③ 한색
④ 난색

해 색상환표에서 서로 마주 보는 색을 보색이라고 한다.

39 저드의 색채 조화론과 거리가 먼 것은?

① 기본색의 원리
② 규칙의 원리
③ 유사성의 원리
④ 명료성의 원리

해 저드의 색채조화의 4가지 원리는 질서(규칙)의 원리, 친근감의 원리, 유사성의 원리, 명료성의 원리이다.

40 색광의 혼합으로 옳지 않은 것은?

① 파랑 + 초록 = 시안
② 초록 + 빨강 = 노랑
③ 파랑 + 빨강 = 마젠타
④ 빨강 + 파랑 + 초록 = 검정

해

가법혼색 (색광의 혼합)	감법혼색 (색료의 혼합)
파랑 + 초록 = 시안	노랑 + 마젠타 = 빨강
초록 + 빨강 = 노랑	마젠타 + 시안 = 파랑
파랑 + 빨강 = 마젠타	시안 + 노랑 = 초록
빨강 + 파랑 + 초록 = 흰색	노랑 + 시안 + 마젠타 = 검정

41 색에 대한 설명으로 옳지 않은 것은?

① 색의 맑고 탁한 정도를 나타내는 것은 명도이다.
② 흰색, 회색, 검정 등 색감이 없는 계열의 색을 무채색이라고 한다.
③ 인간이 분류할 수 있는 색의 수는 대략 750만 가지 정도이다.
④ 색의 강약을 채도라고 하며 눈에 들어오는 빛이 단일 파장으로 이루어진 색일수록 채도가 높다.

해 색의 맑고 탁한 정도를 나타내는 것은 채도이다. 순색에 가까울수록 고채도이며 다른 색이 섞일수록 채도가 낮아진다.

42 색상이 주는 딱딱함과 부드러움의 정도를 무엇이라고 하는가?

① 온도감
② 경연감
③ 중량감
④ 색채감

해 경연감 : 색상이 주는 딱딱함과 부드러움의 정도로 명도가 높고 채도가 낮으면 부드럽게 느껴지고 명도가 낮고 채도가 높으면 딱딱한 느낌을 준다.

43 메이크업 색과 조명에 대한 설명으로 옳지 않은 것은?

① 형광등은 녹색과 보라색의 파장이 강해서 사물을 시원하게 보이는 효과가 있다.
② 백열등은 장파장 계열로 사물의 붉은 색을 증가시킨다.
③ 조명에 의해 색이 달라지는 현상은 저채도 보다 고채도의 색에서 더 잘 일어난다.
④ 메이크업 시술 시 완성도를 높일 수 있는 가장 이상적인 조명은 자연광선이다.

해 조명에 의해 색이 달라지는 현상은 고채도의 색보다는 저채도의 색에서 잘 일어난다.

44 메이크업 아티스트의 자세로 옳지 않은 것은?

① 고객의 니즈를 파악한 뒤 개성을 살려서 표현해주는 것이 중요하다.
② 메이크업 트렌드에 대해 지속적인 관심을 가져야한다.
③ 공중위생을 철저히 지켜야 한다.
④ 아티스트의 개성을 적극 권유하여 시술해준다.

해 메이크업 시술 시 아티스트의 개성을 표현하기보다는 고객의 연령, 직업, 얼굴형, 스타일, 니즈를 고려하여 시술해야 한다.

45 얼굴의 윤곽 수정과 관련된 설명으로 옳지 않은 것은?

① 하이라이트 부분은 돌출되어 보이도록 베이스와의 경계선을 잘 만들어 준다.
② 쉐이딩 색상은 원래 피부 톤보다 1~2톤 어두운 것을 사용한다.
③ 하이라이트 색상은 원래 피부 톤보다 1~2톤 밝은 것을 사용한다.
④ 색의 명암차이를 이용해 얼굴에 입체감을 주는 것으로 컨투어링이라고도 한다.

해 하이라이트 부분은 베이스 색상과 경계가 지지 않도록 그라데이션에 주의 해야한다.

46 색상, 명도, 채도, 톤 중 하나 이상의 속성이 단계적으로 변화하는 배색 기법을 무엇이라고 하는가?

① 레피티션 배색
② 콘트라스트 배색
③ 그라데이션 배색
④ 톤온톤 배색

해

레피티션 배색	두 가지 이상의 색을 일정한 질서로 배색함으로써 통일감을 주는 배색 기법
콘트라스트 배색	색상, 명도, 채도의 차를 크게 한 배색
톤온톤 배색	'톤을 겹치다'라는 의미로서 색상은 동일하게 하되 톤의 명도차를 크게 둔 배색

47 주황, 빨강, 보라처럼 색의 성질과 계통을 일정한 법칙에 따라 체계화하여 표시한 색이름은?

① 관용색명
② 계통색명
③ 자연색명
④ 습관색명

해

계통색명	• 색의 성질과 계통을 일정한 법칙에 따라 체계화하여 표시한 색이름 • 학습하지 않을 경우 감각적 연상 어려움 • 계통색명은 색상명 혹은 일반색명이라고도 함 • 주황, 빨강, 보라, 분홍, 청록 등
관용색명	• 옛날부터 전해 내려와 습관적으로 사용된 색명 • 동물, 식물, 자연 현상 등의 이름에서 유래된 것이 대부분 • 하늘색, 쥐색, 무지개색, 바다색, 황토색 등

48 손톱의 뿌리 부분으로 새로운 세포형성이 이루어지고 손톱의 성장이 시작되는 곳은?

① 조모
② 조상
③ 조체
④ 조근

해

조체 (Nail Body)	• 손톱 본체 • 조상(네일베드)를 보호
조상 (nail Bed)	• 손톱 밑의 피부 • 신경조직과 모세혈관이 분포하여 네일의 신진대사와 수분공급을 담당
조모 (Nail Matrix)	• 손톱 뿌리 밑에 위치 • 각직 세포분열을 통해 손톱을 생산해 내는 부분

49 모발의 주기는 어떠한 단계를 반복하는가?

① 휴지기→퇴화기→성장기
② 성장기→휴지기→퇴화기
③ 성장기→퇴화기→휴지기
④ 퇴화기→성장기→휴지기

해 모발은 성장기→퇴화기→휴지기의 단계를 반복한다.

50 다음 중 표피층의 순서대로 올바르게 나열한 것은?

① 각질층, 투명층, 과립층, 기저층, 유극층
② 각질층, 투명층, 과립층, 유극층, 기저층
③ 투명층, 각질층, 과립층, 유극층, 기저층
④ 투명층, 각질층, 과립층, 기저층, 유극층

해 피부의 표피는 바깥에서부터 각질층, 투명층, 과립층, 유극층, 기저층의 순서대로 구성되어있다.

51 생물학적 산소요구량(BOD)과 용존 산소량(DO)의 값의 관계로 옳은 것은?

① BOD가 높으면 DO도 높다.
② BOD가 높으면 DO는 낮다.
③ BOD가 낮으면 DO는 낮다.
④ BOD와 DO는 관계가 없다.

해 • DO가 높으면 BOD, COD는 낮다.
• DO가 낮으면 BOD, COD는 높다.

52 3%의 크레졸 비누액 900ml를 만드는 방법으로 옳은 것은?

① 크레졸 원액 600ml에 물 300ml를 가한다.
② 크레졸 원액 300ml에 물 600ml를 가한다.
③ 크레졸 원액 270ml에 물 630ml를 가한다.
④ 크레졸 원액 27ml에 물 873ml를 가한다.

해
- 공식

$$\frac{\text{소독약 원액 질량}}{\text{수용액 총 질량(소독약 원액 + 물)}} \times 100 = \text{수용액 농도}$$

위의 공식을 대입해보면

$$\frac{\text{크레졸 원액 질량}}{900} \times 100 = 3(\text{수용액 농도})$$

으로 계산할수 있다. 따라서, 크레졸 원액 질량은 27ml가 되며 총 질량 900ml에서 크레졸 원액 27ml를 뺀 873ml가 물의 질량이 된다.

53 위생관리 등급에서 우수 업소에 내려지는 등급은?

① 황색 등급
② 녹색 등급
③ 백색 등급
④ 석색 등급

해

구분	등급
최우수 업소	녹색 등급
우수 업소	황색 등급
일반관리대상 업소	백색 등급

54 공중위생영업자는 매년 몇 시간의 위생교육을 받아야 하는가?

① 7시간
② 1시간
③ 2시간
④ 3시간

해 공중위생영업자는 매년 3시간의 위생교육을 받아야 한다.

55 면허의 취소 또는 정지 중에 이용업 또는 미용업을 한 사람에게 얼마의 벌금이 부과 되는가?

① 100만원 이하의 벌금
② 300만원 이하의 벌금
③ 500만원 이하의 벌금
④ 1000만원 이하의 벌금

해 면허의 취소 또는 정지 중에 이용업 또는 미용업을 한 사람에게는 300만원 이하의 벌금이 부과된다.

56 다음 중 200만원 이하의 과태료 부과 대상이 아닌 것은?

① 미용업소의 위생관리 의무를 지키지 않은 자
② 영업소외의 장소에서 이용 또는 미용업무를 행한 자
③ 위생교육을 받지 않은 자
④ 면허증을 타인에게 대여한 자

해 면허증을 타인에게 대여했을 경우
- 1차위반 - 면허정지 3월
- 2차위반 - 면허정지 6월
- 3차위반 - 면허취소

57 식물성 오일의 특징으로 옳지 않은 것은?
① 식물의 꽃, 잎, 열매, 껍질, 뿌리에서 추출한다.
② 아몬드오일, 호호바오일, 피마자 오일 등이 있다.
③ 피부 흡수가 빠른 편이다.
④ 피부 친화성이 좋다.

해 식물성 오일은 피부 흡수가 늦은 편이다.

58 다음은 무엇에 대한 설명인가?

〈보기〉
물, 오일에 용해되지 않는 유색 분말로 빛, 산, 알칼리에 약하다. 또한 색상이 선명하고 풍부해서 립스틱이나 색조화장품에 사용된다.

① 옥사이드
② 레이크
③ 무기 안료
④ 유기 안료

해 유기안료는 물, 오일에 용해되지 않는 유색 분말로서 색상이 선명하고 풍부해 색조화장품의 원료로 사용된다.

59 파운데이션에 대한 설명으로 가장 거리가 먼 것은?
① 스틱 타입의 파운데이션은 커버력은 약하지만 사용이 간편해서 스피드한 메이크업에 적합하다.
② 트윈 케이크 타입은 커버력이 높고 땀과 물에 강해서 지속력을 요하는 메이크업에 적합하다.
③ 리퀴드 타입은 커버력이 자연스럽고 발림성이 좋아, 자연스러운 화장을 할 때 적합하다.
④ 크림 파운데이션은 보습력이 좋아 건조한 피부에 적합하다.

해 스틱 타입의 파운데이션은 커버력이 높아 주로 무대 분장용 메이크업에 사용된다.

60 얼굴의 골격 중 얼굴형을 결정 짓는 가장 중요한 요소가 되는 것은?
① 상악골(위턱뼈)
② 하악골(아래턱뼈)
③ 비골(코뼈)
④ 측두골(관자뼈)

해 얼굴의 골격 중 얼굴형을 결정짓는 가장 중요한 부위는 하악골이다.

제 4 회 CBT 복원문제

정답

01 ①	02 ④	03 ③	04 ④	05 ④
06 ①	07 ②	08 ④	09 ③	10 ④
11 ②	12 ①	13 ②	14 ①	15 ④
16 ①	17 ②	18 ③	19 ④	20 ①
21 ③	22 ④	23 ①	24 ②	25 ④
26 ③	27 ②	28 ②	29 ①	30 ②
31 ③	32 ④	33 ②	34 ①	35 ②
36 ③	37 ④	38 ①	39 ②	40 ④
41 ①	42 ③	43 ④	44 ④	45 ①
46 ②	47 ①	48 ②	49 ③	50 ④
51 ④	52 ②	53 ④	54 ④	55 ③
56 ①	57 ②	58 ④	59 ③	60 ④

01 우리나라 화장의 역사 중 기생을 중심으로 한 짙은 화장을 무엇이라 하였는가?
① 분대화장
② 비분대화장
③ 연지화장
④ 시분무주

해 • 분대 화장 - 기생을 중심으로 한 짙은 화장
• 비분대 화장 - 일반 여성들의 옅은 화장

02 영육일치사상으로 남녀모두 깨끗한 몸과 단정한 옷차림 추구하였으며 남성들도 여성들처럼 화장을 하고 장신구로 장식을 하던 시대는?
① 조선시대
② 백제시대
③ 고려시대
④ 신라시대

해 신라시대에는 영육일치사상으로 남녀모두 깨끗한 몸과 단정한 옷차림을 추구하였으며 백색피부를 선호해 흰색의 백분을 사용해 피부화장을 하였다.

03 고대 미용의 발상지로 메이크업을 했다는 기록이 최초 등장하였으며 식물성 염료인 헤나를 손바닥과 발바닥에 바른 것은 어느 때인가?
① 중세시대
② 로마시대
③ 이집트시대
④ 르네상스 시대

해 이집트는 고대 미용의 발상지로 메이크업을 했다는 기록이 최초 등장하였으며 식물성 염료인 헤나를 손바닥과 발바닥에 바르고 검성색 콜과 녹색의 안료로 눈화장을 하였다.

04 이집트 시대 메이크업의 주 목적이 아닌 것은?
① 주술적 목적
② 신분표시적 목적
③ 보호적 목적
④ 개성표현의 목적

05 우리나라 화장 용어 중 색조화장을 뜻하는 것은?
① 분대(粉黛)
② 단장(丹粧)
③ 담장(淡粧)
④ 농장(濃粧)

해

분대(粉黛)	백분과 눈썹 먹(화장품을 총칭)
단장(丹粧)	피부손질, 얼굴치장, 옷차림, 장신구 치레를 수수하게 표현
담장(淡粧)	피부를 청결하게 하는 정도의 수수하고 엷은 화장 (기초화장)

06 역삼각형 얼굴형의 화장법으로 거리가 먼 것은?
① 양쪽 턱라인에 쉐이딩을 줘 얼굴이 갸름해 보이도록 한다.
② 이마의 양끝부분에 쉐이딩을 넣어 이마 폭을 줄여준다.
③ 살이 없는 양 볼 부위에 파스텔톤의 치크를 발라 볼륨감을 준다.
④ 아치형의 눈썹으로 얼굴형을 보완한다.

해 양쪽 턱라인에 쉐이딩을 줄 경우 턱이 더욱 뾰족해 보이므로 턱끝부분에 쉐이딩을 넣어 턱길이를 짧아 보이도록 해준다.

07 이마부터 콧등까지 이어지는 부분으로 하이라이트존 이라고도 하는 부위는?
① U존
② T존
③ S존
④ O존

해

V존 (U존)	귓불에서 턱선을 따라 입꼬리로 향하는 부위로 아래 턱선을 지칭하는 말
O존	눈 주위, 입 주위
S존	옆턱선에서 입꼬리쪽으로 연결되는 부분. 쉐이딩존 이라고도 함

08 이상적인 얼굴의 균형으로 거리가 먼 것은?
① 눈썹 앞머리는 콧방울과 눈 앞꼬리의 수직선상에 위치한다.
② 눈썹산의 위치는 눈썹길이 2/3 지점에 위치한다.
③ 미간과 눈의 가로길이가 동일하다.
④ 윗입술과 아랫입술의 비율은 1:1이다.

해 이상적인 입술의 비율은 윗입술과 아랫입술이 1 : 1.5 이다.

09 W/O 타입의 제품으로 피부에서 분비되는 피지나 진한 메이크업 제거 시 사용되는 것은?
① 클렌징 워터
② 클렌징 로션
③ 클렌징 크림
④ 클렌징 젤

해 클렌징 크림은 W/O(Water in Oil) 타입으로 피부에서 분비되는 피지나 진한 메이크업 제거 시 효과적이다. 단, 잔여물에 의한 피부트러블이 생길 수 있으므로 반드시 이중세안이 필요하다.

10 그레타가르보 메이크업처럼 깊고 그윽한 눈매를 연출할 때 사용되는 아이메이크업 기법은?
① 그라데이션 기법
② 가로기법
③ 사선기법
④ 아이홀 기법

해 아이홀 기법은 서양인의 눈매처럼 깊고 그윽한 눈매를 연출할 때 사용된다.

11 섬유질이 함유되어 있어 속눈썹이 길어보이는 효과를 내는 마스카라 종류는?
① 볼륨 마스카라
② 롱래쉬 마스카라
③ 컬링 마스카라
④ 워터프루프 마스카라

해

볼륨 마스카라	내용물이 많이 발라져 속눈썹이 풍성해 보인다.
컬링 마스카라	속눈썹 컬링이 우수해 처진 속눈썹에 적합하다.
워터프루프 마스카라	내수성이 좋고 건조가 빨라 여름철에 적합하다.

12 우아하고 여성스러우면서 세련된 느낌을 주고자할 때 적합한 아이브로우 색상은?
① 브라운
② 그레이
③ 블랙
④ 카키

13 아치형 눈썹의 특징으로 거리가 먼 것은?
① 사각턱, 이마가 넓은 사람에게 잘 어울린다.
② 활동적이고 어려보이는 이미지를 연출할 수 있다.
③ 역삼각형, 다이아몬드형 얼굴에 잘 어울린다.
④ 우아하고 여성스러운 이미지를 연출할 수 있다.

해 활동적이고 어려보이는 느낌의 눈썹 형태는 일자눈썹이다.

14 세균 증식 시 높은 염도를 필요로 하는 호염성에 속하는 것은?
① 장염비브리오
② 콜레라
③ 이질
④ 장티푸스

해 장염비브리오균은 염분이 높은 환경에서도 잘 자라는 호염성 세균으로서 식중독을 일으키는 주요 원인균이다.

15 모기를 매개로한 감염병이 아닌 것은?
① 사상충
② 말라리아
③ 일본뇌염
④ 콜레라

해 콜레라는 파리, 바퀴벌레 등을 통해 감염된다.

16 다음 중 인수공통 감염병이 아닌 것은?
① 풍진
② 공수병
③ 장출혈성대장균감염증
④ 일본뇌염

해 인수공통 감염병의 종류로는 공수병(광견병), 장출혈성대장균감염증, 일본뇌염, 브루셀라증, 탄저, 조류인플루엔자 인체감염증, 중증급성호흡기증후군, 변종 크로이츠펠트-야콥병, 큐열, 결핵 등이 있다.

17 제2급 감염병 발생 시 올바른 신고 기간은?
① 발생 즉시 신고
② 발생 후 24시간 이내
③ 발생 후 7일 이내
④ 신고 필요 없음

해 제1급 감염병은 발생 즉시 신고해야 하며 2급과 3급 감염병은 24시간이내, 제 4급 감염병은 7일이내 신고해야한다.

18 가족계획에 해당하는 것으로 바르게 짝지어진 것은??

〈보기〉
㉠ 초산연령 조절   ㉡ 출산횟수 조절
㉢ 출산기간 조절   ㉣ 주거환경 조절

① ㉠, ㉡
② ㉡, ㉢
③ ㉠, ㉡, ㉢
④ ㉠, ㉡, ㉢, ㉣

해 가족계획이란 행복한 가정생활을 유지하기위해 가족 구성 계획을 세워 출산문제를 계획적으로 조절하는 것으로서 초산연령 조절, 출산횟수 조절, 출산기간 조절, 출산간격 조절 등이 있다.

19 대기오염의 지표로서 주로 매연에서 발생해 도시공해의 원인이 되는 것은?
① 질소
② 일산화탄소
③ 이산화탄소
④ 아황산가스

해

아황산가스	• 대기오염의 지표로서 매연에서 발생한다 (도시공해 요인). • 유독가스로 호흡곤란, 가슴 통증과 자극을 일으킨다. • 금속, 건물을 부식시키고 식물, 동물에 피해를 준다. • 식물이 아황산가스에 오래 노출될 경우 잎의 색이 변하게 된다.

20 음용수의 조건으로 옳지 않은 것은?
① 세균수는 cc당 1000을 넘지 않아야 한다
② 유리잔류염소는 4mg/ℓ 이하여야 한다.
③ 경도 300㎎/ℓ(ppm)를 넘지 않아야 한다.
④ 무색, 무미, 무취해야 한다.

해 음용수는 세균수가 ㏄당 100을 넘지 않아야 한다.

21 수질오염에 의한 질병이 아닌 것은?
① 이따이이따이병
② 미나마타병
③ 군집독
④ 반상치

해 군집독은 실내에 많은 인원이 밀집되어 있을 경우 실내공기의 오염으로 불쾌감, 두통, 구토, 현기증, 식욕저하 등의 증상이 나타나는 것이다.

22 소독방법에서 고려되어야 할 사항으로 거리가 먼 것은?
① 병원체의 아포 형성 유무
② 병원체의 저항력
③ 소독대상물의 성질
④ 소독 대상물의 그람 염색 유무

해 그람 염색은 세균 염색법의 일종으로 항생제 선택에 중요한 지표가 되지만 소독방법에서 고려되어야 할 사항은 아니다.

23 병원성 미생물의 발육을 정지시키는 것은?
① 방부
② 멸균
③ 소독
④ 살균

해

멸균	병원성 미생물을 완전히 제거한 것(무균상태)
소독	병원성 미생물의 생활력을 죽이거나 제거한 것
살균	세균을 제거한 것

24 피부의 과색소 침착 증상이 아닌 것은?
① 주근깨
② 백반증
③ 검버섯
④ 기미

해 백반증은 색소결핍에 의한 피부질환이다.

25 비듬이 생기는 원인과 관계가 없는 것은?
① 탈지력이 강한 샴푸를 지속적으로 사용할 때
② 염색 후 두피가 손상 되었을 때
③ 신진대사가 지속적으로 악화될 때
④ 샴푸 후 린스를 하였을 때

해 린스의 사용은 비듬과는 관계가 없다.

26 피부 클렌징 제품으로 사용하기에 적합하지 않은 것은?
① 보습효과가 있는 클렌징 제품
② 탈지를 방지하는 클렌징 제품
③ 강알카리성 비누
④ 약산성 비누

해 강알카리성 비누는 피부 클렌징에는 적합하지 않다.

27 의료법을 위반하여 영업장 폐쇄 명령을 받은 이·미용업자는 얼마의 기간동안 같은 종류의 영업을 할 수 없나?
① 6개월
② 3년
③ 2년
④ 1년

해 의료법을 위반하여 영업장 폐쇄명령을 받은 자는 그 폐쇄명령을 받은 후 1년이 경과하지 아니한 때에는 같은 종류의 영업을 할 수 없다.

28 눈썹을 그리기 전·후 눈썹결을 정리하기 위해 사용하는 나선형 모양의 브러시는?

① 팬 브러시
② 스크류 브러시
③ 팁 브러시
④ 파우더 브러시

해 스크류 브러시는 나선형 모양의 브러시로서 눈썹을 정리 하거나 속눈썹에 마스카라 제품을 바를 때 사용한다.

29 색의 배색과 그에 따른 이미지 연결이 옳은 것은?

① 톤온톤 배색 - 부드럽고 차분한 느낌
② 콘트라스트 배색 - 통일감있고 차분한 느낌
③ 그라데이션 배색 - 화려하고 강렬한 느낌
④ 액센트 배색 - 차분하고 부드러운 느낌

해

콘트라스트 배색	강렬하고 화려한 느낌
그라데이션 배색	편안하고 안정적인 느낌
액센트 배색	생기있는 느낌

30 모유두와 모구가 분리되고 모발의 성장이 느려지는 단계는?

① 성장기
② 퇴화기
③ 휴지기
④ 유지기

해

퇴행기 (퇴화기)	• 모발의 성장이 느려지는 단계 • 약 1개월의 수명으로 전체모발의 1%를 차지 • 모유두와 모구가 분리되고 모근이 위쪽으로 올라감

31 소독을 한 기구와 소독을 하지 않은 기구를 함께 보관했을 때 1차 위반 시 행정 처분은?

① 영업정지 10일
② 영업정지 5일
③ 경고
④ 영업장 폐쇄명령

해 1차 위반 - 경고, 2차 위반 - 영업정지 5일, 3차 위반 - 영업정지 10일, 4차 위반 - 영업장 폐쇄명령

32 공중위생관리법에 관한 내용 중 옳지 않은 것은?

① "공중위생영업"이라 함은 다수인을 대상으로 위생관리서비스를 제공하는 영업으로서 숙박업, 목욕장업, 이용업, 미용업, 세탁업, 위생관리용 영업을 말한다.
② "숙박업"이라 함은 손님이 잠을 자고 머물 수 있도록 시설 및 설비 등의 서비스를 제공하는 영업을 말한다.
③ "위생관리용역업"이라 함은 공중이 이용하는 건축물, 시설물 등의 청결유지와 실내공기정화를 위한 청소 등을 대행하는 영업을 말한다.
④ "미용업"이라 함은 손님의 머리카락 또는 수염을 깎거나 다듬는 등의 방법으로 손님의 용모를 단정하게 하는 영업을 말한다.

해 "미용업"이라 함은 손님의 얼굴, 머리, 피부 및 손톱·발톱 등을 손질하여 손님의 외모를 아름답게 꾸미는 영업을 말한다.

33 고객에게 도박 그 밖에 사행 행위를 하게 한 경우에 대한 1차 위반 시 행정처분기준은?

① 영업장 폐쇄명령
② 영업정지 1월
③ 영업정지 2월
④ 영업정지 3월

해 1차 위반-영업정지1월, 2차 위반-영업정지2월, 3차 위반-영업장 폐쇄명령

34 다음 중 수용성 비타민이 아닌 것은?

① 비타민A
② 비타민B_1
③ 비타민B_2
④ 비타민C

해 비타민A는 지용성 비타민이다.

35 다음 중 여드름 유발과는 관련이 없는 것은?

① 올리브오일
② 솔비톨
③ 라우린산
④ 올레인산

해 솔비톨은 여드름 유발과는 관련이 없다.

36 다음 중 워시오프 타입의 팩이 아닌 것은?

① 거품 팩
② 크림 팩
③ 시트 팩
④ 머드 팩

해 시트를 얼굴 위에 올려놓았다가 사용 후 제거하는 타입으로서 사용 후 물로 씻어내지 않는다.

37 이·미용 업소에서 제대로 세탁이 안 된 수건을 통해 감염될 수 있는 질병은?

① 장티푸스
② 페스트
③ 파상풍
④ 트라코마

해 트라코마는 환자가 사용한 세면기나 수건에 의해 감염된다.

38 표피의 구성층 중 수분저지막을 통해 수분 증발 및 과잉 수분 침투를 방지하는 층은?

① 과립층
② 투명층
③ 각질층
④ 유극층

해

과립층	• 피부 수분 증발을 방지하는 층 • 핵이 위축되어 퇴화하기 시작하면서 각질화 과정이 시작된다. • 수분저지막을 통해 수분증발 및 과잉수분 침투를 방지한다. • 지방세포 생성

39 주로 북아메리카에 서식하는 식물로서 피부진정 효과가 우수하고 알레르기로 인한 피부 발진 및 가려움증에 효과가 있어 화장수에 쓰이는 것은?

① 알로에
② 위치하젤
③ 로얄제리
④ 올리브

해 위치하젤은 항산화, 항염증 및 항바이러스 효과가 있어 피부진정 효과가 우수하고 알레르기로 인한 피부 발진 및 가려움증에 효과적이다.

40 손톱의 1일 평균 성장속도는?

① 약 0.001mm
② 약 0.01mm
③ 약 0.1~0.5mm
④ 약 1~5mm

해 1일 평균 0.1~0.5mm, 한달 3mm정도

41 다음 괄호 안에 들어갈 말로 올바르게 짝지어진 것은?

〈보기〉
손톱은 (   )에 성장속도가 가장 빠르고 완전히 대체 되는 기간은 (   ) 걸린다.

① 겨울, 1~2개월
② 겨울, 4~6개월
③ 여름, 1~2개월
④ 여름, 4~6개월

해 손톱은 여름에 성장 속도가 가장 빠르고 완전히 대체 되기까지는 4~6개월이 걸린다.

42 귀여운 이미지를 연출하고자 할 때 가장 적합한 아이 메이크업 색상은?

① 오렌지 계열
② 레드 계열
③ 핑크 계열
④ 바이올렛 계열

해 오렌지 계열은 일반적으로 건강한 이미지, 레드는 섹시한 이미지, 바이올렛은 우아한 이미지를 연출할 수 있다.

43 다음 중 조명색에 의한 메이크업 색상의 변화로 옳지 않은 것은?

① 노란 조명+갈색→주황색
② 붉은 조명+파랑→어두운 청색
③ 푸른빛 조명+노란색→짙은 녹색
④ 보라색 조명+보라색→어두운 보라색

해 보라색 메이크업에 보라색 조명이 닿으면 밝은 보라색으로 표현된다.

44 다음 중 메이크업아티스트가 갖춰야 할 태도로 옳지 않은 것은?

① 고객이 만족하는 옷차림 연출
② 메이크업 기술에 대한 전문지식과 수행능력
③ 메이크업 트렌드에 대한 꾸준한 관심
④ 고객의 요구는 무엇이든 다 들어주는 서비스적 마인드

해 고객이 만족할만한 서비스를 제공 해야하지만 그렇다고 해서 고객의 지나친 요구까지 모두 들어줘야 하는 것은 아니다.

45 한국의 메이크업 역사에 대한 설명으로 거리가 먼 것은?

① 백제인들은 화장품 제조기술의 발달로 다양한 색조화장을 즐겨하였다.
② 조선시대에는 유교의 영향으로 화장을 부도덕한 행위로 간주하였다.
③ 고려시대에는 신라시대의 화장술을 계승하여 보다 화려한 화장술이 발달하였다.
④ 신라시대에는 남성들도 여성처럼 화장을 하고 장신구로 치장을 하였다.

해 백제의 화장품 제조기술은 발달하였으나 은은하고 연한 화장을 즐겨하였다.

46 서양 메이크업의 역사 중 크리스트교의 영향으로 메이크업이 금지되었던 시기는?
① 로마 시대
② 중세 시대
③ 로코코 시대
④ 바로크 시대

해 중세시대에는 초기 크리스트교의 영향으로 메이크업이 경시되었다. 따라서 가발사용 및 화장 금지 등으로 외모 가꾸기를 장려하지 않았다.

47 르네상스 시기의 메이크업에 대한 설명으로 거리가 먼 것은?
① 목욕 문화의 발달로 '청결'을 중요시하였다.
② 넓은 이마를 표현하기 위해 헤어라인을 면도하였다.
③ 눈썹을 뽑거나 밀어서 가는 아치형으로 표현하였다.
④ 연극분장과 연극의상이 함께 발달하였으며 창백한 피부를 선호하였다.

해 목욕 문화의 발달로 '청결'을 중요시 한 것은 로마 시대이다.

48 생명을 유지하는데 필요한 최소한의 에너지량을 무엇이라 하는가?
① 활동대사량
② 기초대사량
③ 생명대사량
④ 상대대사량

해 생명을 유지하는데 필요한 최소한의 에너지량을 기초대사량이라고 하며 성인의 1일 기초대사량은 약 1,440kcal이다.

49 건전한 영업질서를 위하여 공중위생영업자가 준수하여야 할 사항을 준수하지 않은 자에 대한 벌칙 기준은?
① 100만원 이하의 벌금
② 300만원 이하의 벌금
③ 6월 이하의 징역 또는 500만원 이하의 벌금
④ 1년 이하의 징역 또는 1000만원 이하의 벌금

해
6월 이하의 징역 또는 500만원 이하의 벌금	① 변경신고를 하지 않은 자 ② 공중위생영업자의 지위를 승계한 뒤 변경신고를 하지 않은 자 ③ 건전한 영업질서를 위하여 공중위생영업자가 준수하여야 할 사항을 준수하지 않은자

50 이·미용업을 하고자 하는 자가 해야하는 절차는?
① 보건소장 및 시장에게 통보해야함
② 보건소장 및 시장에게 신고해야함
③ 시장·군수·구청장에게 통보해야함
④ 시장·군수·구청장에게 신고해야함

해 공중위생영업을 하고자 하는 자는 보건복지가족부령이 정하는 시설을 갖추고 시장·군수·구청장에게 신고해야한다.

51 이·미용실을 오픈하기 위해 영업신고시 제출 해야 하는 서류가 아닌 것은?
① 면허증원본
② 교육필증
③ 영업시설 및 설비개요서
④ 국가자격 취득 확인서

해 영업신고 시 국가자격 취득 확인서는 필요하지 않다.

52 공중위생영업자의 위생관리 의무가 아닌 것은?
① 영업소에서 사용하는 1회용 면도날은 손님 1인에 한해 사용해야 한다.
② 영업소에서 사용하는 기구는 소독한 것과 소독하지 않은 것을 분리해 보관한다.
③ 자격증을 영업소 안에 게시한다.
④ 면허증을 영업소 안에 게시한다.

해 자격증의 게시는 공중위생영업자의 위생관리 의무에 해당하지 않는다.

53 의료법 위반으로 영업장 폐쇄명령을 받은 이·미용 영업자는 얼마의 기간 동안 같은 종류의 영업을 할 수 없는가?
① 6개월
② 3개월
③ 2년
④ 1년

해 의료법을 위반하여 영업장 폐쇄명령을 받은 자는 그 폐쇄명령을 받은 후 1년이 경과하지 아니한 때에는 같은 종류의 영업을 할 수 없다.

54 가용화 기술이 적용된 화장품은?
① 펜슬라이너
② 립스틱
③ 크림
④ 에센스

해 가용화는 물에 쉽게 용해되지 않는 성분들을 계면활성제를 첨가하여 물속에 용해시키는 것으로서 가용화 기술에 의해 만들어진 화장품은 향수, 에센스, 화장수 등이 있다.

55 미백화장품에 주로 사용되는 성분은?
① 토코페롤 아세테이트
② 레티노이드
③ 알부틴
④ 라놀린

해 미백화장품의 원료는 비타민C, 알부틴, 코직산, 감초, 닥나무 추출물, AHA, 하이드로퀴논 등이 있다.

56 피지조절 및 항우울, 산모의 분만 촉진에 효과적인 아로마 오일은?
① 쟈스민
② 라벤더
③ 티트리
④ 로즈마리

해 자스민은 정서적 안정에 효과적이며 산모의 모유분비 촉진에도 효과적이다.

57 사극 수염분장에 필요한 재료가 아닌 것은?
① 스프리트 검
② 더마왁스
③ 생사
④ 쇠 브러시

해 더마왁스는 얼굴이나 피부의 모양을 변화시키기 위한 특수 분장 재료이다.

58 한복 메이크업 시 주의사항이 아닌 것은?

① 너무 화려하거나 진한 메이크업은 피한다.
② 단아하고 여성스러운 이미지를 표현하는 것이 좋다.
③ 색조화장은 저고리 깃이나 고름 색상에 맞추는 것이 좋다.
④ 한복으로 가려진 몸매를 화려한 메이크업을 통해 표현한다.

해 한복 메이크업은 여성스럽고 우아하며 단아한 이미지로 연출하는 것이 좋다.

59 현대 메이크업의 목적과 거리가 먼 것은?

① 결점 보완
② 매력 어필
③ 추위 예방
④ 자기 만족

해 현대 메이크업은 얼굴의 결점을 보완하고 장점을 부각해서 자신의 정체성, 가치관을 표현하는 미적 행위로 다양한 색상과 형태의 메이크업으로 개성을 표현할 수 있다. 또한, 무대 위에서는 메이크업을 통해 다양한 캐릭터를 표현할 수 있다.

60 눈과 눈 사이가 가까운 눈에 진한 색상의 포인트 컬러를 줄 경우 적합한 위치는?

① 눈 중앙
② 눈 언더라인
③ 눈 앞머리
④ 눈 꼬리

해 눈과 눈 사이가 가까운 경우 눈 앞머리를 밝게 하고 눈 꼬리는 어두운 색상으로 포인트를 주는 것이 좋다.

제 5 회 CBT 복원문제

정답				
01 ①	02 ②	03 ③	04 ④	05 ②
06 ④	07 ①	08 ②	09 ①	10 ④
11 ④	12 ③	13 ②	14 ③	15 ②
16 ④	17 ④	18 ①	19 ①	20 ④
21 ①	22 ③	23 ②	24 ①	25 ①
26 ①	27 ①	28 ②	29 ①	30 ②
31 ③	32 ②	33 ③	34 ④	35 ②
36 ①	37 ①	38 ②	39 ③	40 ①
41 ①	42 ③	43 ①	44 ②	45 ①
46 ②	47 ①	48 ④	49 ①	50 ③
51 ③	52 ④	53 ①	54 ①	55 ③
56 ④	57 ②	58 ④	59 ③	60 ①

01 다음 중 메이크업의 정의가 아닌 것은?

① 의약품이나 의료기기를 사용한 피부 손질을 포함한다.
② '분장'의 의미도 포함한다.
③ 다양한 색상으로 외적 아름다움을 표현한다.
④ 화장품과 도구를 사용한 미적 표현행위이다.

해 메이크업 미용사는 피부미용을 위하여 약사법 규정에 의한 의약품 또는 의료용구를 사용하여서는 안 된다.

02 최초의 메이크업에 대한 기록이 남아있는 시기로 검정색 콜(kohl)과 청색이나 녹색의 안료로 눈화장을 한 때는?

① 그리스 시대
② 이집트 시대
③ 로마 시대
④ 로코코 시대

해 이집트 시대는 고대미용의 발상지로 메이크업을 했다는 기록이 최초 등장하며 검정색 콜(kohl)과 청색이나 녹색의 안료로 눈화장을 했다.

03 중세시대 메이크업의 특징이 아닌 것은?

① 중세 초기에는 크리스트교의 영향으로 외모 가꾸기를 장려하지 않았다.
② 중세 말기 십자군 전쟁으로 동양에서 화장법이 전해지기도 하였다.
③ 중세 말기에는 흰 피부를 선호하여 머리부터 발끝까지 전신에 분을 발라 화려하게 치장하였다.
④ 창녀 등의 직업여성 및 특정 직업을 가진 사람만 화장 가능했다.

해 흰피부를 선호하긴 했지만 크리스트교의 영향으로 메이크업을 경시하였기 때문에 자연스러운 화장을 하였다.

04 경제부흥의 여파로 다양한 색상의 메이크업이 유행하였으며 여배우 브룩쉴즈와 같은 화려한 여성의 이미지가 유행했던 시기는?

① 1950년대
② 1960년대
③ 1970년대
④ 1980년대

해 1980년대는 경제부흥의 여파로 다양한 색상의 메이크업이 유행하였으며 대표적 여배우로는 브룩쉴즈가 있다.

05 각 시대별로 메이크업의 특징을 대표하는 여배우와 시대 연결이 옳지 않은 것은?

① 1920년 - 클라라 보우
② 1930년 - 브룩쉴즈
③ 1950년 - 오드리햅번
④ 1960년 - 트위기

해 브룩쉴즈는 1980년대를 대표하는 여배우이다.

06 한국의 메이크업 역사중 컬러텔레비전의 등장으로 메이크업의 색상이 중요시되기 시작한 시기는?

① 1910~1920년대
② 1930~1940년대
③ 1950~1960년대
④ 1970~1980년대

해 1974년에 컬러TV가 제작되었고 1980년 12월 컬러 방송이 허가 되었다. 이후 컬러TV의 보급으로 다양한 색상을 활용한 메이크업 및 복식이 유행하였다.

07 다음 조선시대 화장 문화에 대한 설명 중 올바른 것은?

① 규합총서에 화장품 및 향의 제조 방법이 수록 되어있다.
② 여염집 여성들 대부분은 짙은 화장을 하였다.
③ 화장의 일원화가 이루어졌다.
④ 여성들의 외적인 아름다움을 강조하였다.

해 조선시대에는 유교적 도덕 관념으로 여성의 외면적 아름다움보다는 내면의 아름다움을 강조하였다.

08 다음 중 건성피부 메이크업 에대한 설명으로 옳지 않은 것은?

① 기초화장품으로 유수분 공급을 충분히 해준다.
② 눈가나 입가 등 움직임이 많은 부위는 파우더를 듬뿍 발라 유분기를 제거한다.
③ 리퀴드 타입보다는 크림타입의 파운데이션을 사용한다.
④ 수분함유량이 많은 쿠션 등을 사용해 촉촉하게 표현한다.

해 파우더를 많이 바를 경우 더욱 건조해진다.

09 한국 최초로 정식 제조 허가를 받은 화장품은 무엇인가?

① 박가분
② 서가분
③ 설화분
④ 이가분

해 박가분은 한국 최초로 제조 및 판매된 화장품이다.

10 다음 중 가산혼합의 3원색이 아닌 것은?
① 빨강
② 초록
③ 파랑
④ 노랑

해 가산혼합은 색광의 혼합으로 가법혼합이라고도 하며 3원색은 RGB(빨강, 초록, 파랑)이다.

11 다음 중 중성색이 아닌 것은?
① 자주
② 초록
③ 보라
④ 노랑

해 노랑색은 따뜻한 색으로서 난색에는 빨강, 주황, 노랑 등이 있다.

12 동일 색상 내에서, 톤의 명도차를 크게 둔 배색을 무엇이라 하는가?
① 액센트 배색
② 톤인톤 배색
③ 톤온톤 배색
④ 콘트라스트 배색

해

액센트 배색	단조로운 배색에 대조적인 색상을 사용함으로써 전체적으로 돋보이도록 한 배색
톤인톤 배색	톤은 동일하게하고 색상은 비슷한 명도 내에서 자유롭게 한 배색
콘트라스트 배색	색상, 명도, 채도의 차를 크게 한 배색

13 색의 무게감과 가장 관계가 깊은 것은 무엇인가?
① 색상
② 명도
③ 채도
④ 색명

해 색의 중량감(무게감)은 색상이 주는 무거움과 가벼움의 정도로 주로 명도와 관계가 높다. 고명도의 밝은색은 가볍게 느껴지고 저명도의 어두운 색은 무겁게 느껴진다.

14 채도가 8, 명도가 5, 색상이 5R인 빨강을 먼셀 기호로 올바르게 표기한 것은?
① 5/ R5 8
② 5/8 5R
③ 5R 5/8
④ 8/5 5R

해 먼셀의 색상 표기법은 HV/C (색상, Hue), (명도, Value) (채도, Chroma)로, 즉 5R 5/8 식으로 표기한다.

15 영상 메이크업에 대한 설명으로 옳지 않은 것은?
① 조명의 색상에 따라 색상 표현이 다를 수 있다.
② 원래 메이크업 색상보다 어둡게 나온다.
③ 평면적으로 보이지 않도록 얼굴의 윤곽수정에 더욱 신경쓴다.
④ 얼굴이 번들거리지 않도록 파우더를 적절히 사용한다.

해 영상 메이크업은 원래 메이크업 색상보다 밝게 나온다.

16 형광등 조명 아래에서 메이크업을 할 경우 주의해야 할 색상은?

① 흰색, 검은색
② 빨간색, 갈색
③ 노란색, 살구색
④ 파란색, 하늘색

해 형광등은 푸른빛으로 인해 색을 차갑게 보이도록 만든다. 따라서 한색계열의 색상은 더욱 주의해서 다뤄야 한다.

17 여드름으로 인해 붉은빛이 도는 피부의 경우 어떤 메이크업 베이스 색상이 적절한가?

① 화이트
② 바이올렛
③ 핑크
④ 초록

해

피부 색상에 맞는 메이크업 베이스 색상	
녹색	붉은 피부(홍조)
보라	노란 피부
핑크	창백한 피부
파랑	기미, 주근깨 등 잡티 있는 피부

18 한낮의 태양빛과 유사한 밝기의 색온도는?

① 5,500K
② 4,500K
③ 3,500K
④ 2,500K

해 보통 2,000K이하의 색온도는 희미한 빛의 촛불이나 노란색 가로등 정도이며 한낮의 태양빛과 유사한 밝기의 색온도는 5200~5500K이다. 색온도가 높을수록 푸른 색상을 띈다.

19 눈썹 메이크업 시 사용되는 도구가 아닌 것은?

① 스파츌라
② 가위
③ 트위저
④ 스크류 브러시

해 스파츌라는 메이크업 제품을 덜어낼 때 사용하는 도구이다.

20 신부메이크업에 대한 설명으로 옳지 않은 것은?

① 얼굴과 목이 자연스럽게 연결될 수 있도록 쉐이딩에 신경 쓴다.
② 장시간 메이크업이 유지될 수 있도록 피부화장에 더욱 신경 쓴다.
③ 피부는 밝고 화사하게 표현해준다.
④ 화려해 보일 수 있도록 많은 양의 펄 파우더를 사용한다.

해 지나친 펄의 사용은 자제하고 여성스럽고 우아해 보일 수 있도록 연출하는 것이 좋다.

21 밝고 화사하면서 강한 색상을 최대한 절제하여 단아하고 여성스러워 보이도록 연출 해야하는 메이크업은 무엇인가?

① 한복 메이크업
② 스포츠 메이크업
③ 태닝 메이크업
④ 파티 메이크업

해 한복 메이크업은 한복의 색상을 고려하여 너무 화려하지 않게 표현(단아해 보일 수 있도록 포인트 메이크업 색상 자제)

22 메이크업에서 T.P.O에 해당하지 않는 것은?
① 장소
② 시간
③ 체형
④ 상황

해 메이크업을 시술할 때에는 Time(시간), Place(장소), Occasion(상황)을 고려하여 적합한 메이크업을 시술한다.

23 블루스크린 촬영 시 주의해야 할 사항은 무엇인가?
① 난색 계열의 주황이나 노란색을 활용한다.
② 인물 촬영을 할 경우 메이크업 색상에는 파란색을 사용하지 않도록 주의한다.
③ 모델의 의상은 파란색 계열이 잘 어울린다.
④ 블루스크린은 파란 배경에서 촬영하는 방법으로 주로 상품촬영에 많이 쓰인다.

해 블루스크린 촬영 시에는 메이크업이나 의상에 파란색을 사용하지 않도록 주의해야 한다.

24 피부층 중 면역 기능이 있는 랑게르한스세포가 존재하는 곳은?
① 과립층
② 기저층
③ 유극층
④ 각질층

해 랑게르한스세포는 표피의 유극층에 존재한다.

25 피부의 감각 중에서 가장 분포도가 높고 민감한 것은?
① 통각
② 압각
③ 온각
④ 냉각

해 피부의 감각은, 통각 > 압각 > 냉각 > 온각의 순서로 분포되어 있다.

26 다음 중 비타민C에 대한 설명으로 옳지 않은 것은?
① 자외선에 의해 피부에서 생성되기도 한다.
② 수용성 비타민이다.
③ 멜라닌 세포를 억제해 피부미백에 효과적이다.
④ 결핍 시 괴혈병이 생긴다.

해 자외선에 의해 피부에서 합성되는 것은 비타민D이다.

27 아포크린선에 대한 설명으로 틀린 것은?
① 무색, 무취가 특징이다.
② 사춘기 이후로 분비량이 증가한다.
③ 땀은 99%가 수분으로 이루어져 있다.
④ 흑인 > 백인 > 동양인 순서로 많이 분비된다.

해 아포크린선은 pH 5.5~6.5의 단백질 함유량이 많은 땀을 생성하며 특유의 냄새가 있다.

28 피하조직에 대한 설명으로 옳지 않은 것은?
① 외부 자극으로부터 근육과 뼈를 보호한다.
② 인종, 성별, 영양상태에 따라 두께가 다르다.
③ 피부의 가장 위층에 존재한다.
④ 체온조절기능을 담당한다.

해 피하조직은 피부의 가장 아래층에 존재한다.

29 다음 중 열량소가 아닌 것은?
① 비타민
② 단백질
③ 탄수화물
④ 지방

해 영양소 중 에너지를 생성하는 열량소는 탄수화물, 단백질, 지방이다.

30 다음 중 비타민과 그 결핍증으로 틀린 것은?
① 비타민A - 야맹증
② 비타민C - 괴혈병
③ 비타민B_2 - 골다공증
④ 비타민B_1 - 각기병

해 골다공증은 비타민D가 부족할 경우 발생 되며 비타민 B_2 결핍 시에는 구순구강염, 결막염, 습진, 탈모 등을 유발한다.

31 다음 중 수질오염의 지표로 사용되는 것이 아닌 것은?
① 용존산소량
② 대장균
③ 하수처리방식
④ 화학적 산소요구량

해 수질오염의 지표로 사용되는 것은 대장균, 용존산소량, 생물화학적 산소요구량, 화학적 산소요구량 등이 있다.

32 산업재해에 대한 설명으로 옳은 것은?
① 산업재해는 월요일과 화요일에 다발 한다.
② 근로자가 가스, 설비, 건설물, 분진 작업 등의 업무로 사망하거나 질병 상태가 되는 것을 총칭한다.
③ 산업재해는 저녁 7시 이후 가장 많이 발생한다.
④ 산업재해는 겨울에 가장 많이 발생한다.'

해 산업재해는 계절적으로 8월에 증가했다가 11~12월에 감소하며 오후 2~3시경 많이 발생한다.

33 다음 물리적 소독법 중 건열멸균법이 아닌 것은?
① 화염멸균법
② 자비소독법
③ 소각법
④ 건열멸균법

해 건열멸균법은 소독 대상물을 고온에 계속 노출시켜 박테리아를 제거하는 방법으로서 화염멸균법, 건열멸균법, 소각법 등이 있다. 자비소독법은 습열 멸균법에 속한다.

34 세계보건기구에 대한 설명으로 틀린 것은?
① 1948년 4월 7일 정식으로 발족되었다.
② 세계보건기구는 매년 4월 7일을 세계보건일로 정했다.
③ 세계보건기구의 목적은 세계의 모든 사람들이 가능한 한 최고의 건강 수준에 도달하는 것이다.
④ WHO가입은 UN가입 여부와 상관이 있기 때문에 가맹국 수가 쉽게 늘지 않는다.

35 미생물의 증식 온도에 대한 설명 중 옳지 않은 것은?
① 미생물의 증식에 있어서 가장 중요한 요소는 온도이다.
② 미생물이 증식하기에 가장 좋은 온도는 15~25℃이다.
③ 온도에 따라 저온균, 중온균, 고온균 등으로 나뉜다.
④ 저온과 중온에서는 수분이 없어도 증식이 가능하다.

해 미생물은 대부분 36~38℃에서 가장 활발하게 증식하며 수분이 없으면 증식이 불가능하다.

36 다음 중 병원성 미생물이 아닌 것은 무엇인가?
① 효모균
② 세균
③ 바이러스
④ 진균

해 효모균은 비병원성 미생물로서 몸속에서 병적인 반응을 일으키지 않는다.

37 공중보건학의 범위에 포함되지 않는 것은?
① 질병관리분야
② 보건교육분야
③ 보건관리분야
④ 환경보건분야

해 공중보건학의 범위로는 환경보건 분야, 질병 및 역학 관리 분야, 보건관리 분야가 있다.

38 질병의 발생요인 중 병인적 요인에 해당하지 않는 것은?
① 스트레스
② 직업
③ 온도
④ 곰팡이

해 병인적 요인은 질병 발생의 직접적인 원인이 되는 것으로서 스트레스, 햇빛, 기생충, 온도, 곰팡이 등이 있다. 직업은 숙주적 요인에 해당한다.

39 역학의 역할 중 가장 중요한 것은 무엇인가?
① 질병의 자연사 연구
② 질병의 예방 대책 수립
③ 질병의 발생 원인 규명
④ 의료 서비스 연구

해 〈역학의 특성 및 역할〉
① 질병발생의 병인 또는 원인 규명
② 질병의 측정과 발생의 감시
③ 질병의 자연사 연구
④ 진병관리방법의 기획과 평가
⑤ 보건정책 수립을 위한 자료제공

40 건강에 대한 정의로 옳은 것은?
① 질병으로 허약한 상태
② 감염되어 면역력이 떨어진 상태
③ 질병이 치유되고 있는 상태
④ 신체적·정신적·사회적으로 안녕한 상태에 놓여 있는 것

해 세계보건기구(WHO)에서 건강에 대해 다음과 같이 정의 하였다. "건강이란 질병이 없거나 허약하지 않은 것만 말하는 것이 아니라 신체적·정신적·사회적으로 완전히 안녕한 상태에 놓여 있는 것"

41 간디스토마의 제1중간숙주, 제2중간숙주로 올바르게 짝지어진 것은?

① 쇠우렁이 - 잉어
② 잉어 - 참붕어
③ 피라미 - 참붕어
④ 잉어 - 피라미

해 간디스토마(간흡충)의 제1중간숙주는 쇠우렁이이며 제2중간숙주는 잉어, 참붕어, 피라미이다.

42 다음 중 감염형 식중독이 아닌 것은?

① 살모넬라
② 장염비브리오
③ 보툴리누스균
④ 병원성 대장균

해

감염형 식중독	살모넬라, 장염비브리오, 병원성 대장균
독소형 식중독	보툴리누스균, 포도상구균, 웰치균(아포균)

43 다음 중 병원소에 해당하지 않는 것은?

① 회복기 보균자
② 돼지
③ 바이러스
④ 환자

해 바이러스는 병원체이다.

44 질병에 감염되었으나 증상이 없어 색출이 어렵고 감염을 전파할 수 있는 사람은?

① 회복기 보균자
② 잠복기 보균자
③ 건강 보균자
④ 세균 보균자

해

회복기 보균자	병을 치료했지만 병원균이 아직 몸에 있는 사람
잠복기 보균자	• 잠복 기간 중에 타인에게 병원체를 전파할 수 있는 사람 • 질병에 감염되었어도 증상이 없다.
건강 보균자	질병에 감염되었으나 증상이 없어 색출이 어렵고 감염을 전파할 수 있다(가장 위험).

45 다음 중 질병의 3대 요인이 아닌 것은?

① 매개체
② 숙주
③ 환경
④ 병인

해 질병의 3대 요인 - 병인, 숙주, 환경

46 다음 중 유기 합성 색소가 아닌 것은?

① 레이크
② 베타카로틴
③ 아조계 염료
④ 유기 안료

해 베타카로틴은 호박, 당근 등에서 추출된 천연 황색 색소이다.

47 미용업의 위생교육에 대한 설명으로 옳지 않은 것은?
① 위생교육에 대한 기록은 1년 동안 보관·관리해야 한다.
② 위생교육을 받지 아니한 자는 200만원 이하의 과태료에 처한다.
③ 위생교육 실시 후 1개월 이내에 시장·군수·구청장에게 결과를 통보한다.
④ 위생교육은 3시간이다.
해 시행규칙 제23조에 따라 위생교육 실시단체의 장은 위생교육을 수료한 자에게 수료증을 교부하고 교육실시 결과를 교육 후 1개월 이내에 시장·군수·구청장에게 통보하여야 하며 수료증 교부대장 등 교육에 관한 기록을 2년 이상 보관·관리하여야 한다.

48 과징금 금액 부과는 누구의 명으로 집행되는가?
① 시·도지사
② 대통령
③ 보건소장
④ 시장·군수·구청장
해 제정하는 것은 대통령령이지만 집행은 시장·군수·구청장이다.

49 공중위생업자의 지위를 승계한 자가 시장·군수·구청장에게 신고하여야 하는 기간은?
① 1월 이내
② 2월 이내
③ 3월 이내
④ 4월 이내
해 공중위생업자의 지위를 승계한 자는 1월 이내에 보건복지가족부령이 정하는바에 따라 시장·군수·구청장에게 신고하여야 한다.

50 다음 중 이·미용사의 면허증 재교부 신청을 할 수 없는 경우는?
① 면허증이 분실되었을 경우
② 면허증의 기재사항이 변경되었을 경우
③ 이·미용사의 면허가 취소되었을 경우
④ 면허증이 훼손되었을 경우

51 6월 이하의 징역 또는 500만원 이하의 벌금에 해당 되지 않는 것은?
① 건전한 영업질서를 위하여 공중위생영업자가 준수하여야 할 사항을 준수하지 않은 자
② 공중위생영업자의 지위를 승계한 뒤 변경신고를 하지 않은 자
③ 영업신고를 하지 않은 자
④ 변경신고를 하지 않은 자
해 영업신고를 하지 않은 자는 1년 이하의 징역 또는 1천만원 이하의 벌금에 처한다.

52 공중위생감시원의 자격에 해당되지 않는 것은?
① 외국에서 환경기사의 면허를 받은 자
② 3년 이상 공중위생 행정에 종사한 자
③ 위생사 또는 환경기사 2급 이상의 자격증이 있는 자
④ 외국 4년제 대학에서 미용을 전공한 자
해 위생사 또는 환경기사 2급 이상의 자격증이 있는 사람, 외국에서 위생사 또는 환경기사 면허를 받은 사람, 대학에서 화학·화공학·환경공학 또는 위생학 분야를 전공하고 졸업한 사람 또는 법령에 따라 이와 같은 수준 이상의 학력이 있다고 인정되는 사람, 1년 이상 공중위생 행정에 종사한 경력이 있는 사람

53 미용사의 면허 발부권자는 누구인가?
① 시·도지사
② 대통령
③ 복건복지부장관
④ 시장·군수·구청장

54 공중위생영업의 종류에 해당하지 않는 것은?
① 학원영업
② 목욕장업
③ 세탁업
④ 숙박업
해 공중위생영업은 숙박업, 목욕장업, 이용업, 미용업, 세탁업, 위생관리용 영업을 말한다.

55 제1급 감염병 발생 시 올바른 신고 기간은?
① 발생 후 24시간 이내
② 발생 후 7일 이내
③ 발생 즉시 신고
④ 신고 필요 없음
해 제1급 감염병은 발생 즉시 신고해야 하며 2급과 3급 감염병은 24시간 이내, 제 4급 감염병은 7일 이내 신고해야한다.

56 화장품의 원료 중 수성원료에 해당하지 않는 것은?
① 정제수
② 에탄올
③ 보습제
④ 파라핀
해 파라핀은 광물성 오일로서 유성원료에 해당한다.

57 다음 중 방부제의 종류가 아닌 것은?
① 파라옥시향산메틸
② 코엔자임
③ 페녹시에탄올
④ 이미디아졸리디닐 우레아
해 코엔자임은 노화 방지용 화장품의 원료이다.

58 페이스 파우더의 성분으로 알맞은 것은?
① 왁스, 정제수
② 밀랍, 수은
③ 아줄렌, 라놀린
④ 이산화티탄, 탈크
해 페이스파우더의 성분으로는 이산화티탄, 탈크, 카올린, 탄산칼슘 등이 있다.

59 다음 중 네일 에나멜의 구성성분이 아닌 것은?
① 니트로 셀룰로오즈
② 안료
③ AHA
④ 아크릴
해 AHA는 미백화장품에 사용되는 원료이다.

60 아이브로우 펜슬의 구성성분이 아닌 것은?
① 레티놀
② 안료
③ 왁스
④ 오일
해 레티놀은 주름개선 화장품에 사용되는 원료이다.

제 6 회 CBT 복원문제

정답

01 ①	02 ②	03 ①	04 ③	05 ④
06 ①	07 ②	08 ③	09 ①	10 ④
11 ④	12 ②	13 ②	14 ③	15 ②
16 ④	17 ①	18 ②	19 ②	20 ①
21 ④	22 ④	23 ②	24 ④	25 ②
26 ①	27 ③	28 ③	29 ④	30 ④
31 ③	32 ②	33 ④	34 ③	35 ①
36 ④	37 ②	38 ②	39 ③	40 ④
41 ②	42 ④	43 ①	44 ③	45 ①
46 ④	47 ②	48 ③	49 ①	50 ③
51 ②	52 ③	53 ①	54 ④	55 ④
56 ①	57 ③	58 ④	59 ④	60 ②

01 서양 메이크업의 역사에 대한 설명 중 올바른 것은?
① 바로크 : 남녀 모두 과도한 장식이나 메이크업을 하였다.
② 그리스 : 목욕 문화의 발달로 '청결'을 중요시함
③ 르네상스 : 초기 크리스트교의 영향으로 메이크업을 경시하였다.
④ 로코코 : 초기 크리스트교의 영향으로 메이크업을 경시하였다.

해 바로크 시대에는 남녀 모두 과도한 메이크업을 하였으며 패치의 사용이 유행하였다.

02 우리나라 화장 역사에 대한 설명 중 **틀린** 것은?
① 통일신라 : 당의 영향으로 진한 화장이 유행하였다.
② 백제 : 붉은 입술과 진한 눈썹이 유행하였다.
③ 고구려 : 연지 화장을 하고 눈썹을 짧고 뭉뚝하게 그렸다.
④ 신라 : 영육일치사상으로 남녀 모두 깨끗한 몸과 단정한 옷차림 추구하였다.

해 백제 시대에는 시분무주(施粉無朱)라 하여 얼굴에 분은 바르지만 입술에 연지를 바르지 않는 화장을 하였다.

03 1960년대 서양에서 유행한 메이크업 스타일이 **아닌** 것은?
① 빨간색 입술의 섹시한 이미지
② 모델 트위기의 메이크업
③ 창백한 입술과 피부
④ 강조된 속눈썹

해 1960년대는 모델 트위기의 영향으로 피부와 입술모두 창백하게 표현하는 메이크업이 유행

04 19세기 인상파 쇠라의 점묘화법은 멀리서 보면 무수히 많은 점들이 혼색 되어 다른 색으로 보이는데 이는 어떤 혼색의 결과인가?

① 회전 혼색
② 중간 혼색
③ 병치 혼색
④ 계시 혼색

해 병치 혼색이란 가법 혼색의 일종으로 많은 색의 점들을 조밀하게 병치하여 서로 혼합되게 보이는 방법으로서 19세기 인상파 화가들의 작품에서 흔히 볼 수 있다.

05 톤이 다운된 브라운 컬러로 음영을 진하게 넣어 깊이 있는 눈매를 연출하며 립 메이크업은 버건디 컬러로 우아한 분위기를 연출하는 것이 어울리는 계절은?

① 봄
② 여름
③ 겨울
④ 가을

해 가을에는 전반적으로 차분하고 톤다운이 된 브라운, 카키, 버건디 등의 색상으로 여성미와 우아함을 강조한다.

06 파운데이션을 두텁게 많은 양을 바를 수 있어 잡티가 있는 부위를 커버할 때 사용하는 기법은?

① 패팅 기법
② 슬라이딩 기법
③ 블렌딩 기법
④ 에어브러시 기법

해

패팅 기법	손가락이나 스펀지로 가볍게 톡톡 두드리는 기법으로 두텁게 많은 양을 바를 수 있어 잡티가 있는 부위를 커버할 때 사용
슬라이딩 기법	문지르듯 바르는 기법으로 얼굴 전체에 넓게 펴 바를 때 사용
블렌딩 기법	색이 다르거나 명암이 다른 색의 경계 부분을 경계지지 않도록 연결시켜 칠하는 기법
에어브러시 기법	에어브러시 건을 사용하여 파운데이션을 안개상태로 내뿜어서 바르는 기법

07 서양인처럼 깊고 그윽한 눈을 연출하기에 적합한 아이섀도 터치 방법은?

① 사선 기법
② 아이홀 기법
③ 가로 기법
④ 세로 기법

08 폭이 좁고 긴 얼굴형에 적합한 눈썹 모양은?

① 각진 눈썹
② 아치형 눈썹
③ 일자 눈썹
④ 표준형 눈썹

09 립 메이크업 제품 종류의 하나로 립스틱이 번지는 것을 방지해주는 제품은?
① 립라이너
② 틴트
③ 립밤
④ 립글로즈

해 입술 선을 선명하게 표현하거나 립 메이크업이 번지지 않게 오랫동안 지속시켜 줄 때는 립라이너를 사용한다.

10 도시적이고 세련된 이미지를 연출하고자 할 때 적합한 메이크업 방법은?
① 핑크색 파우더를 사용해 피부에 혈색을 부여해 화사하게 보이도록 한다.
② 바이올렛 컬러의 블러셔를 애플존 위치에 둥글게 발라준다.
③ 파스텔톤의 핑크색 아이섀도로 아이메이크업을 한 뒤 언더속눈썹을 강조해준다.
④ 비비드한 레드 컬러의 매트한 립스틱을 사용해 스트레이트 커브의 형태로 그려준다.

11 다음 중 웨딩 메이크업에 대한 설명으로 옳지 않은 것은?
① 원래 피부 톤보다 밝은 베이스제품을 사용하여 화사해 보이도록 한다.
② 드레스 및 헤어스타일과 어울리도록 메이크업 하여 통일감을 부여한다.
③ 윤곽이 자연스럽게 수정될 수 있도록 컨투어링에 더욱 신경 쓴다.
④ 펄이 많이 함유된 파우더를 사용해 촬영 시 조명 반사를 막는다.

해 너무 많은 펄의 사용은 사진이나 영상이 번들거리며 지저분하게 찍힐 수가 있기 때문에 주의한다.

12 다음 중 조명과 관련된 색체계는?
① 먼셀 색체계
② C.I.E 색체계
③ NCS 색체계
④ PCCS 색체계

해 CIE (국제 조명 위원회)는 빛에 관한 표준과 규정에 대한 지침을 목적으로 하는 국제기관으로서 추상적인 빛의 속성을 객관적으로 표준화하였다.

13 성인의 뼈는 일반적으로 몇 개인가?
① 160개
② 206개
③ 270개
④ 306개

해 성인의 뼈는 일반적으로 206개, 어린이는 270개로 성장할수록 뼈가 융합하기 때문에 개수가 줄어든다.

14 다음 설명 중 그 성질이 다른 하나는?
① 무채색을 제외한 모든 색을 말한다.
② 색상, 명도, 채도를 모두 갖고 있다.
③ 색조가 없이 명도만으로 구분된다.
④ 빨강이나 파랑, 보라색 등이 있다.

해 ①②④-유채색, ③-무채색

15 파란조명 아래에서의 그림자는 빨갛게 느껴지고 붉은 석양에서 그림자는 파랗게 느껴지는 것은 색의 어떠한 현상 때문인가?

① 푸르킨예 현상
② 색음 현상
③ 색의 항상성
④ 색상 동화

해 색음현상은 작은 면적의 그림자가 고채도의 유채색으로 둘러 쌓였을 때 회색이 아니라 광원색의 보색이 가미된 색조를 띠어 보이는 현상이다. 따라서 파란조명 아래에서의 그림자는 빨갛게 느낄 수 있으며 붉은 석양에서의 그림자는 파랗게 느낄 수 있다.

16 자극으로 생긴 원래 색의 밝기와 색상이 똑같은 느낌으로 계속해서 보이는 현상으로 쥐불놀이에서 볼 수 있는 현상은 무엇인가?

① 연변 대비
② 한난 대비
③ 부의 잔상
④ 정의 잔상

해 정의 잔상이란 자극으로 생긴 원래 색의 밝기와 색상이 똑같은 느낌으로 계속해서 보이는 현상으로 쥐불놀이가 정의 잔상에 해당한다.

17 파스텔 핑크의 색상은 부드럽게 느껴지고 저채도의 버건디 색상은 딱딱하게 느껴지는데 이것은 색의 어떠한 성질 때문인가?

① 경연감
② 중량감
③ 온도감
④ 무게감

해 경연감이란 색상이 주는 딱딱함과 부드러움의 정도로서 명도가 높고 채도가 낮으면 부드럽게 느껴지고 명도가 낮고 채도가 높으면 딱딱한 느낌을 준다.

18 미도를 구하는 공식 중 A와 B 안에 들어갈 말을 올바르게 짝지어진 것은?

〈보기〉

$$미도(M) = \frac{(A)}{(B)}$$

① A : 복잡성의 요소, B : 질서의 요소
② A : 질서의 요소, B : 복잡성의 요소
③ A : 조화의 요소, B : 반대의 요소
④ A : 부조화의 요소, B : 조화의 요소

해

$$미도(M) = \frac{질서의 요소(O)}{복잡성의 요소(C)}$$ 이며 미도(M)의 값이 0.5 이상이면 조화롭다.

19 다음 중 표피에 해당하는 것이 아닌 것은?

① 기저층
② 유극층
③ 유두층
④ 과립층

해 유두층은 진피에 해당한다.

20 색소형성세포가 존재하여 피부색을 좌우하며 진피로부터 영양을 공급받고 각질세포를 형성하는 피부층은?
① 기저층
② 유극층
③ 투명층
④ 과립층

해 기저층은 표피의 가장 아래에 있는 새로운 세포가 형성되는 층으로 진피로부터 영양을 공급받고 각질세포를 형성하며 색소형성세포인 멜라닌이 존재하여 피부색을 좌우한다.

21 다음 중 모발에 대한 설명으로 옳지 않은 것은?
① 지질, 수분, 단백질, 멜라닌 등으로 구성되어 있다.
② 모발의 결합 중 가장 강한 결합은 폴리펩티드 결합이다.
③ 모유두는 모낭 끝에 있는 부분으로 모발에 영양을 공급한다.
④ 건강한 모발의 pH는 1.5~3.5이다.

해 건강한 모발의 pH는 4.5~5.5이다.

22 다음 중 손톱의 구조에 대한 설명으로 틀린 것은?
① 조근은 손톱의 뿌리 부분으로서 새로운 세포형성이 이루어진다.
② 조체는 손톱의 본체로서 조상을 보호한다.
③ 조상은 손톱 밑의 피부로 네일의 신진대사와 수분공급을 담당한다.
④ 반월은 손톱주위를 덮고 있는 신경이 없는 표피이다.

해 손톱주위를 덮고있는 신경이 없는 표피는 큐티클이며 외부의 미생물 및 세균으로부터 손톱을 보호한다.

23 질병의 발생 요인 중 생물학적 요인은 무엇인가?
① 햇빛
② 박테리아
③ 온도
④ 이상기압

해 생물학적 요인에는 기생충, 박테리아, 세균, 곰팡이 등이 있다.

24 다음 중 공중보건학의 정의로 가장 적합한 것은?
① 수명연장, 풍요로운 삶, 질병치료
② 질병예방, 수명 연장, 조기치료
③ 질병예방, 질병치료, 수명 연장
④ 질병예방, 수명 연장, 건강증진

25 전염병 감염 후 형성된 면역을 무엇이라 하는가?
① 자연 수동면역
② 자연 능동면역
③ 인공 수동면역
④ 인공 능동면역

해 전염병 감염 후 형성된 면역은 자연능동면역이라고 한다.

26 가장 흔한 기생충으로서 특히 어린이들의 집단감염이 빈번한 기생충은 무엇인가?

① 요충
② 회충
③ 구충
④ 간흡충

해 요충은 4~10세 어린이의 집단감염이 빈번하며 주로 항문주위에 기생한다.

27 다음 괄호 안에 들어갈 말이 순서대로 나열된 것은?

〈보기〉
간디스토마의 제1중간숙주는 (　　)이며 제2중간숙주는 (　　)이다. 주로 민물고기 생식을 통해 발생하며 간의 담관에 기생한다.

① 피라미, 잉어
② 참붕어, 잉어
③ 쇠우렁이, 잉어
④ 쇠우렁이, 파리

해 간디스토마의 제1중간숙주는 쇠우렁이며 제2중간숙주는 잉어, 참붕어, 피라미이다. 주로 민물고기 생식을 통해 발생하며 간의 담관에 기생한다.

28 다음 질병 중 병원체가 세균인 것은?

① 디프테리아
② 홍역
③ 브루셀라증
④ 에이즈

해 세균성 병원체 - 결핵, 디프테리아, 한센병, 성홍열, 백일해, 수막구균성 수막염, 볼거리(유행성 이하선염), 폐렴, 나병, 콜레라, 세균성 이질, 장티푸스, 파상열, 파라티푸스, 식중독 등

29 우리 몸에 필요한 영양소 중 신체의 골격 및 구조에 영향을 미치며 인체의 생리적 기능조절을 담당하는 것은?

① 단백질
② 지방
③ 비타민
④ 무기질

해 무기질
• 미역, 김, 다시마, 멸치 등에 많이 포함되어 있음
• 신체의 골격 및 구조, 체내 수분조절 등의 역할
• 인체의 생리적 기능조절

30 다음 중 보건기획의 전개과정으로 옳은 것은?

① 목표설정→예측→전제→계획의 검토와 확정→행동계획의 전개
② 전제→예측→행동계획의 전개→목표설정→계획의 검토와 확정
③ 예측→전제→목표설정→행동계획의 전개→계획의 검토와 확정
④ 전제→예측→목표설정→행동계획의 전개→계획의 검토와 확정

해 보건계획의 올바른 전개과정은, 전제→예측→목표설정→행동계획의 전개→계획의 검토와 확정이다.

31 소독의 종류 중 산화작용에 의한 것이 아닌 것은?

① 염소
② 과산화수소
③ 크레졸
④ 오존

해 크레졸은 균체 단백질의 응고작용에 의한 것이다.

32 소독력이 강한 순서대로 나열된 것은?
① 멸균>살균>방부>소독
② 멸균>살균>소독>방부
③ 살균>멸균>소독>방부
④ 살균>멸균>방부>소독

33 균에 감염되어 증상이 나타날 때까지의 기간을 무엇이라고 하는가?
① 발열기
② 의심기
③ 분열기
④ 잠복기

해 균에 감염되어 증상이 나타날 때까지의 기간은 잠복기라고 한다.

34 공중위생영업의 신고에 대한 설명 중 괄호 안에 순서대로 들어갈 내용으로 알맞은 것은?

〈보기〉
공중위생영업을 하고자 하는 자는 (   )이 정하는 시설을 갖추고 (   )에게 신고해야 한다. 미용업을 하는 사람이 영업신고를 하지 않은 경우 1년 이하의 징역 또는 (   ) 이하의 벌금에 처한다.

① 대통령령, 시장·군수·구청장, 1천만원
② 대통령령, 시장·군수·구청장, 600만원
③ 보건복지가족부령, 시장·군수·구청장, 1천만원
④ 보건복지가족부령, 시장·군수·구청장, 600만원

해 공중위생영업을 하고자 하는 자는 보건복지가족부령이 정하는 시설을 갖추고 시장·군수·구청장에게 신고해야하며 미용업을 하는 사람이 영업신고를 하지 않은 경우 1년 이하의 징역 또는 1천만원 이하의 벌금에 처한다(공중위생관리법 제20조 제1항 제1호).

35 미용업자가 준수해야 하는 위생관리 기준으로 옳지 않은 것은?
① 영업장 안의 조명도는 55룩스 이상이 되도록 유지하여야 한다.
② 점빼기, 귓볼 뚫기, 쌍꺼풀수술, 문신, 박피술, 그 밖에 이와 유사한 의료행위를 하여서는 안 된다.
③ 1회용 면도날은 손님 1인에 한하여 사용하여야 한다.
④ 피부미용을 위하여 약사법 규정에 의한 의약품 또는 의료용구를 사용하여서는 안 된다.

해 영업장 안의 조명도는 75룩스 이상이 되도록 유지하여야 한다.

36 미용사 면허신청 시 필요한 서류가 아닌 것은?
① 정신질환자가 아님을 증명하는 최근 6개월 이내의 의사의 진단서
② 향정신성의약품의 중독자가 아님을 증명하는 최근 6개월 이내의 의사의 진단서
③ 고등기술학교에서 1년 이상 미용에 관한 소정의 과정을 이수한 것을 증빙하는 이수증명서
④ 중학교 졸업을 증빙하는 졸업증명서

해 중학교 졸업 증명서는 면허신청시 필요한 서류가 아니다.

37 미용사의 면허를 허가할 수 있는 사람으로 적합하지 않은 것은?
① 시장
② 보건복지부장관
③ 군수
④ 구청장

38 다음 중 미용사의 면허를 받을 수 있는 사람은?
① 감염병환자
② 전과자
③ 정신질환자
④ 피성년후견인

해 미용사 면허를 받을 수 없는 사람
① 피성년후견인
② 정신보건법에 따른 정신질환자
③ 공중의 위생에 영향을 미칠 수 있는 감염병환자
④ 마약, 대마 또는 항정신성의약품의 중독자
⑤ 면허가 취소된 후 1년이 경과 되지 않은 사람

39 공중위생감시원에 대한 설명으로 옳지 않은 것은?
① 공중위생감시원의 업무에는 위생지도 및 개선명령 이행여부의 확인이 포함된다.
② 외국에서 위생사 또는 환경기사 면허를 받은 사람도 공중위생감시원의 자격이 된다.
③ 공중위생감시원의 자격 및 업무범위에 대한 사항은 보건복지부령으로 정한다.
④ 공중위생감시원의 자격은 위생사 또는 환경기사 2급 이상의 자격증이 있는 사람이다.

해 공중위생감시원의 자격·임명·업무범위 기타 필요한 사항은 대통령령으로 정한다.

40 과태료 처분에 이의가 있는 자는 며칠 이내에 이의를 제기해야 하는가?
① 3일
② 7일
③ 15일
④ 30일

해 과태료 처분에 불복이 있는 자는 그 처분의 고지를 받은 날로부터 30일 이내에 이의를 제기할 수 있다.

41 미용사 면허 수수료에 대한 내용으로 옳지 않은 것은?
① 수수료는 지방자치단체의 정보통신망을 이용한 전자화폐·전자결제 등의 방법으로 납부할 수 있다.
② 수수료는 보건복지부장관에게 납부해야 한다.
③ 미용사 면허를 신규로 신청하는 경우 5,500원의 수수료가 발생한다.
④ 미용사 면허증을 재교부 받고자 하는 경우 3,000원의 수수료가 발생한다.

해 수수료는 지방자치단체의 수입증지 또는 정보통신망을 이용한 전자화폐·전자결제 등의 방법으로 시장·군수·구청장에게 납부해야 한다.

42 다음 중 과징금 금액의 1/2 범위 내에서 가중 또는 경감 할 수 있는 참작 내용이 아닌 것은?
① 위반 행위의 정도
② 위반 행위의 횟수 정도
③ 영업자의 사업 규모
④ 매출금액

해 시장·군수·구청장은 위반 행위의 정도, 위반 행위의 횟수 정도, 영업자의 사업 규모에 따라 과징금 금액의 1/2 범위 내에서 가중 또는 경감 할 수 있다.

43 영업신고를 하지 않고 미용실을 운영한 경우 1차 위반 시 행정 처분은?
① 영업장 폐쇄명령
② 개선명령
③ 영업정지15일
④ 면허정지 3월

해 영업신고를 하지 않고 미용실을 운영한 경우 1차 위반 시 영업장 폐쇄명령에 처한다.

44 손님에게 성매매알선 등 행위 또는 음란 행위를 하게하거나 이를 알선 또는 제공한 경우 1차 위반시 행정처분은?
① 면허정지 15일
② 면허정지 1월
③ 면허정지 3월
④ 면허취소

해 1차 위반 시 면허정지 3월, 2차 위반 시 면허취소이다.

45 미용실 영업중 무자격 안마사로 하여금 안마행위를 하게 할 경우 1차 위반 시 행정 처분은?
① 영업정지 1월
② 영업정지 2월
③ 영업정지 3월
④ 영업장 폐쇄명령

해 1차 위반-영업정지 1월, 2차 위반-영업정지 2월, 3차 위반-영업장 폐쇄명령

46 공중위생영업에 해당하지 않는 것은?
① 미용업
② 세탁업
③ 목욕장업
④ 위생관리업

해 "공중위생영업"이라 함은 다수인을 대상으로 위생관리서비스를 제공하는 영업으로서 숙박업·목욕장업·이용업·미용업·세탁업·건물위생관리업을 말한다.

47 공중위생감시원 자격으로 적합하지 않은 것은?
① 위생사 또는 환경기사 2급 이상의 자격증이 있는 사람
② 6개월 이상 공중위생 행정에 종사한 경력이 있는 사람
③ 외국에서 위생사 또는 환경기사 면허를 받은 사람
④ 대학에서 화학·화공학·환경공학 또는 위생학 분야를 전공하고 졸업한 사람

해 공중위생감시원 자격을 갖추기 위해선 1년 이상 공중위생 행정에 종사한 경력이 있어야 한다.

48 미용업소의 위생관리 의무를 지키지 않은 자에 대한 과태료 규정은?
① 50만원 이하의 과태료
② 100만원 이하의 과태료
③ 200만원 이하의 과태료
④ 300만원 이하의 과태료

해 미용업소의 위생관리 의무를 지키지 않은 자는 200만원 이하의 과태료에 처한다.

49 기능성 화장품에 대한 내용으로 옳지 않은 것은?
① 피부의 홍조와 주사를 치료해주는 제품
② 피부의 미백에 도움을 주는 제품
③ 피부의 주름개선에 도움을 주는 제품
④ 모발의 색상 변화·제거 또는 영양공급에 도움을 주는 제품

해 치료 효과가 있는 것은 의약품이다.

50 다음 중 모발 화장품에 속하지 않는 것은?
① 헤어 트리트먼트
② 반영구 염모제
③ 바디 솔트
④ 린스

해 바디솔트는 바디화장품에 속한다.

51 다음 중 식물성 왁스에 속하는 것은?
① 밀납 왁스
② 카르나우바 왁스
③ 라놀린 왁스
④ 에스테르

해 카르나우바 왁스는 카르나우바 야자잎에서 추출한 것으로서 광택이 우수해 립스틱, 크림, 탈모, 왁스 등에 사용된다.

52 다음 중 방부제의 종류가 아닌 것은?
① 파라옥시향산메틸
② 페녹시에탄올
③ 부틸렌글리콜
④ 이소치아졸리논

해 부틸렌글리콜은 다가 알코올의 한 종류로서 건조를 막아 피부를 촉촉하게 하는 보습제 역할을 하는 물질이다.

53 다음 중 천연 보습인자에 속하지 않는 것은?
① 레티놀
② 아미노산
③ 펩타이드
④ 락틱산

해 레티놀은 주름개선에 효과가 있는 화장품 성분이다.

54 다음 중 산화방지제에 속하지 않는 것은?
① 부틸히드록시아니솔
② 레시틴
③ 비타민E
④ 아미노산

해 아미노산은 천연보습인자(M.M.F)의 구성성분이다.

55 화장품에 사용되는 원료와 그에 대한 설명으로 틀린 것은?
① 식물성 오일은 피부 친화성이 좋지만 피부흡수가 느린편이다.
② 실리콘 오일 - 벌집에서 추출되어 얻어지며 유연한 촉감을 부여한다.
③ 올리브 오일 - 냉압력 과정에서 추출한 버진 오일이 가장 좋다.
④ 미네랄 오일은 변질의 우려가 없고 유성감이 높다.

해 실리콘 오일은 합성유성원료로서 무기물질인 실리콘에 유기물질이 결합되어 만들어진다.

56 낮은 독성으로 피부에 대한 자극이 적어 크림의 유화제 등에 사용되는 계면활성제는?
① 비이온성 계면활성제
② 양쪽성 계면활성제
③ 양이온성 계면활성제
④ 음이온성 계면활성제

해

종류	특징
양이온성	• 소독작용 및 살균작용 우수 • 사용 : 린스, 트리트먼트 등
음이온성	• 세정 및 기포형성 작용 우수 • 사용 : 샴푸, 비누, 클렌징폼 등
비이온성	• 피부에 대한 자극이 적음(낮은 독성) • 사용 : 클렌징크림의 세정제, 크림의 유화제 등
양쪽성	• 양이온과 음이온을 동시에 가짐 • 세정작용 및 살균작용 우수 • 사용 : 베이비 샴푸 및 세정제

57 화장품의 4대 특성에 대한 설명으로 옳지 않은 것은?
① 사용성 - 피부친화성, 촉촉함, 부드러움 등 사용감이 좋아야 한다.
② 안정성 - 보관에 따른 변질, 변색, 변취, 미생물의 오염 등이 없어야 한다.
③ 안전성 - 피부의 상처나 자극을 안전하게 관리 및 치료해야 한다.
④ 유효성 - 보습효과, 노화억제 등 목적에 적합한 기능이 충분히 있어야 한다.

해 화장품의 안전성이란 피부에 어떠한 자극이나 독성, 알레르기 등이 없어야 하는 것을 뜻한다.

58 바디화장품 중 피부가 타거나 일광화상 및 색소침착을 방지해주는 역할을 하는 것은 무엇인가?
① 주름개선제
② 산화방지제
③ 보습제
④ 일소 방지제

해 일소 현상이란, 햇볕에 의해 피부가 손상되는 현상으로서 일소 방지제의 종류에는 선탠오일, 선크림, 선탠리퀴드 등이 있다.

59 아로마테라피의 역사로 옳지 않은 것은?
① 인도에서는 종교의식에 아로마테라피가 사용되었다.
② 아로마테라피의 역사는 BC4500-5000년경 인도와 중국에서 시작되었다.
③ 고대 이집트인들은 미이라를 만들 때 향유로써 사용했다.
④ 고대 그리스인들은 아로마테라피의 의료지식을 처음 발견하였다.

해 고대 그리스인들은 이집트로부터 아로마테라피의 의료지식을 획득하였다.

60 다음 중 식물성 원료가 아닌 것은?
① 아줄렌
② 바세린
③ 피마자 오일
④ 로즈힙 오일

해 바세린은 석유에서 추출하는 합성 유성원료이다.

제 7 회 CBT 복원문제

정답

01 ①	02 ①	03 ②	04 ③	05 ②
06 ②	07 ③	08 ②	09 ③	10 ②
11 ③	12 ③	13 ①	14 ②	15 ③
16 ②	17 ②	18 ③	19 ③	20 ④
21 ④	22 ②	23 ②	24 ①	25 ④
26 ①	27 ④	28 ②	29 ③	30 ②
31 ①	32 ②	33 ④	34 ①	35 ①
36 ②	37 ③	38 ①	39 ②	40 ①
41 ①	42 ②	43 ③	44 ④	45 ①
46 ④	47 ②	48 ②	49 ②	50 ③
51 ②	52 ④	53 ②	54 ①	55 ③
56 ②	57 ④	58 ④	59 ①	60 ④

01 공중위생관리법상 이·미용업자의 변경신고 사항에 해당되지 <u>않는</u> 것은?
① 영업정지 명령 이행
② 영업소의 명칭 또는 상호 변경
③ 대표자의 성명
④ 업소의 소재지 변경

해 변경신고사항
① 영업소의 명칭 또는 상호
② 영업소 소재지 변경
③ 신고한 영업장 면적의 3분의 1 이상의 증감
④ 대표자의 성명 또는 생년월일
⑤ 미용업 업종 간 변경

02 이·미용업자에게 과태료를 부과·징수할 수 있는 처분권자에 해당 되지 <u>않는</u> 자는?
① 보건복지부장관
② 시장
③ 군수
④ 구청장

03 다음 〈보기〉에서 설명하고 있는 메이크업의 시기는?

〈보 기〉
우아한 여성미를 강조하기 위하여 얼굴에 파운데이션을 바르고 둥글고 정교하게 그려진 눈썹과 뚜렷하게 강조된 입술화장, 눈이 움푹 들어가 보이도록 한 아이섀도와 보브스타일의 헤어스타일이 유행하였다.

① 1900~1910년대
② 1920~1930년대
③ 1940~1950년대
④ 1970~1980년대

04 메이크업 베이스의 기능으로 <u>틀린</u> 것은?
① 파운데이션의 밀착감을 높인다.
② 파운데이션 및 색조 화장으로부터 피부를 보호한다.
③ 파운데이션 화장 후 번들거림을 방지하여 메이크업을 고정시킨다.
④ 피부색을 보정 한다.

05 공중보건학의 대상으로 가장 적합한 것은?
① 개인
② 지역주민
③ 의료인
④ 환자집단

해 공중보건학의 대상은 특정 집단이나 개인이 아닌 지역주민 전체이다.

06 에크린 한선에 대한 설명으로 틀린 것은?
① 실밥을 둥글게 한 것 같은 모양으로 진피 내에 존재한다.
② 사춘기 이후에 주로 발달한다.
③ 특수한 부위를 제외한 거의 전신에 분포한다.
④ 손바닥, 발바닥, 이마에 가장 많이 분포한다.

해 사춘기 이후에 주로 발달하는 것은 아포크린선이다.

07 눈썹을 빗어 주거나 마스카라 후 뭉친 속눈썹을 정돈할 때 사용하면 편리한 브러시는?
① 팬브러시
② 아이라이너 브러시
③ 스크류 브러시
④ 팁 브러시

해 스크류 브러시는 나선형 모양의 브러시로서 눈썹을 정리하거나 속눈썹에 마스카라 제품을 바를 때 사용한다.

08 먼셀의 색상환표에서 가장 먼 거리를 두고 서로 마주보는 관계의 색채를 의미하는 것은?
① 한색
② 보색
③ 난색
④ 잔여색

해 색상환표에서 서로 마주 보는 색을 보색이라고 한다.

09 활동적인 느낌을 주나 여성스러움과 부드러움이 결여되기 쉬운 얼굴형은?
① 긴형
② 둥근형
③ 각진형
④ 다이아몬드형

10 미국의 색채학자 파버 비렌이 탁색계를 '톤(Tone)'이라고 부르고 있던 것에서 유래한 배색기법은?
① 까마이외(Camaieu) 배색
② 토널(Tonal)배색
③ 트리콜로레(Tricolore)배색
④ 톤온톤(Tone in tone)배색

해 토널배색은 톤인톤 배색과 같은 종류의 배색방법으로서 탁한(dull)톤을 사용한 배색이다.

11 눈썹 꼬리는 콧방울과 눈꼬리를 몇 도 각도로 연결해서 연장했을 때 만나는 지점에 위치하는가?
① 15°
② 30°
③ 45°
④ 90°

해 눈썹꼬리는 콧방울과 눈꼬리를 45°로 잇는 선에 위치한다.

12 눈과 눈 사이가 좁은 눈의 아이섀도 방법으로 옳은 것은?
① 눈 중앙에 포인트를 준다.
② 눈의 앞뒤로 포인트를 준다.
③ 눈꼬리 쪽으로 포인트 컬러를 준다.
④ 눈꼬리 쪽으로 포인트 컬러가 치우지 않도록 한다.

해 눈과 눈 사이가 좁은 눈의 경우 눈 앞머리를 밝게 하고 눈꼬리 쪽에 어두운 색상으로 포인트를 줌으로써 좁은 눈 사이의 간격을 조절한다.

13 파운데이션 등을 용기로부터 덜어낼 때 사용하는 도구는?
① 스파츌라
② 컨실러 브러시
③ 면봉
④ 아이래쉬 컬러

14 문예부흥으로 연극이 발달하여 연극 분장과 의상도 함께 발달하게 된 시대는?
① 이집트 시대
② 르네상스 시대
③ 로코코 시대
④ 바로크 시대

해 르네상스 시대에는 문예부흥운동으로 연극이 발달하며 연극분장과 연극의상이 함께 발달하였으며 황금빛의 화려한 가발을 사용하였다.

15 자신이 사회에서 갖는 지위, 직업, 신분을 표시하고 사회적인 관습을 나타내는 메이크업의 기능은?
① 보호적 기능
② 미화의 기능
③ 사회적 기능
④ 심리적 기능

해

구분	기능
보호적 기능	먼지, 환경오염, 자외선, 온도 등의 변화로부터 피부를 보호하는 것
미적 기능	아름다워지고 싶은 인간의 본능을 충족시키기 위해 얼굴의 결점을 수정 보완하는 것
사회적 기능	인간이 사회에서 갖는 직업이나 신분, 지위에 따라 메이크업을 달리해 차별성을 표시
심리적 기능	외모를 아름답게 함으로써 자신감을 갖게 되고 이로써 긍정적 심리효과를 기대

16 일반적인 미생물의 번식에 가장 중요한 요소로만 나열된 것은?

① 온도, 적외선, pH
② 온도, 습도, 영양분
③ 온도, 습도, 자외선
④ 온도, 습도, 시간

해 미생물 증식의 필요조건으로는 영양분, 수분, 온도, 산소, pH 등이 있다.

17 다음은 색채 현상 중 어느 것에 관한 설명인가?

〈보 기〉
해가 지고 주위가 어둑어둑해질 무렵 낮에 화사하게 보이던 빨간 꽃은 거무스름해져 어둡게 보이고 그 대신 연한 파랑이나 초록의 물체들은 밝게 보인다.

① 색음현상
② 푸르킨예 형상
③ 베졸트-브뤼케 현상
④ 헌트효과

해 푸르킨예 현상은 동일한 장소에서의 동일한 색이라 할지라도 낮에 봤을 때 보다 저녁에 봤을 때 빨간색은 더 어둡고 파란색은 더 밝게 보이는 현상을 뜻한다. 이러한 현상 때문에 해가 지면 낮에는 화사하게 보이던 빨간 꽃들이 어둡게 보여 눈에 잘 띄지 않게 되고 청색 계열의 꽃은 더 밝게 보인다.

18 문과 스펜서의 조화이론에 해당하지 않는 것은?

① 동등의 조화
② 유사의 조화
③ 불명료의 조화
④ 대비의 조화

해

조화	동일조화(같은 색의 조화)
	유사조화(유사한 색의 조화)
	대비조화(반대색의 조화)
부조화	제1부조화(유사한 색의 부조화)
	제2부조화 (약간 다른 색의 부조화)
	눈부심 (극단적인반대색의 부조화)

19 인간이 색을 지각하기 위한 3요소가 아닌 것은?

① 물체
② 조도
③ 시각(눈)
④ 광원(빛)

해 색채지각의 3요소는 빛(광원), 눈(시각), 물체이다.

20 색채를 색의 삼속성에 따라 분류하여 표현한 색 이름은?

① 관용색명
② 고유색명
③ 순수색명
④ 계통색명

해 계통색명은 색의 성질과 계통을 일정한 법칙에 따라 체계화하여 표시한 색이름이다.

21 사람의 눈으로 볼 수 있는 가시광선의 범위는?
① 150~350nm
② 180~480nm
③ 350~950nm
④ 380~780nm

해 가시광선의 파장범위는 380~780nm(나노미터)이다.

22 색의 3속성에 대한 설명으로 옳지 않은 것은?
① 색의 3속성은 색상, 명도, 채도이다.
② 색의 맑고 탁한 정도를 명도라고 한다.
③ 시감 반사율의 고저에 따라 명도가 달라진다.
④ 진한색과 연한색, 흐린색과 맑은색 등은 모두 채도의 높고 낮음을 가리키는 말이다.

해 색의 맑고 탁한 정도를 채도라고 한다.

23 색의 3속성 중 색의 순수함 정도, 색채의 포화상태, 색채의 강약을 나타내는 성질은?
① 색상
② 명도
③ 채도
④ 명암

해 채도는 색의 순수한 정도, 색의 맑고 탁한 정도, 색채의 포화상태 등을 나타내는 말로서 선명하고 맑은 색일수록 '고채도', 흐리고 탁한 색일수록 '저채도'라고 한다.

24 이·미용업소에서 공기 중 비말전염으로 가장 쉽게 옮겨질 수 있는 감염병은?
① 인플루엔자
② 대장균
③ 뇌염
④ 장티푸스

25 메이크업의 조건이 아닌 것은?
① 조화
② 대비
③ 대칭
④ 강조

해 메이크업의 조건에는 TPO, 조화, 대칭, 대비, 그라데이션이 있다.

26 메이크업의 조건 중 의상, 헤어, 인물의 분위기 등 조화로움을 고려하여 시술해야 하는 메이크업의 조건은?
① 조화
② 대비
③ 대칭
④ T.P.O

27 소독약의 구비조건으로 틀린 것은?
① 살균력이 강하다.
② 살균하고자 하는 대상물을 손상시키지 않는다.
③ 인체에 해가 없으며 취급이 간편하다.
④ 값이 비싸고 위험성이 없다.

해 소독약은 값이 싸고 위험성이 없어야 한다.

28 다음 중 표피층을 순서대로 나열한 것은?
① 각질층, 유극층, 투명층, 과립층, 기저층
② 각질층, 유극층, 망상층, 기저층, 과립층
③ 각질층, 과립층, 유극층, 투명층, 기저층
④ 각질층, 투명층, 과립층, 유극층, 기저층

해 피부의 표피는 바깥에서부터 각질층, 투명층, 과립층, 유극층, 기저층의 순서대로 구성되어있다.

29 소독약품으로서 갖추어야 할 구비조건이 아닌 것은?
① 안정성이 높을 것
② 독성이 낮을 것
③ 부식성이 강할 것
④ 용해성이 높을 것

해 소독약품의 구비조건
- 안전성이 높을 것
- 용해성이 높을 것
- 살균력이 강할 것
- 인체에 무해할 것
- 비용이 저렴하고 냄새가 없을 것
- 소독시간이 짧고 효과가 빠를 것
- 소독 대상물을 손상시키지 않을 것

30 다음 중 물리적 소독법에 속하지 않는 것은?
① 건열멸균법
② 고압증기멸균법
③ 크레졸 소독법
④ 자비소독법

해 크레졸 소독법은 화확적 소독법에 해당한다.

31 물리적 소독법으로 사용하는 것이 아닌 것은?
① 알코올
② 초음파
③ 일광
④ 자외선

해 물리적 소독법이란 화학제품을 사용하지 않은 것으로서 건열멸균법, 습열멸균법, 방사선살균법 등이 있다.

32 다음 중 피부의 진피층을 구성하고 있는 주요 단백질은?
① 알부민
② 콜라겐
③ 글로불린
④ 시스틴

33 피부의 기능에 대한 설명으로 틀린 것은?
① 인체의 내부기관을 보호한다.
② 체온조절을 한다.
③ 감각을 느끼게 한다.
④ 비타민 B를 생성한다.

34 다음 중 이·미용 업소에서 손님에게서 나온 분비물이 묻은 휴지 등을 소독하는 방법으로 가장 적합한 것은?
① 소각소독법
② 자비소독법 콜레스테롤
③ 고압증기멸균법
④ 저온소독법

해 소각소독법은 소독법 중 가장 확실한 방법으로서 환자의 배설물, 죽은 동물, 병원체에 오염된 것에 적합하다.

35 이·미용업소에서 일반적 상황에서의 수건 소독법으로 가장 적합한 것은?
① 자비소독
② 크레졸 소독
③ 석탄산 소독
④ 적외선 소독

해 자비소독이란 100℃의 끓는 물에서 20~30분 간 가열하는 방법으로 수건, 의류, 식기 등의 소독에 적합하다.

36 비타민이 결핍되었을 때 발생하는 질병의 연결이 틀린 것은?
① 비타민B₁ - 각기증
② 비타민D - 괴혈병
③ 비타민A - 야맹증
④ 비타민E - 불임증

해 괴혈병은 비타민C의 부족 시 발생한다.

37 화장품과 의약품의 차이를 바르게 정의한 것은?
① 화장품의 사용 목적은 질병의 치료 및 진단이다.
② 화장품은 특정 부위에만 사용 가능하다.
③ 의약품의 부작용은 어느 정도까지는 인정된다.
④ 의약품의 사용대상은 정상적인 상태인 자로 한정되어 있다.

해

구분	화장품	의약품
대상	정상인	환자
목적	청결·미화	질병의 치료
기간	장기 (지속적 사용)	일정기간 (치료 시까지)
사용 범위	전신	특정 부위
부작용	없어야 함	있을 수 있음

38 천연보습인자(NMF)에 속하지 않는 것은?
① 아미노산
② 암모니아
③ 젖산염
④ 글리세린

해 글리세린은 폴리올(다가 알코올)에 속한다.

39 아로마 오일을 피부에 효과적으로 침투시키기 위해 사용하는 식물성 오일은?
① 에센셜 오일
② 캐리어 오일
③ 트랜스 오일
④ 미네랄 오일

해 캐리어 오일은 식물의 씨와 과육에서 추출한 식물성 오일로서 피부에 잘 흡수되고 에센셜 오일을 희석하는데 사용한다.

40 공중보건의 3대 요소에 속하지 않는 것은?
① 감염병 치료
② 수명 연장
③ 신체적·정신적 건강증진
④ 감염병 예방

해 공중보건의 주된 목적은 질병예방, 생명연장, 신체적·정신적 건강증진이다.

41 질병 발생의 세 가지 요인으로 연결된 것은?
① 숙주 - 병인 - 환경
② 숙주 - 병인 - 유전
③ 숙주 - 병인 - 병소
④ 숙주 - 병인 - 저항력

42 공중위생영업자가 준수해야 할 위생관리 기준을 정하는 것은?
① 대통령령
② 보건복지가족부령
③ 환경부령
④ 보건소령

해 공중위생영업자가 준수하여야 할 위생관리 기준은 보건복지가족부령으로 정한다.

43 영업소 외의 장소에서 이·미용 업무를 행할 수 있는 경우가 아닌 것은?
① 질병으로 영업소에 나올 수 없는 경우
② 결혼식 등의 의식 직전인 경우
③ 손님의 간곡한 요청이 있을 경우
④ 보건복지부령이 정하는 특별한 사유가 있는 경우

44 한 나라의 보건수준을 측정하는 지표로서 가장 적절한 것은?
① 의과대학 설치수
② 국민소득
③ 감염병 발생률
④ 영아사망률
해 영아사망률은 한 국가나 지역사회 간의 보건수준을 비교하는데 사용되는 지표이다.

45 다음 중 제2급 감염병이 아닌 것은?
① 마버그열
② 콜레라
③ 장티푸스
④ 파라티푸스
해 마버그열은 제1급 감염병에 해당한다.

46 법정 감염병 중 제1급 감염병이 아닌 것은?
① 페스트
② 신종인플루엔자
③ 라싸열
④ 결핵
해 결핵은 제2급 감염병에 해당한다.

47 위생 해충인 파리에 의해서 전염될 수 있는 감염병이 아닌 것은?
① 장티푸스
② 발진열
③ 콜레라
④ 세균성이질
해 발진열은 벼룩에 의해서 전염되는 감염병이다.

48 다음 중 기후의 3대 요소는?
① 기온 - 복사량 - 기류
② 기온 - 기습 - 기류
③ 기온 - 기압 - 복사량
④ 기류 - 기압 - 일조량
해 기후의 3대 요소 : 기온, 기습, 기류(공기의 흐름)

49 미생물을 대상으로 한 작용이 강한 것부터 순서대로 배열된 것은?
① 멸균 > 소독 > 살균 > 청결 > 방부
② 멸균 > 살균 > 소독 > 방부 > 청결
③ 살균 > 멸균 > 소독 > 방부 > 청결
④ 소독 > 살균 > 멸균 > 청결 > 방부

50 다음 중 공중위생관리법의 궁극적인 목적은?
① 공중위생영업 종사자의 위생 및 건강관리
② 공중위생영업소의 위생관리
③ 위생수준을 향상시켜 국민의 건강증진에 기여
④ 공중위생영업의 위상 향상

51 공중위생업소가 의료법을 위반하여 폐쇄명령을 받았다. 최소한 어느 정도의 기간이 경과 되어야 동일 장소에서 동일 영업이 가능한가?
① 6개월
② 1년
③ 2년
④ 3년

해 의료법을 위반하여 영업장 폐쇄명령을 받은 자는 그 폐쇄명령을 받은 후 1년이 경과하지 아니한 때에는 같은 종류의 영업을 할 수 없다.

52 신라시대 때 입술을 채색하는 재료로 사용된 것은?
① 쌀겨
② 난초
③ 굴참나무
④ 홍화

해 신라시대 때에는 홍화로 연지를 만들어 입술과 볼에 발랐다.

53 미백화장품에 사용되는 대표적인 미백성분은?
① 레티노이드
② 알부틴
③ 라노로린
④ 토코페롤 아세테이트

해 미백화장품의 원료는 비타민C, 알부틴, 코직산, 감초, 닥나무 추출물, AHA, 하이드로퀴논 등이 있다.

54 피부 클렌저로 사용하기에 적합하지 않은 것은?
① 강알카리성 비누
② 약산성 비누
③ 탈지를 방지하는 클렌징 제품
④ 보습효과를 주는 클렌징 제품

해 강알카리성 비누는 피부 클렌징에는 적합하지 않다.

55 색과 관련한 설명으로 틀린 것은?
① 불투명한 물체의 색은 표면의 반사율에 의해 결정된다.
② 장파장은 단파장에비해 산란이 잘 되지 않는 특성이 있어 신호등의 빨강색은 흐린 날 멀리서도 식별된다.
③ 유리잔에 담긴 레드와인은 장파장의 빛은 흡수하고 그 외의 파장은 투과하여 붉게 보이는 것이다.
④ 물체의 색은 빛이 모두 흡수되어 보이는 것이 흑색, 빛이 거의 모두 반사되어 보이는 것이 백색이다.

해 레드와인이 빨갛게 보이는 이유는 장파장의 빛이 투과되고 그 외의 파장은 흡수되기 때문이다.

56 현대 메이크업에서의 목적으로 가장 거리가 먼 것은?
① 개성 연출
② 추위 예방
③ 자기 만족
④ 결점 보완

57 이·미용사 면허증을 분실하였을 경우 누구에게 재교부를 신청해야 하는가?
① 대통령
② 주민센터직원
③ 보건소장
④ 시장·군수·구청장

58 미용실 등의 영업소에서 B형 간염의 전파를 막기 위해 가장 철저히 소독해야 하는 도구는 무엇인가?
① 클리퍼
② 수건
③ 머리빗
④ 면도칼

해 B형 간염은 피를 통해 감염될수 있으므로 면도칼 사용 시 더욱 주의 해야한다.

59 다음 중 1차 위반 시 면허취소에 해당 되지 않는 것은?
① 면허증을 타인에게 대여한 경우
② 이중으로 면허를 취득한 경우
③ 면허정지처분을 받고도 그 정지 기간 중에 업무를 한 경우
④ 「국가기술자격법」에 따라 자격이 취소된 경우

해 면허증을 타인에게 대여한 경우 1차 위반 - 면허정지 3월, 2차 위반 - 면허정지 6월, 3차 위반 - 면허취소이다.

60 다음 중 1차 위반 시 영업장 폐쇄명령에 해당하지 않는 것은?
① 영업신고를 하지 않은 경우
② 신고를 하지 않고 영업소의 소재지를 변경한 경우
③ 영업정지처분을 받고 그 영업 정지기간 중 영업한 경우
④ 피부미용을 위하여 의약품 또는 의료기기를 사용한 경우

해 피부미용을 위하여 「약사법」에 따른 의약품 또는 「의료기기법」에 따른 의료기기를 사용한 경우 1차 위반 - 영업정지 2월, 2차 위반 - 영업정지 3월, 3차 위반 - 영업장 폐쇄명령

장 소 영 JANG SOYOUNG

| 약력 및 경력

- 현) 페이스 갤러리 대표
- 현) 한국컬러유니버설디자인 협회 이사
- 현) 정치인 및 기업인 이미지메이킹 담당
- 현) 기업체 색채마케팅 강연
- 현) 라이센스뉴스 칼럼니스트
- 현) 아프리카아시아난민교육후원회 ADRF 홍보대사
- 현) 빛된소리글로벌 예술협회 홍보대사

- 전) MAC 메이크업아티스트
- 전) 한국메이크업전문가직업교류협회 운영위원
- 전) 아시아 美페스티벌 뷰티콘테스트 심사위원장
- 전) 제10회 2017 K뷰티킹 메이크업 페스티벌 심사위원
- 전) 제13회 한국미용기능경기대회 심사위원장
- 전) 서울컬렉션 메이크업 담당
- 전) 서울패션위크 메이크업 담당
- 전) 오민크리에이티브팀 메이크업 담당

| 참고문헌

- <공중보건학>, 김양호, 현문사(유해영), 2019
- <공중위생관리학>, 권혜영, 메디시언, 2019
- <모발과학>, 김진숙 외, 훈민사, 2016
- <메이크업 베이직>, 이강미 외, 구민사, 2018
- <메이크업 미학 & 디자인>, 이화순 외, 2018
- <미디어 메이크업>, 윤예령 외, 메디시언, 2018
- <색채 디자인 교과서>, 문은배, 안그라픽스, 2011
- <화장품성분학사전>, 김기연 외, 현문사(유해영), 2011
- <화장품 과학>, 박외숙, 자유아카데미, 2016
- <화장품 성분학>, 박성호, 훈민사, 2005
- <21세기 영양학>, 최혜미, 교문사, 2016
- <Color 색채용어사전>, 박연선, 예림, 2007

| 참고사이트

- pinterest.co.kr
- pixabay.com

메이크업기능사 필기

발행일	2020년 10월 30일	**발행인**	최진만
편저자	장소영	**편집·표지디자인**	김현수
발행처	더배움	**주 소**	서울시 강북구 덕릉로 146(번동) 진휘빌딩 2층
전 화	1644-9193	**팩 스**	02-987-2102

※ 낙장이나 파본은 교환해 드립니다.
※ 이 책의 무단 전제 또는 복제행위는 저작권법 제136조에 의거하여 처벌을 받게 됩니다.

정 가 25,000원　　**ISBN** 979-11-6009-123-6